“十三五”国家重点出版物出版规划项目

现代机械工程系列精品教材

普通高等教育 3D 版机械类规划教材

工 程 训 练
（3D 版）

主 编 赵越超 董世知 范培卿

参 编 王文英 张兴元 戴汉政

段 辉 郭 勇 陈清奎

主 审 梁延德

机械工业出版社

本书是山东高校机械工程教学协作组组织编写的"普通高等教育 3D 版机械类规划教材"之一。本书以传统工艺为基础，进而介绍先进的制造工艺和方法，并处理好传统工艺与先进工艺的比例关系。全书内容包括工程材料基础知识，铸造，锻压，焊接，金属热处理，金属切削加工基本知识，车削加工，铣削、刨削和磨削加工，钳工，电工，数控加工，特种加工、工业机器人及塑料成型。书中材料牌号、机械设备型号、名词术语全部采用现行国家标准。另外，本书对各章的知识重点与难点均配置了基于虚拟现实（VR）技术与增强现实（AR）技术开发的 3D 虚拟仿真教学资源。

本书适用于普通工科院校机械类各专业本科生、专科生，也适用于各类成人教育高校、自学考试等机械类和近机械类专业学生，还可供相关工程技术人员参考。

图书在版编目（CIP）数据

工程训练：3D 版/赵越超，董世知，范培卿主编. —北京：机械工业出版社，2019.9（2025.1 重印）

"十三五"国家重点出版物出版规划项目　现代机械工程系列精品教材
普通高等教育 3D 版机械类规划教材

ISBN 978-7-111-63441-6

Ⅰ.①工…　Ⅱ.①赵…②董…③范…　Ⅲ.①机械制造工艺-高等学校-教材　Ⅳ.①TH16

中国版本图书馆 CIP 数据核字（2019）第 175022 号

机械工业出版社（北京市百万庄大街 22 号　邮政编码 100037）
策划编辑：蔡开颖　责任编辑：蔡开颖
责任校对：陈　越　封面设计：张　静
责任印制：郜　敏
中煤（北京）印务有限公司印刷
2025 年 1 月第 1 版第 2 次印刷
184mm×260mm・16.5 印张・404 千字
标准书号：ISBN 978-7-111-63441-6
定价：43.00 元

电话服务　　　　　　　　　　网络服务
客服电话：010-88361066　　机　工　官　网：www.cmpbook.com
　　　　　010-88379833　　机　工　官　博：weibo.com/cmp1952
　　　　　010-68326294　　金　书　网：www.golden-book.com
封底无防伪标均为盗版　机工教育服务网：www.cmpedu.com

序

虚拟现实（VR）技术是计算机图形学和人机交互技术的发展成果，具有沉浸感（Immersion）、交互性（Interaction）、构想性（Imagination）等特征，能够使用户在虚拟环境中感受并融入真实、人机和谐的场景，便捷地实现人机交互操作，并能从虚拟环境中得到丰富、自然的反馈信息。在特定应用领域中，VR技术不仅可解决用户应用的需要，若赋予丰富的想象力，还能够使人们获取新的知识，促进感性和理性认识的升华，从而深化概念，萌发新的创意。

机械工程教育与VR技术的结合，为机械工程学科的教与学带来显著变革：通过虚拟仿真的知识传达方式实现更有效的知识认知与理解。基于VR的教学方法，以三维可视化的方式传达知识，表达方式更富有感染力和表现力。VR技术使抽象、模糊成为具体、直观，将单调乏味变成丰富多变、极富趣味，令常规不可观察变为近在眼前、触手可及，通过虚拟仿真的实践方式实现知识的呈现与应用。虚拟实验与实践让学习者在创设的虚拟环境中，通过与虚拟对象的主动交互，亲身经历与感受机器拆解、装配、驱动与操控等，获得现实般的实践体验，增加学习者的直接经验，辅助将知识转化为能力。

教育部编制的《教育信息化十年发展规划（2011—2020年）》（以下简称《规划》），提出了建设数字化技能教室、仿真实训室、虚拟仿真实训教学软件、数字教育教学资源库和20000门优质网络课程及其资源，遴选和开发1500套虚拟仿真实训实验系统，建立数字教育资源共建共享机制。按照《规划》的指导思想，教育部启动了包括国家级虚拟仿真实验教学中心在内的若干建设工程，力推虚拟仿真教学资源的规划、建设与应用。近年来，很多学校陆续采用虚拟现实技术建设了各种学科专业的数字化虚拟仿真教学资源，并投入应用，取得了很好的教学效果。

"普通高等教育3D版机械类规划教材"是由山东高校机械工程教学协作组组织驻鲁高等学校教师编写的，充分体现了"三维可视化及互动学习"的特点，将难于学习的知识点以3D教学资源的形式进行介绍，其配套的虚拟仿真教学资源由济南科明数码技术股份有限公司开发完成，并建设了"科明365"在线教育云平台（www.keming365.com）。该公司还开发有单机版、局域网络版、互联网版的3D虚拟仿真教学资源，构建了"没有围墙的大学""不限时间、不限地点、自主学习"的学习资源。

古人云，天下之事，闻者不如见者知之为详，见者不如居者知之为尽。

该系列教材的陆续出版，为机械工程教育创造了理论与实践有机结合的条件，很好地解决了普遍存在的实践教学条件难以满足卓越工程师教育需要的问题。这将有利于培养制造强国战略需要的卓越工程师，助推中国制造2025战略的实施。

张进生

于济南

前　言

本书是由山东高校机械工程教学协作组组织编写的"普通高等教育 3D 版机械类规划教材"之一。

工程训练是机械类等工科各专业学生必修的一门综合性和实践性很强的技术基础课。通过对本课程的学习和实践，可以培养学生的工程实践能力、团队协作精神和创新意识，为培养应用型、创新型人才打下一定的理论与实践基础。

在本书编写过程中，本着"老师易教、学生易学"的目的，一是各章设置了学习要点及要求；二是对各章的知识重点与难点利用虚拟现实（VR）技术、增强现实（AR）技术以"3D"形式进行介绍，体现"三维可视化及互动学习"的特点。本书配有手机版的 3D 虚拟仿真教学资源，图中标有 图标的表示免费使用，标有 图标的表示收费使用。本书提供免费的教学课件，欢迎选用本书的教师登录机工教育服务网（www.cmpedu.com）下载。济南科明数码技术股份有限公司还开发有单机版、局域网版、互联网版的 3D 虚拟仿真教学资源，本书配套的部分免费资源可至 www.keming365.com 下载使用。

本书适用于普通工科院校机械类各专业的本科生、专科生，也适用于各类成人教育、自学考试等机械类专业学生，还可供相关工程技术人员参考。

本书具有以下特点：

1）充分利用虚拟现实（VR）技术和增强现实（AR）技术开发的虚拟仿真教学资源，它的三维可视化功能可以弥补学生实践经验不足、课堂教学抽象的缺点，可大大激发学生的学习兴趣。

2）内容丰富。本书涵盖了工程训练的全部教学环节，包括工程材料、铸造、锻压、焊接、金属热处理、金属切削加工、钳工、电工、数控加工、特种加工、工业机器人及塑料成型内容，并充实了现代制造技术等内容。

3）根据工程教育实践性强的特点，本书强调理论与实践的结合，突出实践性和适用性，在充实和完善工程训练内容的同时，穿插一些实验内容和创新内容，注重学生创新能力、工程意识、工程动手能力的训练。理论教学与实践教学两部分内容各有侧重，紧密配合，避免了两者之间相互割裂与重复。

4）力求内容精练，以培养实践能力为出发点，结合生产实际，在精讲普通生产工艺和操作的基础上，对工艺操作中难点和常见问题的处理方法做了介绍，适当地介绍新工艺和新技术，并贯彻了材料及工艺的国家标准。

5）为帮助学生加强对基本内容的理解和运用，注重各工艺的具体应用，各章都附有工程训练案例和复习思考题，有助于加深理解，提高学生分析和解决实际问题的能力。

6）文字简练，重点突出，深入浅出，通俗易懂。

本书由烟台南山学院赵越超编写第 2 章、第 3 章，范培卿编写前言、第 1 章、第 6 章，王文英编写第 4 章；辽宁工程技术大学董世知编写第 5 章、第 9 章，张兴元编写第 7 章、第 8 章，郭勇编写第 12 章；泰山学院戴汉政编写第 10 章；山东建筑大学段辉编写第 11 章。

　　本书由赵越超教授、董世知副教授、范培卿副教授任主编，由大连理工大学梁延德教授主审。本书配套的 3D 虚拟仿真教学资源由济南科明数码技术股份有限公司开发完成，并负责网上在线教学资源的维护、运营等工作，主要开发人员包括陈清奎、李晓东、陈万顺、胡洪媛、许继波、邵辉笙。

　　由于编者水平和经验有限，书中难免出现纰漏，敬请同行和读者批评指正。

编　者

目　录

第1章

工程材料基础知识

学习要点及要求 |||

1. 工程材料训练内容及要求

1）了解工程材料的分类及其应用。

2）掌握金属材料的力学性能及常用钢和铸铁的牌号、性能及用途。

3）掌握钢铁的火花鉴别方法以及常用钢材和铸铁的火花特征和其他鉴别方法。

4）了解常用非铁金属及其应用。

5）了解非金属材料和复合材料特点及其应用。

2. 示范讲解

指导教师给学生讲解工程材料的分类、牌号及应用；工程材料的性能；火花鉴别法和其他鉴别钢铁材料方法。

3. 训练实践操作

学生用待鉴别成分的钢铁材料试样，在砂轮上打磨出火花，观察不同材料的火花特征，能判断出常见的钢铁材料。

4. 工程材料训练教学案例

图1-1所示为火车车轴，轴上的两个轮子与铁轨接触，而轴在车厢传来载荷的作用下，要发生变形。火车在行驶的过程中，轴要旋转，所以轴上的每一点，在上部时受压，在下部时受拉，而且载荷的大小随时间的变化而随时变化，都受交变载荷的作用。

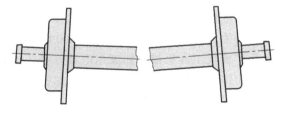

图1-1 火车车轴的断裂

1）导致火车车轴断裂的原因是什么？断裂的原因除了力学性能外还与哪些因素有关（力学性能、材料牌号、结构形状、应力集中、缺陷等方面）？

2）如何提高零件的疲劳强度？

工程材料的不断开发、使用和完善，对人类的进化史和科学技术的发展，都起到了重要的作用。材料是人类生产与生活的物质基础。机械制造过程中的主要工作，就是利用各种工艺和设备将工程材料加工成零件或产品。工程材料是在各个工程领域中使用的材料，其种类繁多，用途广泛。通过工程训练学生可初步认识各种工程材料，了解工程材料的基础知识和性能。

1.1 工程材料的分类

工程材料是指具有一定性能，在特定条件下能够承担某种功能、被用来制造零件和工具的材料。

1. 工程材料的分类方法

工程材料有各种不同的分类方法。常用的工程材料（按成分）可分为以下类型：

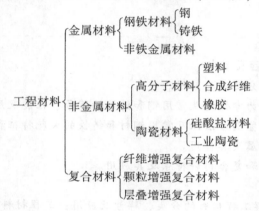

2. 工程材料的应用

金属材料来源丰富，并具有优良的使用性能和加工性能，是机械工程中应用最普遍的材料，常用于制造机械设备、工具、模具，广泛应用于工程结构中，如船舶、桥梁、锅炉等。

随着科技与生产的发展，非金属材料与复合材料也得到了广泛应用。工程非金属材料具有较好的耐蚀性、绝缘性、绝热性和优异的成型性能，而且质轻价廉，因此发展速度较快。以工程塑料为例，全世界的年产量以 300% 的速度飞速增长，已广泛应用于轻工产品、机械制造产品、现代工程机械，如家用电器外壳、齿轮、轴承、阀门、叶片、汽车零件等。而陶瓷材料作为结构材料，具有强度高、耐热性好的特点，广泛应用于发动机、燃气轮机，如作为耐磨损材料，则可用作新型的陶瓷刀具材料，能极大提高刀具的使用寿命。复合材料则是将两种或两种以上成分不同的材料经人工合成获得的。它既保留了各组成材料的优点，又具有优于原材料的特性。其中碳纤维增强树脂复合材料，由于具有较高的比强度、比模量，因此可应用于航天工业中，如火箭喷嘴、密封垫圈等。

在工程训练中，遇到的大多是金属材料，而且主要是钢铁材料。

1.2 金属材料

金属材料是最重要的工程材料，包括金属和以金属为基的合金。工业上把金属和其合金分为两大部分：一类是钢铁材料，包括铁、锰、铬及其合金，其中以铁基合金（即钢和铸铁）应用最广；另一类是非铁金属，是指除钢铁材料以外的所有金属及其合金。由于钢铁材料力学性能比较优越，价格也较便宜，因此在工业生产中应用最广。

为了合理使用金属材料，充分发挥其作用，必须掌握各种金属材料制成的零、构件在正常工作情况下应具备的性能（使用性能）及其在冷、热加工过程中材料应具备的性能（工艺性能）。

1.2.1 金属材料的性能

金属材料的性能分为使用性能和工艺性能。使用性能包括力学性能（如强度、塑性等）、物理性能（如电性能、磁性能及热性能等）、化学性能（如耐蚀性、抗高温氧化性等）。工艺性能则随制造工艺不同，分为锻造性能、铸造性能、焊接性能、热处理工艺性能及切削加工性等。其中力学性能是工程材料最重要的性能指标。

1. 金属材料的力学性能

金属材料的力学性能是指金属材料在外力作用下所表现出的性能。

（1）强度　它是指材料抵抗外力作用下较大变形和断裂的能力。测定强度最基本的方法是拉伸试验。从一个完整的拉伸试验记录中，可以得到许多有关该材料的重要性能指标，如材料的弹性、塑性变形的特点和程度，屈服强度和抗拉强度等。工程中常用的强度指标有屈服强度和抗拉强度。屈服强度是指当材料呈现屈服现象时，在试验期间发生塑性变形而力不增加时的应力。抗拉强度是指材料在破坏前所能承受的最大应力值，用 R_m 表示。

对于大多数机械零件，工作时不允许产生塑性变形，所以屈服强度是零件强度设计的依据；对于因断裂而失效的零件，则用抗拉强度作为其强度设计的依据。

（2）塑性　它是指在外力作用下，材料产生永久变形而不被破坏的能力。在拉伸、扭转、弯曲等外力作用下所产生的伸长、扭曲、弯曲等，均可表示材料的塑性。工程中常用的塑性指标有断后伸长率和断面收缩率。断后伸长率是指拉伸试样在拉断后原始标距的伸长量与原始标距之比的百分率，用 A 来表示。断面收缩率是指在试样拉断后，缩颈处横截面积的最大缩减量与原横截面积之比的百分率，用 Z 来表示。

断后伸长率和断面收缩率越大，其塑性越好；反之，塑性越差。良好的塑性是金属材料进行锻造、轧制等的必要保障，也是保证机械零件工作安全、不发生突然脆断的必要条件。

（3）硬度　它是指材料抵抗局部塑性变形的能力，是衡量材料软硬程度的力学性能指标。硬度试验，设备简单，操作方便，不用特制试样，可直接在原材料、半成品或成品上进行测定。对于脆性较大的材料，如淬硬的钢材、硬质合金等，只能通过硬度测量来对其性能进行评价，而其他如拉伸、弯曲试验方法则不适用。对于塑性材料，可以通过简便的硬度测量，来大致定量地估计其强度性能指标，这在生产实际中是非常有用的。常见的有布氏硬度（用 HBW 表示）、洛氏硬度（用 HR 表示）和维氏硬度（用 HV 表示）等。

一般材料的硬度越高，其耐磨性越好，且材料的硬度与其本身的力学性能和工艺性能之间存在一定的对应关系，所以硬度是材料最常用的性能指标之一。

2. 金属材料的工艺性能

工艺性能是指材料在加工过程中所表现出的性能。材料工艺性能的好坏，直接影响到制造零件的工艺方法和质量以及制造成本。所以，选材时必须充分考虑工艺性能。

（1）锻造性能　它是指材料是否易于进行压力加工的性能。锻造性能的好坏主要以材料的塑性和变形抗力来衡量。一般来说，钢的锻造性能较好，而铸铁的锻造性能极差，不能锻造。

（2）铸造性能　它是指浇注铸件时，材料能充满比较复杂的铸型并获得优质铸件的能力。对金属材料而言，铸造性能主要包括流动性、收缩率、偏析倾向等指标。流动性好、收缩率小、偏析倾向小的材料其铸造性也好。

（3）焊接性能　它是指材料是否易于焊接在一起并能保证焊缝质量的性能，一般用焊接处出现各种缺陷的倾向来衡量。低碳钢具有优良的焊接性，铜合金和铝合金的焊接性能较差，而灰铸铁的焊接性能很差。

（4）热处理工艺性能　钢的热处理工艺性能主要考虑其淬透性，即钢在淬火时淬透的能力。含锰、铬、镍等合金元素的合金钢淬透性比较好，碳钢的淬透性较差。

（5）切削加工性　它是指材料是否易于切削加工的性能。它与材料种类、成分、硬度、韧性、导热性及内部组织状态等因素有关。有利切削的硬度为 170～230HBW，切削加工性好的材料，切削容易，刀具磨损小，加工表面光洁。

1.2.2　常用的钢材

工业中把碳的质量分数 w_C 在 $0.02\%\sim2.11\%$ 的铁碳合金称为钢。由于钢具有良好的力学性能和工艺性能，因此在工业中获得了广泛的应用。

1. 钢的分类

钢的种类很多，分类的方法也很多。常用的分类方法有以下几种：

（1）按化学成分　可分为碳素钢和合金钢。

1）碳素钢。根据碳含量的多少可分为低碳钢（$w_C<0.25\%$）、中碳钢（$w_C=0.25\%\sim0.60\%$）、高碳钢（$w_C>0.60\%$）。

2）合金钢。按加入的合金元素含量的多少可分为低合金钢（$w_{Me}<5\%$）、中合金钢（$w_{Me}=5\%\sim10\%$）、高合金钢（$w_{Me}>10\%$）。

（2）按用途　可分为结构钢、工具钢和特殊性能钢等。

1）结构钢。它又可分为工程结构用钢和机器零件用钢。

2）工具钢。它用于制作各类工具，包括刃具钢、量具钢、模具钢。

3）特殊性能钢。它又可分为不锈钢、耐热钢、耐磨钢。

（3）按质量　可分为普通钢（$w_{S,P}\leqslant0.05\%$）、优质钢（$w_{S,P}\leqslant0.04\%$）、高级优质钢（$w_{S,P}\leqslant0.03\%$）。

2. 钢的牌号、性能及应用

（1）碳素钢　它可分为碳素结构钢、优质碳素结构钢和碳素工具钢。

1）碳素结构钢。碳素结构钢的牌号表示方法通常由屈服强度"屈"字汉语拼音第一个字母（Q）、屈服强度数值、质量等级符号（A、B、C、D）及脱氧方法符号（F、Z、TZ）四部分按顺序组成，如 Q235AF，表示屈服强度为 235MPa 的 A 级沸腾钢。碳素结构钢一般以热轧空冷状态供应，主要用来制造各种型钢、薄板、冲压件或焊接结构件以及一些力学性能要求不高的机器零件。

2）优质碳素结构钢。优质碳素结构钢的牌号用"两位数字"表示。两位数字是以平均万分数表示的碳的质量分数。如 45 钢，表示平均 $w_C=0.45\%$ 的优质碳素结构钢。常用的优质碳素结构钢有：15钢、20钢，其强度、硬度较低，塑性好，常用作冲压件或形状简单、受力较小的渗碳件；40钢、45钢经适当的热处理（如调质）后，具有较好的综合力学性能，主要用于制造机床中形状简单，要求中等强度、韧性的零件，如轴、齿轮、曲轴、螺栓、螺母；60钢、65钢经淬火加中温回火后，具有较高弹性极限和屈强比，常用以制造直径小于12mm的小型机械弹簧。

3）碳素工具钢。碳素工具钢可分为优质碳素工具钢和高级优质碳素工具钢两类。它的牌号用"T+数字"表示，数字是以平均千分数表示的碳的质量分数。若为高级优质钢，则需在数字后加"A"。例如T10A钢，表示$w_C = 1.0\%$的高级优质碳素工具钢。碳素工具钢常用的牌号为T7、T8、…、T13，各牌号淬火后硬度相近，但随碳含量的增加，钢的耐磨性增加，韧性降低。因此，T7、T8适合制作承受一定冲击的工具，如钳工錾子等；T9、T10、T11适于制作冲击较小而硬度、耐磨性要求较高的小丝锥、钻头等；T12、T13则适于制作耐磨但不承受冲击的锉刀、刮刀等。

（2）合金钢　为了提高钢的力学性能、工艺性能或某些特殊性能，在冶炼中有目的地加入一些合金元素，这种钢称为合金钢。生产中常用的合金元素有锰、硅、铬、镍、钼、钨、钒、钛等。通过合金化，大大提高了材料的性能，因此合金钢在制造机器零件、工具、模具及特殊性能工件方面，得到了广泛的应用。常用合金钢的名称、牌号及用途见表1-1。

表1-1　常用合金钢的名称、牌号及用途

名　称	常用牌号	用　途
低合金高强度结构钢	Q345、Q420	船舶、桥梁、车辆、大型钢结构、重型机械等
合金渗碳钢	20CrMnTi	汽车、拖拉机的变速齿轮，内燃机上的凸轮轴等
合金调质钢	40Cr、35MnB	齿轮、轴类件、连杆螺栓等
合金弹簧钢	65Mn、60Si2Mn	汽车、拖拉机减振板簧，$\phi25\sim\phi30$mm螺旋弹簧等
滚动轴承钢	GCr15	中、小型轴承内外套圈及滚动体（滚珠、滚柱、滚针）等
刃具钢	9SiCr、W18Cr4V	丝锥、板牙、冷冲模、铰刀、车刀、刨刀、钻头等
量具用钢	9Cr18	卡尺、外径千分尺等
冷作模具钢	Cr12	大型冲模、冷镦模、冷挤压模
热作模具钢	5CrMnMo	中、小型热锻模

1.2.3　钢铁材料鉴别

钢铁材料品种繁多，性能各异，因此对钢铁材料的鉴别是非常必要的。常用的鉴别方法有火花鉴别法、色标鉴别法、断口鉴别法和音响鉴别法等。

1. 火花鉴别

火花鉴别是将钢铁材料轻轻压在旋转的砂轮上打磨，观察迸射出的火花形状和颜色，以判断钢铁成分范围的方法。火花鉴别的要点是：详细观察火花的火花束粗细、长短，花次层叠程度和它的色泽变化情况。注意观察组成火束的流线形态，火花束根部、中部及尾部的特殊情况和它的运动规律，同时还要观察火花的爆裂形态、花粉的大小和多少。

（1）火花的形成和组成　火花由火花束、流线、节点、爆花和尾花组成。

火花束是指被测材料在砂轮上磨削时产生的全部火花，常由根部、中部、尾部三部分组成，如图 1-2 所示。

流线就是线条状火花，每条流线都由节点、爆花和尾花组成，如图 1-3 所示。

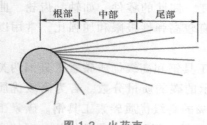

图 1-2　火花束

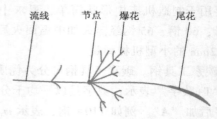

图 1-3　流线、节点、爆花、尾花

节点就是流线上火花爆裂的原点，呈明亮点，如图 1-3 所示。

爆花就是节点处爆裂的火花，由许多小流线（芒线）及点状火花（花粉）组成，如图 1-3 所示。通常，爆花可分为一次、二次、三次等，如图 1-4 所示。

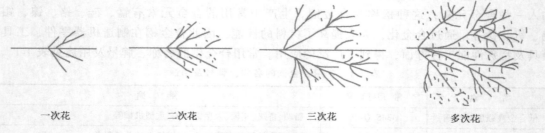

一次花　　　　二次花　　　　三次花　　　　多次花

图 1-4　爆花的形成

尾花就是流线尾部的火花。钢的化学成分不同，尾花的形状也不同。通常，尾花可分为狐尾尾花、枪尖尾花、菊花状尾花、羽状尾花等。

（2）常用钢铁的火花特征　碳是钢铁材料火花的基本元素，也是火花鉴别法测定的主要成分。由于碳含量的不同，其火花形状不同。

1）碳素钢的火花特征。碳素钢的碳含量越高，则流线越多，火花束变短，爆花增加，花粉也增多，火花亮度增加。

20 钢：火花束长，颜色橙黄带红，流线呈弧形，芒线多叉，为一次爆花，如图 1-5 所示。

40 钢：火花束稍短，颜色橙黄，流线较细长而多，芒线多叉，花粉较多，爆裂为多根分叉三次花，如图 1-6 所示。

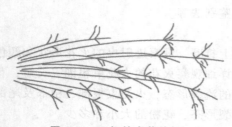

图 1-5　20 钢的火花特征

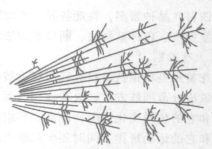

图 1-6　40 钢的火花特征

T12 钢：火花束短粗，颜色暗红，流线细密，碎花、花粉多，为多次爆花，如图 1-7 所示。

2）铸铁的火花特征。铸铁的火花束较粗，颜色多为橙红带橘红，流线较多，尾部渐粗呈羽状，下垂成弧形，一般为二次爆花，花粉较多，火花试验时手感较软，图 1-8 所示为 HT200 的火花特征。

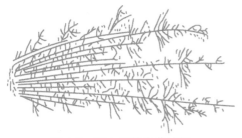

图 1-7　T12 钢的火花特征　　　　　　　　图 1-8　HT200 的火花特征

3）合金钢的火花特征。合金钢中的各种合金元素对其火花形状、颜色产生不同的影响，如可抑制或助长火花的爆裂等。因此，也可根据其火花特征，基本上鉴定出合金元素的种类及大致含量，但不如碳钢的火花鉴定那样容易和准确，较难掌握。图 1-9 所示为 W18Cr4V（高速工具钢）的火花特征示意图，其火花束细长，呈赤橙色，发光极暗，流线数量少，中部和根部为断续状，有时夹有波纹状流线，由于钨的影响，几乎没有火花爆裂，尾端膨胀、下垂成狐状尾花。

图 1-9　W18Cr4V 的火花特征

2. 色标鉴别

生产中为了表明金属材料的牌号、规格等，在材料上需要做一定的标记，常用的标记方法有涂色、打印、挂牌等。金属材料的涂色标记是以表示钢种，钢号的色料涂在材料的尾部或端部，成捆交货的钢应涂在同一端的端面上，盘条则涂在卷的外侧。具体的涂色方法在有关标准中做了详细的规定，生产中可以根据材料的色标对钢铁材料进行鉴别。如碳素结构钢 Q235 钢为红色，优质碳素结构钢 20 钢为棕色加绿色，45 钢为白色加棕色，铬轴承钢 GCr15 钢为蓝色，高速工具钢 W18Cr4V 钢为棕色加蓝色等。

3. 断口鉴别

材料或零部件因受某些物理、化学或机械因素的影响而导致断裂所形成的自然表面称为断口。生产现场常根据断口的自然形态来判定材料的韧脆性，也可据此判定相同热处理状态的材料碳含量的高低。若断口呈纤维状，无金属光泽，颜色发暗，无结晶颗粒，且断口边缘有明显的塑性变形特征，则表明钢材具有良好的塑性和韧性，碳含量较低；若材料断口齐平，呈银灰色，且具有明显的金属光泽和结晶颗粒，则表明材料属脆性断裂；而过共析钢或合金钢经淬火及低温回火后，断口常呈亮灰色，具有绸缎光泽，类似于细瓷器断口特征。常用钢铁材料的断口特点大致如下：低碳钢不易敲断，断口边缘有明显的塑性变形特征，有微量颗粒；中碳钢的断口边缘的塑性变形特征没有低碳钢明显，断口颗粒较细、较多；高碳钢的断口边缘无明显塑性变形特征，断口颗粒很细密；铸铁极易敲断，断口无塑性变形，晶粒粗大，呈暗灰色。

4. 音响鉴别

根据钢铁敲击时发出的声音不同，以区别钢和铸铁的方法称为音响鉴别法。生产现场有时也可采用敲击辨音来区分材料。如当原材料钢中混入铸铁材料时，由于铸铁的减振性较好，敲击时声音较低沉，而钢材敲击时则可发出较清脆的声音。故可根据钢铁敲击时声音的不同，对其进行初步鉴别，但有时准确性不高。而当钢材之间发生混淆时，因其声音比较接近，常需采用其他鉴别方法进行判别。

若要准确地鉴别材料，在以上几种生产现场鉴别方法的基础上，一般还可采用化学分析、金相检验、硬度试验等实验室分析手段对材料进行进一步的鉴别。

1.2.4　常用铸铁

铸铁是碳的质量分数在 2.11%~6.69%，主要组成元素为铁、碳、硅及锰，并含有较多硫、磷等杂质元素的铁碳合金。由于铸铁具有良好的铸造性能、切削加工性、减振性、耐磨性、低的缺口敏感性，并且成本较低，因此在机械工业中得到广泛的应用。

1. 铸铁的分类

（1）根据铸铁中石墨形状不同　铸铁可分为：灰铸铁（石墨呈片状）、球墨铸铁（石墨呈球状）、可锻铸铁（石墨呈团絮状）和蠕墨铸铁（石墨呈蠕虫状）等。

（2）根据铸铁中的碳的存在形式不同　可将铸铁分成：白口铸铁（碳以 Fe_3C 形式存在）、灰铸铁（碳主要以片状石墨形式存在）、球墨铸铁（碳以球状石墨形式存在）和可锻铸铁（碳以团絮状石墨形式存在）等。

2. 铸铁的牌号、性能及应用

（1）灰铸铁　灰铸铁中碳主要以片状石墨的形式存在，断口呈暗灰色，故称灰铸铁。灰铸铁的牌号表示方法为"HT+三位数字"，其中"HT"是灰铁两字汉语拼音的第一个字母，三位数字表示最低抗拉强度，单位为 MPa。常用的牌号为 HT100、HT150、…、HT350。灰铸铁的抗拉强度、塑性、韧性较低，但抗压强度、硬度、耐磨性较好，并具有铸铁的其他优良性能，因此广泛应用于机床床身、手轮、箱体、底座等。

（2）球墨铸铁　球墨铸铁是石墨呈球状分布的铸铁，简称球铁。球墨铸铁的牌号表示方法为"QT+数字—数字"，其中"QT"是球铁两字汉语拼音的第一个字母，两组数字分别表示最低抗拉强度和最小断后伸长率，如 QT600—3，表示最低抗拉强度为 600MPa，最小断后伸长率为 3% 的球墨铸铁。球墨铸铁通过热处理强化后力学性能有较大提高，应用范围较广，可代替中碳钢制造汽车、拖拉机中的曲轴、连杆、齿轮等。

（3）可锻铸铁　可锻铸铁是用碳、硅含量较低的铁碳合金铸成白口铸铁坯件，再经过长时间高温退火处理，使渗碳体分解出团絮状石墨而成。可锻铸铁牌号表示方法为"KT+H（或 B，或 Z）+数字—数字"，其中"KT"是可铁两字汉语拼音的第一个字母，后面的"H"表示黑心可锻铸铁，"B"表示白心可锻铸铁，"Z"表示珠光体可锻铸铁，其后两组数字分别表示最低抗拉强度和最小断后伸长率，常用的有 KTH300—06，表示最低抗拉强度为 300MPa，最小断后伸长率为 6% 的黑心可锻铸铁。可锻铸铁具有较高的强度、塑性和韧性，多用于制造受振动、强度和韧性要求较高的小型零件。

（4）蠕墨铸铁　蠕墨铸铁的石墨呈蠕虫状，短而厚，端部圆滑，分布均匀。蠕墨铸铁的牌号表示方法为"RuT+三位数字"，其中"RuT"是蠕铁两字汉语拼音的字首，三位数字表示最低抗拉强度，如 RuT420。蠕墨铸铁的强度、韧性、疲劳强度等均比灰铸铁高，但比球墨铸铁低，由于其耐热性能较好，主要用于制造柴油机气缸套、气缸盖、阀体等。它是一种有发展前景的结构材料。

1.2.5　常用非铁金属

非铁金属材料种类很多，由于在自然界储藏量少，冶炼较困难，价格较贵，大多数强度比钢低，因而其产品和使用量不如钢铁材料多。但由于非铁金属具有某些特殊性能，因而非铁金属已成为现代工业不可缺少的金属材料。

非铁金属中应用最广的是铝及铝合金，仅次于钢铁材料。主要是因为它的密度小，熔点低，具有良好的导热性和导电性，且在大气中有优良的耐蚀性等。其次，铜及铜合金的应用也较广，主要由于它具有很高的导电性、导热性，优良的塑性与韧性，高的抗蚀性能等。常用铝合金和铜合金的牌号、性能与用途见表 1-2。

表 1-2　常用铝合金和铜合金的牌号、性能与用途

名　称	牌号或代号	性　能　特　点	用　途
铸造铝硅合金	ZL101	铸造性能好，需热处理	形状复杂的砂型、金属型和压力铸造零件
形变铝合金	LY12	强度高，要热处理	飞机大梁、起落架等
铸造黄铜	ZCuZn31Al2	强度较高，稍具耐蚀性，价格便宜	电气上要求导电、耐蚀及适当强度的结构件
铅黄铜	HPb59-1	切削加工性和耐磨性好	可承受冷热压力加工，适用于切削加工及冲压加工的各种结构零件
铸造锡青铜	ZCuSn10Pb1	铸造性能好，硬度高，耐磨性好	适于铸造减摩、耐磨零件
	ZCuSn5PbZn5	铸造性能好，耐磨性和耐蚀性好，易加工和气密性好	适于铸造配件、轴承、轴套等
铸造铝青铜	ZCuAl9Mn2	有较高的强度，耐磨性及耐蚀性好，可通过热处理强化，价格比锡青铜低	制造重载、耐磨零件

1.3　非金属材料

目前，工程材料仍然以金属材料为主，这大概在相当长的时间内不会改变。但近年来随着高分子材料、陶瓷等非金属材料的快速发展，在材料的生产和使用方面均有重大的进展，正在越来越多地应用于各类工程中。在某些领域非金属材料已经不是金属材料的代用品，而是一类独立使用的材料，有时甚至是一种不可取代的材料。

1.3.1　高分子材料

高分子材料为有机合成材料，也称高聚物。它具有较高的强度、良好的塑性、较强的耐腐蚀性能、很好的绝缘性和质量轻等优良性能，在工程上是发展最快的一类新型结构材料。

高分子材料品种繁多、性质各异，根据其性质和用途，可分为塑料、橡胶、合成纤维等。下面对其做简要介绍。

1. 塑料

塑料泛指应用较广的高分子材料。一般以合成树脂为基础，加入各种添加剂。塑料是通过化学方法从石油中获取的，其基本组织单元是可以与氢、氧、氮、氯或氟形成化合物的碳原子。塑料具有相对密度小，耐蚀性好（耐酸、碱、水、氧等），电绝缘性好，耐磨及减摩，消音、吸振等优点；缺点是刚度差、强度低、耐热性低、热膨胀系数大、易老化等。

塑料按树脂受热时的行为可分为热塑性塑料和热固性塑料。热塑性塑料加热时软化（或熔融），冷却后变硬，此过程可重复进行，且可溶于一定的溶剂，具有可溶的性质。热固性塑料加热软化（或熔融），一次固化成型后，将不再软化（或熔融），不能反复成型和再生使用。按塑料的使用范围可分为通用塑料、工程塑料和特种塑料。

常用的塑料有聚氯乙烯（PVC）、ABS塑料、聚酰胺（PA）、酚醛塑料（PF）等。

（1）聚氯乙烯（PVC） 分为硬质和软质两种。硬质聚氯乙烯强度较高，绝缘性和耐蚀性好，耐热性差，用于化工耐蚀的结构材料，如输油管、容器、离心泵、阀门管件等。软质聚氯乙烯强度低于硬质聚氯乙烯，伸长率大，绝缘性较好，用于电线、电缆的绝缘包皮，农用薄膜，工业包装等。因其有毒，不能包装食品。

（2）ABS塑料 综合力学性能好，尺寸稳定性、绝缘性、耐水和耐油性、耐磨性好，长期使用易起层。常用于制造齿轮，叶轮，轴承，把手，管道，储槽内衬，仪表盘，轿车车身，汽车挡泥板，电话机、电视机、电动机、仪表的壳体等。

（3）聚酰胺（PA） 俗称尼龙或锦纶。强度、韧性、耐磨性、耐蚀性、吸振性、自润滑性、成型性好，摩擦因数小，无毒无味。常用的有尼龙6、尼龙66、尼龙610、尼龙1010等。广泛用于制造耐磨、耐蚀的某些承载和传动零件，如轴承、机床导轨、齿轮、螺母及一些小型零件。

（4）酚醛塑料（PF） 俗称电木。具有良好的强度、硬度、绝缘性、耐蚀性、尺寸稳定性。常用于制造仪表外壳、灯头、灯座、插座，电器绝缘板，耐酸泵，制动片，电器开关，水润滑轴承等。

2. 橡胶

橡胶是在很宽的温度范围内（−50~150℃）都处于高弹性状态的高聚物材料。橡胶具有高弹性，耐疲劳性、耐磨性好和电绝缘性能良好等优点；缺点是耐热性、耐老化性差等。

橡胶按材料来源可分为天然橡胶和合成橡胶两大类。天然橡胶从橡胶树的浆汁中获取；合成橡胶是以石油、天然气为原料，以二烯烃和烯烃为单体聚合而成的高分子材料。天然橡胶广泛应用于制造轮胎、胶带、胶管等。合成橡胶具有高弹性、绝缘性、气密性、耐油、耐高温或低温等性能，因而广泛应用于工农业、国防、交通及日常生活中。

合成橡胶按其性能和用途可分为通用橡胶和特种橡胶两大类。通用橡胶是指凡是性能与天然橡胶相同或接近，物理性能和加工性能较好，能广泛用于轮胎和其他一般橡胶制品的橡胶；特种橡胶是指具有特殊性能的一类橡胶制品。人们常用的合成橡胶有丁苯橡胶、顺丁橡胶、氯丁橡胶等，它们都是通用橡胶。特种橡胶有耐油性的聚硫橡胶、耐高温和耐严寒的硅橡胶等。

橡胶在工业中应用相当广泛，如制作各种机械中的密封件（如管道接头处的密封件），减振件（如机床底座垫片、汽车底盘橡胶弹簧），传动件（如 V 带、传送带上的滚子、离合器）以及电器上用的绝缘件和轮胎等。

3. 合成纤维

凡能保持长度比本身直径大 100 倍的均匀条状或丝状的高分子材料称为纤维，包括天然纤维和化学纤维。棉花、羊毛、木材和草类的纤维都是天然纤维。用木材、草类的纤维经化学加工制成的黏胶纤维属于人造纤维。利用石油、天然气、煤和农副产品作为原料制成单体，再经聚合反应制成的纤维是合成纤维。合成纤维和人造纤维又统称化学纤维。

合成纤维是 20 世纪 30 年代开始生产的，具有比天然纤维和人造纤维更优越的性能。在合成纤维中，涤纶、锦纶、腈纶、丙纶、维纶和氯纶被称为"六大纶"。它们都具有强度高、弹性好、耐磨、耐化学腐蚀、不发霉、不怕虫蛀、不缩水等优点，而且每一种还具有各自独特的性能。它们除了供人类穿着外，在生产和国防上也有很多用途。例如，锦纶可制衣料、降落伞绳、轮胎帘子线、缆绳和渔网等。

随着新兴科学技术的发展，近年来还出现了许多具有某些特殊性能的特种合成纤维，如芳纶纤维、碳纤维、耐辐射纤维、光导纤维和防火纤维等。

1.3.2　陶瓷材料

陶瓷是一种无机非金属材料，种类繁多，应用很广。传统上"陶瓷"是陶器与瓷器的总称。后来，发展到泛指整个硅酸盐材料，包括玻璃、水泥、耐火材料、陶瓷等。为适应航天、能源、电子等新技术的要求，在传统硅酸盐材料的基础上，用无机非金属物质为原料，经粉碎、配制、成形和高温烧结制得大量新型无机材料，如功能陶瓷、特种玻璃、特种涂层等。陶瓷材料具有高熔点、高硬度、高弹性模量及高化学稳定性等优点，缺点是塑韧性差、强度低等。

陶瓷材料可以根据化学组成、性能特点或用途等不同方法进行分类。一般归纳为工程陶瓷和功能陶瓷两大类。

工程陶瓷是指应用于机械设备及其他多种工业领域的陶瓷，可分为电子陶瓷、工具陶瓷和结构陶瓷。电子陶瓷是生产自动化控制系统中的关键元件，它可起多功能的传感器作用；工具陶瓷是制作刀具和模具的原材料，其性能可与金刚石、氮化硅相媲美；结构陶瓷是当今耐火材料的又一替代产品。功能陶瓷是具有电、磁、声、光、热、力、化学或生物功能等的介质材料。功能陶瓷材料种类繁多，用途广泛，主要包括铁电、压电、介电、热释电、半导体、电光和磁性等功能各异的新型陶瓷材料。例如，铁氧体、铁电陶瓷主要利用其电磁性能来制造电磁元件；介电陶瓷用来制造电容器；压电陶瓷用来制造位移或压力传感器；固体电解质陶瓷利用其离子传导特性可以制作氧探测器；生物陶瓷用来制造人工骨骼和人工牙齿等。超导材料和光导纤维也属于功能陶瓷的范畴。

1.4　复合材料

复合材料是由两种或两种以上性质不同的材料组合而成的一种多相材料，由基体材料和增强材料两部分组成。基体材料主要起粘结作用，一般为强度较低、韧性较好的材料，主要有金属、塑料、陶瓷等。增强材料主要起强化作用，一般为高强度、高弹性模量材料，包括各种纤维、无机化合物颗粒等。

1.4.1 复合材料的分类及应用

复合材料有多种分类方法。按复合形式与增强材料种类的不同，复合材料可分为以下几种。

1. 层叠增强复合材料

如图 1-10a 所示，层叠增强复合材料是以树脂为基体，用叠合方法将层状增强材料与树脂一层一层相间叠合而成的复合材料。用层叠复合材料制成汽车发动机的齿轮，可使机构实现低噪声运转。层状材料还常用来制成天线罩隔板、机翼、火车车厢内壁、饮料纸包装等。典型材料有钢-铜-塑料三层复合无油润滑轴承材料。

2. 纤维增强复合材料

如图 1-10b 所示，纤维增强复合材料是目前应用最广泛、消耗量最大的一类复合材料。用树脂做基体，玻璃纤维做增强材料制成的纤维增强复合材料，俗称玻璃钢。玻璃钢问世以来，工程界才明确提出了"复合材料"这一术语。除玻璃钢外，常用材料还有碳纤维增强复合材料、纤维增强陶瓷、轮胎橡胶等。这类材料主要用来制造各种要求自重轻的受力构件，如汽车的车身、船体、各种机罩、贮罐以及齿轮泵、轴承等。

3. 颗粒增强复合材料

如图 1-10c 所示，颗粒增强复合材料是由一种或多种颗粒均匀分布在基体材料内制成的，颗粒起增强作用。常见的种类有树脂与颗粒复合（如橡胶用炭黑增强）以及陶瓷颗粒与金属复合（如金属基陶瓷颗粒）。目前，应用最为广泛的碳化硅颗粒增强铝基复合材料早已实现大规模产业化生产，已批量用于汽车工业和机械工业中，生产大功率汽车发动机、柴油发动机的活塞、活塞环、连杆、制动片等。同时还用于制造火箭及导弹构件、红外及激光制导系统构件等。

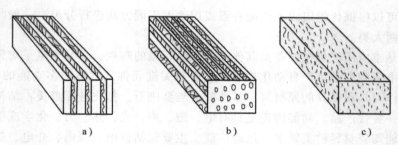

a）   b）   c）

图 1-10　复合材料的分类及结构

a）层叠增强复合材料　b）纤维增强复合材料　c）颗粒增强复合材料

1.4.2 复合材料的特点

不同的复合材料具有不同的性能特点，非均质多相复合材料一般具有如下特点：

1. 高比强度和比模量

例如，碳纤维和环氧树脂组成的复合材料，其比强度是钢的 7 倍，其比模量比钢大 3

倍，这对高速运转的零件、要求减轻自重的运输工具和工程构件意义重大。

2. 良好的抗疲劳性能

如金属材料的疲劳强度为抗拉强度的 40%～50%，而碳纤维复合材料可达 70%～80%。

3. 优良的高温性能

例如，7075-T6 铝合金，在 400℃时，弹性模量接近于零，强度值也从室温时的 500MPa 降至 30～50MPa。而碳纤维或硼纤维增强组成的复合材料，在 400℃时，强度和弹性模量可保持接近室温下的水平。

4. 减振性能好

因为结构的自振频率与材料比模量的平方根成正比，而复合材料的比模量高，因此可以较大程度地避免构件在工作状态下产生共振。又因为纤维与基体界面有吸收振动能量的作用，故即使产生振动也会很快地衰减下来。所以纤维增强复合材料有良好的减振性。

5. 断裂安全性好

纤维增强复合材料是力学上典型的静不定体系，在每平方厘米截面上，有几千至几万根增强纤维（直径一般为 10～100μm），当其中一部分受载荷作用断裂后，应力迅速重新分布，载荷由未断裂的纤维承担起来，所以断裂安全性好。

6. 其他性能特点

许多复合材料都有良好的化学稳定性、隔热性、烧蚀性以及特殊的电、光、磁等性能。复合材料进一步推广使用的主要问题是，断后伸长率小，抗冲击性能尚不够理想，生产工艺方法中手工操作多，难以自动化生产，间断式生产周期长，效率低，加工出的产品质量不够稳定等。增强纤维的价格很高，使复合材料的成本比其他工程材料高得多。虽然复合材料利用率比金属高（约 80%），但在一般机器和设备上使用仍然是不够经济的。如能改善上述缺陷，将会大大地推动复合材料的发展和应用。

 复习思考题

1-1 金属材料的力学性能主要包括哪几个方面？其主要指标有哪些？

1-2 什么叫金属的工艺性能？主要包括哪几个方面？

1-3 45 钢、T12 钢、HT200 的名称是什么？它们常用于制造什么工件？

1-4 钢的火花由哪几部分组成？20 钢与 T12 钢的火花有什么区别？

1-5 有一批 20 钢，混入了少量的 T10 钢，可用哪几种简易方法将它们分开？

1-6 试述灰铸铁、可锻铸铁、球墨铸铁的性能特点及牌号表示方法。

1-7 复合材料分为哪几类？主要应用在哪些方面？

1-8 塑料和橡胶各具有哪些特点？其主要应用在哪些方面？

1-9 铝合金和铜合金有何性能特点？

第2章

铸　　造

学习要点及要求

1. 铸造训练及内容要求

1）了解铸造生产的工艺过程和特点。

2）掌握砂型的结构，零件、模型和铸件之间的关系。

3）能正确使用工具进行简单的两箱手工造型。

4）了解冲天炉的构造、工作原理和操作过程；掌握感应电炉的构造、工作原理和操作过程；掌握电阻炉的构造、工作原理和操作过程；了解熔化铝与浇注时的安全注意事项。

5）分析铸件缺陷，能辨别常见几种缺陷，分析其产生原因和预防措施。

6）安排一定时间，自行设计、绘图、制造模型、造型和浇注铸件，提高学生的创新思维能力。

2. 示范讲解

1）铸造生产在机械制造中的地位和作用：铸造是熔炼金属、制造铸型，并将熔融金属浇入铸型，凝固后获得一定形状与性能铸件的成形方法。采用铸造方法获得的金属制品称为铸件。在机械制造中，大部分机械零件是用金属材料制成的，常采用铸造方法制成毛坯或零件。

2）型砂的组成及性能：讲解型砂的组成物，对型砂和芯砂的性能要求，涂料的作用。型砂和芯砂性能对铸件质量的影响。并示范表演混砂机混制型砂。

3）砂型铸造生产过程简介：铸造按生产方式不同，可分为砂型铸造和特种铸造。用砂型铸造方法生产的铸件，目前约占铸件总产量的80%以上。其工艺过程如图2-1所示。

4）浇注系统的作用和类型（了解）：在铸型中用来引导金属液流入型腔的通道称为浇注系统。浇注系统对铸件的质量影响较大，浇注系统安排不当，可能产生浇不足、气孔、夹渣、砂眼、缩孔和裂纹等铸造缺陷。合理的浇注系统，应具有下述作用：①将金属液平稳地导入型腔，以获得轮廓清晰完整的铸件；②挡渣，阻止金属液中的杂质和熔渣进入型腔；③控制金属液流入型腔的速度和方向；④调节铸件的凝固顺序。

5）造型方法概述及示范表演：①模型、型腔、铸件和零件之间关系；②分型面、浇注位置概念介绍；③示范整模、分离模、挖砂、活块、三箱和刮板造型；④介绍造型工具的名称和用途；⑤通气孔、浇冒口作用及安放；型砂松紧度，型芯的制作，芯骨、通气孔的作用。

6）铸铁、铸铝的熔化及浇注：讲解冲天炉、电阻炉的结构，所用原料及熔化过程。

7）铸件缺陷分析：结合铸件的废品，介绍几种常见缺陷，讲解各种铸件产生缺陷的

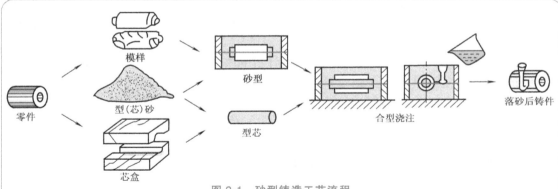

图 2-1 砂型铸造工艺流程

原因和预防措施。

3. 铸造训练实践操作

1）整模、分模、挖砂造型操作实践：学生经过示范教学后，进行整模、分模和挖砂造型实践。

2）铸件浇注操作实践：浇注操作实践可按每组3-5人分组进行，可浇注铝合金。

3）铸件缺陷分析实践：结合实物组织学生观察，并分析其产生缺陷的原因。

4. 铸造训练安全注意事项

1）操作者必须身穿工作服，头戴工作帽。

2）造型时不可坐卧在地面上，不许用嘴吹砂子。

3）搬运砂箱要轻放，防止压伤手脚。

4）使用的工具应放在合适的位置，不许随手乱扔。

5）浇注的人，必须戴好劳动保护眼镜；浇包内剩余的液体金属，不能泼在有水的地面上；其他人应远离浇包。

6）不能正对着人打浇冒口或清毛刺。

7）身体不能接触尚未冷却到室温的铸件。

8）不许随便开、停机械设备或电气开关。

5. 训练教学案例

1）机床的变速箱盖（图2-2）应该采用什么材质？毛坯采用什么方法生产？

2）气缸头（图2-2）应该采用什么材质？毛坯采用什么方法生产？

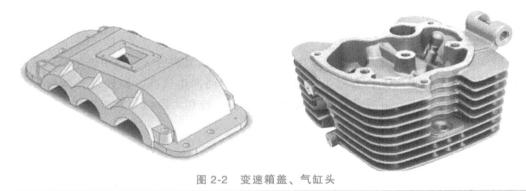

图 2-2 变速箱盖、气缸头

铸造生产是机械制造中毛坯或零件的主要生产方法之一。铸造方法中较常用的是砂型铸造。除了砂型铸造外，还有特种铸造。特种铸造主要有熔模铸造、金属型铸造、压力铸造、离心铸造等。

铸件在机械制造中占有很大比重，按质量计占 60%~80%，而机床中的铸件要占 90%。因为铸造有如下优点：

1）用铸造方法可生产形状复杂的工件，如各种箱体、床身、曲轴、轮等。

2）铸造适应性广，常用金属均可用于铸造，且铸件大小几乎不受限制，从几克到数百吨均可。

3）铸件生产成本低。铸造所用原材料来源广泛，价格低廉，一般不需要昂贵设备，且由于铸件形状和尺寸与零件相近，可节省金属和减少切削加工的工作量。

铸造的缺点是铸件力学性能差，组织粗大，常有缩松、缩孔、气孔等缺陷产生，而且工艺过程难以精确控制，这就导致铸件质量不稳定，废品率高。但随着铸造技术的发展，上述问题正在得到改善。

2.1 型砂和芯砂

型砂（或芯砂）是制造砂型（或型芯）的材料，它的质量对铸件质量有很大的影响，如果型砂（或芯砂）的质量不好，就可能使铸件产生气孔、砂眼、黏砂和夹砂等缺陷。

2.1.1 型砂应具备的性能

1. 可塑性

造型时型砂在外力的作用下能塑制成形，而当除掉外力并取出模样（或打开芯盒）后，仍能保持不变的清晰的轮廓形状的能力称为可塑性。型砂的可塑性随水含量（质量分数在 8% 以下）及黏结剂量的增加而提高，随原砂粒度的增大而降低。可塑性好的型砂，手感柔软，易成形，易起模。

2. 强度

制成的砂型在外力作用下不变形、不破碎的能力称为强度。型砂具有较高的强度，是保证砂型在搬运和浇注过程中不变形、不掉砂、不塌箱的基本要求。型砂中黏结剂含量多、原砂颗粒细小或不均时，都可提高其强度。

3. 透气性

型砂能让气体通过的能力称为透气性。液体金属浇入型腔后，铸型中新生的和残存的气体，都必须穿过型砂排出，否则就可能残留在铸件内而产生气孔。原砂颗粒越粗大、越均匀、黏结剂含量低、水分适当（质量分数为 4%~6%）或加入易燃的附加物等均可改善型砂的透气性。

4. 耐火度

型砂经受高温液体金属的作用后，型砂不被烧焦、不熔融、不软化的能力称为耐火度。型砂耐火性低会使铸件表面产生一层难以清除的黏砂层，使铸件表面粗糙，对切削加工非常不利。型砂的 SiO_2 含量高、砂粒粗而圆，则耐火度就高；当型砂中黏结剂含量高、碱性物质含量高时，则会降低型砂的耐火度。

5. 退让性

型砂的体积能被压缩的性能称为退让性。型砂的退让性差，会阻碍铸件凝固后的继续收缩，使铸件产生很大的内应力，甚至引起铸件变形或开裂。原砂细小均匀、黏结剂含量多，都会降低型砂的退让性；加入可燃性附加物，可提高型砂的退让性。

6. 耐用性

型砂经过重复使用后，仍能保持其本身品质的能力称为耐用性。经过使用的型砂，由于高温液体金属的作用，部分砂粒发生破碎，灰分增多，再用时必须再加适量的新砂。如果型砂的耐用性好，则需加入新砂的量就可以减少，能降低生产成本。

由于型芯多置于铸型型腔的内部，浇注后其周围被高温液体金属包围，工作条件差，所以对芯砂的性能要求要比型砂高一些。对于尺寸小，形状复杂或重要的型芯，可用树脂、桐油、亚麻仁油等植物油作为黏结剂，以便提高芯砂的性能。但是，由于植物油是重要的工业原料，成本高，应尽量少用。

2.1.2 型砂的组成

1. 原砂

原砂即新砂，一般采自海、河或山地。但并非所有的砂子都能用于铸造。铸造用砂应控制：

（1）化学成分 原砂的主要成分是石英和少量杂质（钠、钾、钙、铁等氧化物）。石英的化学成分是二氧化硅（SiO_2），它的熔点高达 1700℃，原砂中 SiO_2 含量越高，其耐火性越好。铸造用砂 SiO_2 的质量分数为 85%~97%。

（2）粒度与形状 砂粒越大，则耐火性和透气性越好。原砂粒度可通过标准筛过筛测定。标准筛筛号分为：6，12，20，30，40，50，70，100，140，200，270。筛号表示每英寸长度上筛孔的数目，筛号越大则表示砂的粒度越细，常用的是 50~200号筛。

砂粒的形状可分为圆形、多角形和尖角形。一般铸铁湿型砂多采用颗粒均匀的圆形或多角形的天然硅砂或硅长石砂；高熔点金属铸件造型用砂需选用 SiO_2 含量高的粗砂，以保证浇注时砂粒不被高温金属液烧熔。

2. 黏结剂

用来黏结砂粒的材料称为黏结剂，如水玻璃、桐油、干性植物油、树脂和黏土等。前几种的黏性比黏土好，但价格贵，且材料来源不广；黏土是价廉而又资源丰富的黏结剂，有一定的黏结强度。黏土主要分为普通黏土和膨润土。湿型砂普遍采用黏结性能较好的膨润土，而干型砂多用普通黏土。

3. 附加物

为改善型砂某些性能而加入的材料称为附加物。常用的附加物有：

（1）煤粉、重油 浇注时煤粉和重油在砂型中不完全燃烧，产生还原性气体薄膜，将高温金属液与砂型壁隔开，减少金属液对砂型的热力作用与化学作用，因而有助于降低铸件的表面粗糙度值。

（2）锯木屑　锯木屑等纤维物加入需烘烤的砂型和型芯中，当烘烤时锯木屑烧掉，在砂型中留下空隙，从而使型砂有更好的退让性和透气性。

4. 水

黏土砂中的水分对型砂性能和铸件质量影响极大。干态黏土是不能将型砂黏结的，黏土只有被水润湿后，其黏性才能发挥。水分太少则型砂干而脆，造型起模有困难；水分过多则型砂过湿，以致形成可流动的黏土浆，不仅型砂强度低而且造型时易黏模，使造型操作困难。当黏土与水分的质量比为 3：1 时，型砂强度可达最大值。

5. 涂料和扑料

为了提高砂型的耐火度，防止黏砂，铸铁件的干型用石墨粉和少量黏土混制的水涂料；湿型则用石墨粉扑撒一层到砂型上；非铁金属件铸型用滑石粉做涂料或扑料；铸钢件用硅粉和镁砂粉做涂料。

2.1.3　型砂的配制

型砂和芯砂的组成物，必须按适当的比例进行配制，才能全面保证型砂（芯砂）应该具备的性能。在生产中，型砂的配制比例（质量比）有很多种，普遍应用的有：

1. 铸铁件（湿型、新砂）

粒度 70～140 号筛的新砂 100%，膨润土 4%～6%，煤粉 5%～6%，水 3%～4.5%。

2. 铸钢件（湿型、新砂）

粒度 40～70 号筛的新砂 100%，膨润土 9%～10%，碳酸钠 0.2%，糊精 0.2%～0.4%，水分 4% 左右。

3. 铸钢件（水玻璃砂，一次性）

粒度 40～70 号筛的新砂 100%，水玻璃 5%～7%，膨润土 1%～4%，还可加少量的水和 NaOH，造型后向砂型中吹入 CO_2，发生如下反应：

$$Na_2O \cdot mSiO_2 + CO_2 + nH_2O == Na_2CO_3 + mSiO_2 \cdot pH_2O + (n-p)H_2O$$

上述反应进行得很快，一般仅需吹 CO_2 气体 3min 左右，型砂即可硬化。

4. 铸铁件（复用砂、湿型）

粒度 100～200 号筛的新砂 20%，回用砂 75%，膨润土 3%～4%，煤粉 0.5%～1%，水 3.5%。

5. 铸钢件（复用砂，表干型）

粒度 40～70 号筛的新砂 20%～80%，回用砂 80%～20%，膨润土 5% 左右，纸浆 1.5% 左右，水 5%。

6. 铸铜、铸铝件（复用砂、湿型）

粒度 140～220 号筛的新砂 20%，回用砂 80%，膨润土 1.5%，水 4%～5%。

2.1.4　型砂的混制

型砂配制可用混砂机或人工混制。常用的碾轮式混砂机中有两只转动的碾轮和刮刀，利用碾轮的碾压和揉搓作用，将各种材料混合均匀。混制时，按一定比例先后加入新砂、旧砂、膨润土和煤粉等，干混 2～3min，然后加入一定量的水，再湿混 10min 左右即可从出砂口卸出，堆放 4~5h（黏土砂）进行回性处理，使用前再经过筛砂或松砂处理。配制好的型砂必须经过性能检验后才能使用。大型铸造车间常用型砂试验仪进行检验。单件小批生产的铸造车间多用手捏砂团的经验方法检验型砂的性能，如图 2-3 所示。

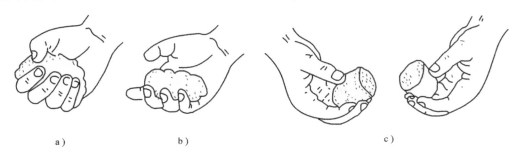

图 2-3　手捏法检验型砂

a）型砂湿度适当时可用手捏成砂团　b）手放开后可看出清晰手纹

c）折断时断口面没有碎裂状，同时有足够强度

2.2　常用造型方法

2.2.1　砂型的组成

图 2-4 所示为合型后的砂型。被春紧在上、下箱中的型砂与上、下箱一起，分别被称为上型和下型。将模样从砂型中取出后，留下的空腔称为型腔。上、下型之间的分界面称为分型面。图 2-4 中型腔内有"×"的部分表示型芯，用来形成铸件上的孔。型芯上用来安放和固定型芯的部分，称为芯头，芯头安放在芯座内。浇注时，金属液从浇口杯浇入，经直浇道、横浇道、内浇道流入型腔。型腔的最高处开有出气口，型腔上方的砂型中有用通气针扎成的通气孔，用来排出型腔中及砂型和型芯中产生的气体。通过出气口还可观察金属液是否已浇满型腔。

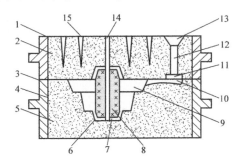

图 2-4　砂型的组成

1—上箱　2—上型　3—分型面　4—下箱

5—下型　6—芯座　7—芯头　8—型芯　9—型腔

10—内浇道　11—横浇道　12—直浇道

13—浇口杯　14—型芯通气孔　15—通气孔

2.2.2　手工造型操作技术基本要点

1）造型前，要准备好造型工具，选择适当的砂箱，擦净模样，备好型砂。

2）摆放模样时，要注意起模斜度的方向和位置。

3）开始填砂时，要先用手按住模样，并用手将模样周围的型砂塞紧，防止模样发生位移；如果砂箱较高，型砂应分几次填入。

4）春砂时，砂春应按一定的路线均匀行进，用力要适当，并注意砂春不能春击在模样上。

5）下型做好之后，必须在分型面上均匀地撒上一层无黏性的分型砂，然后再造上型。

6）上型做好刮平后，应在模型投影面的上方均匀地扎好通气孔。

7）浇口杯的内表面要修光，它与直浇道的连接处应修成圆滑过渡的表面。

8）整个砂型做好之后，应在砂箱外壁两个相邻直角边的远距离的分型面处，粘敷一块砂泥，做出合型记号（也称合型线），然后才能开箱起模。

9）起模时，要先用毛笔沾点水，均匀地刷在模样周围的型砂上，以便增加这部分型砂的湿度；起模操作要精心平稳。

10）起模后要精心修补砂型，并同时开出内浇道。

11）修型完毕，即可合型，准备浇注。

2.2.3 常见造型方法

1. 整模造型

整模造型方法的特点是：模样是整体的，型腔全部位于一个砂箱内，分型面是平面。图2-5 所示为轴承座铸件整模造型的基本过程。整模造型方法操作简便，铸型型腔形状和尺寸精度较好，故适用于形状简单而且最大截面在一端的铸件，如齿轮、带轮、轴承座等毛坯的简单铸件，适合各种批量的生产。

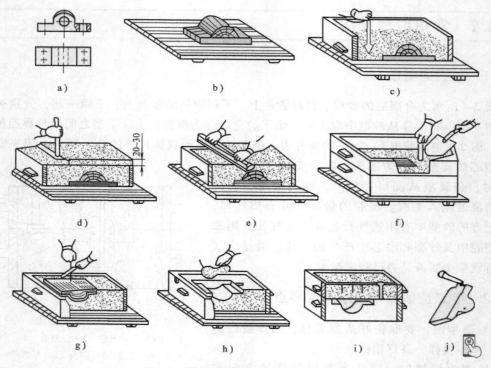

图2-5 轴承座铸件整模造型基本过程

a）轴承座零件 b）把模样放在底板上，注意要留出浇道位置 c）放好下箱（注意砂箱要翻转），加砂，用尖头锤舂砂

d）舂满砂箱后，再堆高一层砂，用平头锤舂紧 e）用刮砂板刮平砂箱（切勿用墁刀光平）

f）翻转下箱，用墁刀修光分型面，然后撒分型砂，放浇口棒，造上型 g）开箱、刷水、松动模样后边敲边起模

h）修型、开内浇道，撒石墨粉 i）合型，准备浇注 j）落砂后的铸件

2. 分模造型

分模造型方法的特点是：模样在最大截面处分成两半，两半合拢时用定位销定位，两半模样分开的平面常常就是造型时的分型面。造型时，两半个模样分别在上、下两个砂箱中进行操作。这种造型方法适用于最大截面在中间的形状较复杂的铸件，特别适用于有孔的铸件，如套类、管类、曲轴、立柱、阀体、箱体等。因其操作方便，故应用广泛。图2-6所示为水管铸件的分模造型基本过程。

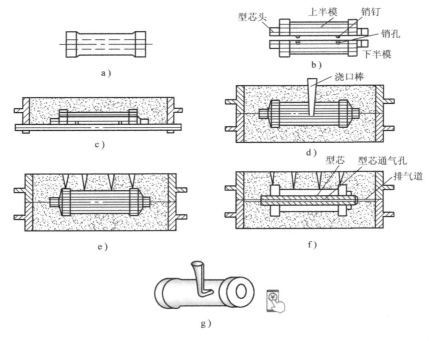

图 2-6 分模造型基本过程

a）零件 b）两半个模样 c）造下型 d）造上型 e）取浇口棒，扎通气孔 f）开内浇道，合型 g）铸件

3. 挖砂造型与假箱造型

如果铸件的外形轮廓为曲面或阶梯面，其最大截面也为曲面，且模样又不便于分为两半，此时常用挖砂造型法。此法适用于单件小批生产。如生产批量较大时，可采用假箱造型法。

挖砂造型时，需挖修出分型面，且必须挖修到模样的最大截面处。分型面应尽量挖修得平缓光滑。每造一型需挖砂一次，操作麻烦，生产效率低，对操作者技术水平要求高，铸件分型面处易产生飞翅，铸件外观及精度较差。图2-7所示为手轮的挖砂造型基本过程。

为提高生产率，可用成形底板代替平面底板，将模样放置在成形底板上进行造型，以省去挖砂操作。成形底板可用金属或木材制造，具体视生产批量而定。若生产批量不大时，可用含黏土量高的型砂舂紧制成砂质成形底板，称为假箱。在假箱上造出下型后，再依照分模造型基本过程造出上型，这种造型方法称为假箱造型法，如图2-8所示。假箱只用于造型，不参与合型和浇注。

4. 活块造型

当铸件外表面的模样上，一处或几处有小凸台不能和模样的主体部分同时起模时，则可将这个小凸台做成分离可活动的（称为活块），活块与模样的主体部分，用一个可活动的销子连接起来，在造型过程中的适当时机再将销子拔出来。用这种带有活块的模样进行造型的方法称为活块造型，活块造型的基本过程如图2-9所示。采用活块造型方法时应注意以下几点：

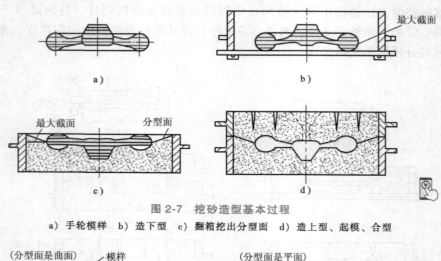

图2-7　挖砂造型基本过程

a）手轮模样　b）造下型　c）翻箱挖出分型面　d）造上型、起模、合型

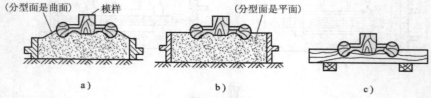

图2-8　手轮假箱造型

a）模样放在假箱上　b）模样或放在平面假箱上　c）模样或放在成形底板上

1）活块厚度 A（图2-9）应小于模样主体上壁板厚度 B，否则活块取不出来。

2）造型时，当将活块周围的型砂塞紧后，必须将连接活块的销子拔出来，否则起不出模样。

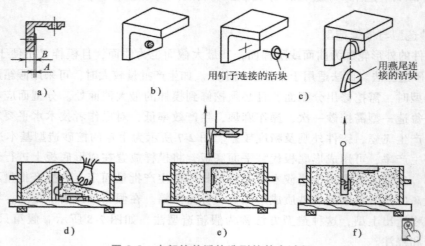

图2-9　支架铸件活块造型的基本过程

a）零件　b）铸件　c）模样

d）造下型　e）取出模样主体　f）取出活块

5. 三箱造型

对于一些形状复杂的铸件，由于形状、截面大小变化的特点，或者由于铸件的特殊技术要求，用一个分型面无法取出模样，必须选择两个分型面时，则可以用三个砂箱进行造型，称为三箱造型。如图 2-10 所示的铸件，按图示的位置必须用三箱造型才能取出模样；如果将铸件的浇注位置转 90°，用两箱分模造型方法也可以取出模样，但是在铸件上部若出现铸造缺陷就无法补救，所以此方案不可取。

三箱造型的基本特征是：中箱上、下两面都是分型面，都要光滑平整，中箱的高度应与中箱中的模样高度相近，必须采用分模。

三箱造型的基本过程如图 2-10 所示。从图中可以看出，三箱造型方法过程复杂，生产效率较低，只适用于单件小批量生产。在成批大量生产时，可以采用外型芯，简化成两箱造型，如图 2-11 所示。

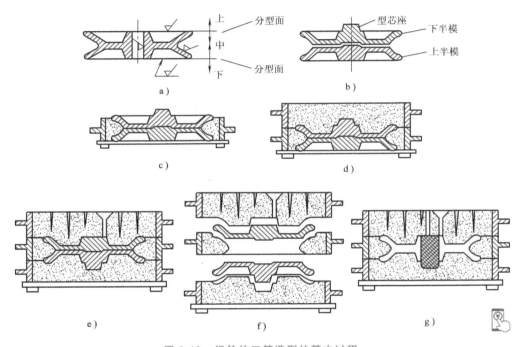

图 2-10　绳轮的三箱造型的基本过程

a）绳轮零件　b）模样　c）造中型

d）造下型　e）翻箱造上型　f）取上半模、下半模　g）下型芯、合型

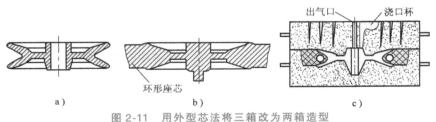

图 2-11　用外型芯法将三箱改为两箱造型

a）槽轮零件　b）模样（带有环型芯座）　c）下芯合型

6. 刮板造型

用与铸件截面形状相适应的刮板制出所需砂型的造型方法称为刮板造型。刮板造型常用来制造回转体或等截面形状的铸件，如弯管、带轮等。当此类形状的铸件生产数量很少，而外形尺寸又较大时，采用刮板造型法可节省制造实体模样所需要的木材和工时，降低成本，缩短生产周期。刮板造型生产率低，要求操作技术水平较高，且全靠手工修出型腔轮廓，故得到的铸件尺寸精度较低。图 2-12 所示为带轮铸件刮板造型的基本过程。

刮板造型时根据铸件形状特点，刮板可以绕轴线转动，适用于回转体铸件，如图 2-12 所示。刮板也可以沿一定的导轨往复移动，适用于等截面的铸件。

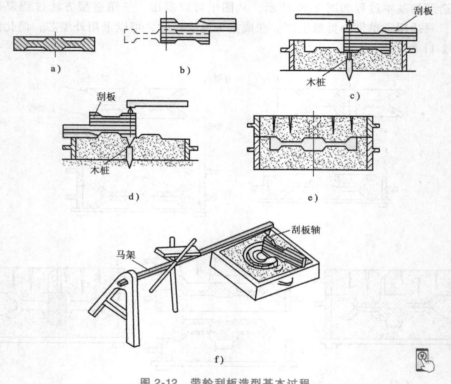

图 2-12　带轮刮板造型基本过程
a）带轮零件　b）刮板（轮廓与铸件对应）　c）刮下型
d）刮上型　e）合型　f）刮板固定

7. 地坑造型

在铸造车间里，用地面或地坑代替下箱进行造型的造型方法称为地坑造型，如图 2-13 所示。中、小型铸件地坑造型时，只要在地面上挖出一个相应大小的坑，填入型砂即可造型。大型铸件所需的大型地坑，一般设在车间里某一固定处，坑底及四周坑壁均用防水材料建造。造型时，先在坑底填入一定厚度的炉渣或焦炭等透气

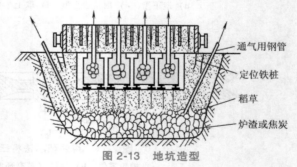

图 2-13　地坑造型

物质，铺上稻草，上面斜向上放置几根钢管，上管口必须略高出地面，以便使浇注时地坑内产生的气体排出坑外，然后填入型砂并放入模样进行造型。造型完毕后，在砂箱四周打上铁桩定位，即可开箱起模。

8. 机器造型

机器造型是利用造型机将造型过程中的两项最主要的操作——紧砂和起模实现机械化的造型方法。其特点是：生产率高，每小时可生产几十箱乃至上百箱；对工人操作技术水平要求不高，易于掌握；造型时所用的砂箱和模板有定位导销准确定位，并由造型机精度保证实现垂直起模，铸件精度较高。

机器造型是现代化铸造车间生产的基本方式，是铸造生产的发展方向。机器造型一般是由专门造上型和专门造下型的两台造型机配对生产，因此机器造型只允许两箱造型。机器造型通常需用造型机、专用砂箱及模底板，并由混砂机和型砂输送设备与之配套，故一次性投资费用较大，只适用于大量生产。图2-14所示为震压式机械造型过程。

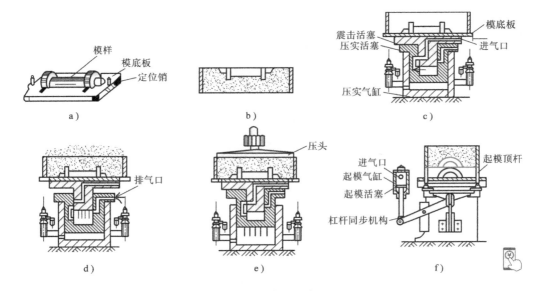

图 2-14　震压式机械造型过程

a）水管铸件的下模底板　b）造好的下型　c）压缩空气进入震击活塞底部，举起工作台
d）排气、充气反复震击多次　e）震击停止、压实　f）起模顶杆上升，起模

2.2.4　典型铸件造型方法综合举例

在实际铸造生产中，铸件的形状多种多样，有的外形十分复杂，往往不能只采用单一的造型方法，在同一个铸件上往往需要综合使用多种造型方法。下面以典型铸件为例加以说明。

1. 斜支座铸件造型方法分析

图2-15所示为斜支座零件，其外形上有耳、肋1、肋2、凸台、底部凹坑等。这些外表面上的凸凹不平结构，均妨碍造型时的起模操作。在确定分型面时，应使这些凸凹不平的外形结构不能妨碍起模，且分型面应尽量与铸件的最大截面重合。该斜支座的最大截面就是图

2-15a 中通过肋 1 中心线及阶梯孔中心的平面，该平面是斜支座铸件唯一合理的分型面。这样分型的结果，其外形上的耳、肋 1、肋 2、凸台均能使模样顺利取出，阶梯圆孔用一个型芯形成，底面凹坑可采用如下两种方案做出：

1）生产批量较大时用一个型芯形成，如图 2-15b 所示。

2）单件或少量生产时，可将凹坑四周的凸缘做成活块，如图 2-15c 所示。

根据以上分析，该斜支座铸件的造型方法基本上属于分模造型。

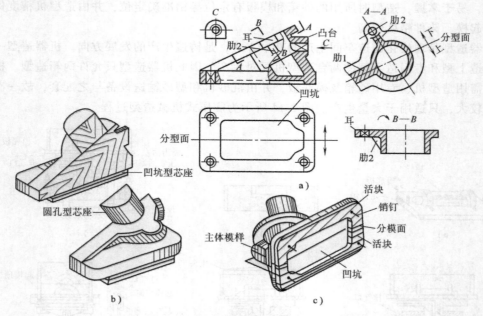

图 2-15　斜支座铸件的两种造型方法

a）斜支座零件图（图中打×处为不铸出孔）　b）用型芯形成凸坑的模样　c）用活块形成的模样

2. 减速箱底座的造型方法分析

图 2-16 所示为减速箱底座零件。其外形较斜支座复杂，它的外形表面凸凹不平部分更多，有四条侧壁加强肋、油标孔凸台、放油孔凸台、四个装配螺栓的凸台、四个轴承半圆孔、地脚底板凹入面，内腔为齿轮箱长方孔。

此零件的最大截面有三个：通过长方孔长轴线的对称面——F 面；减速箱底座与箱盖的装配面——M 面；地脚底板面——N 面。这三个面作为分型面时，均不妨碍起模。下面分两种方案进行分析：

（1）A 分型方案　如图 2-17a 所示，采用 M 面和 N 面为分型面，采用三箱造型，铸件整体轮廓全部在中箱内。图中 M 面及 N 面上的箭头及上、中、下分别表示上箱、中箱、下箱。模样沿图中分模面处分成两块——上模和下模，长方孔用型芯形成，型芯座用销子与下模连接，并将油标孔凸台和放油孔凸台做成活块，N 面凹下处采用挖砂。此方案既可保证顺利起模，便于下型芯操作，保证型芯的稳固性，又可使重要表面 M 面的铸造质量得到了保证。此造型方案是三箱、活块、挖砂、分模等造型方法的综合应用。

（2）B 分型方案　如图 2-17b 所示，采用 F 面为分型面，将模样分成上下对称的两半，铸件的外形轮廓分别由上型和下型共同形成，外形上的所有凸凹部分均不影响起模，属分模

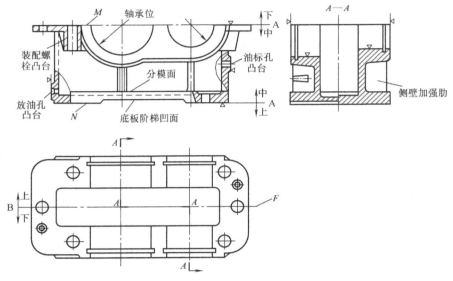

图 2-16 减速箱底座零件

造型，其造型操作简单。但是，该方案铸件在分型面处有接缝，影响外观质量；且型芯在型腔内为悬臂式放置，稳固性差；上型中砂型有吊砂，易产生塌箱等缺陷。

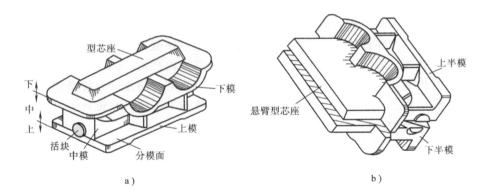

图 2-17 减速箱分型方案

a）A 分型方案   b）B 分型方案

2.2.5 浇注系统和冒口

液态金属流入铸型型腔之前所经过的一系列通道称为浇注系统。它主要包括：浇口杯、直浇道、横浇道、内浇道，如图 2-18 所示。

浇注系统应该起到以下三方面的作用：第一，能平稳地将金属液体导入并充满型腔，防止液体流冲坏型壁和型芯；第二，能防止渣、砂粒进入型腔，发挥挡渣的作用；第三，调节铸件各部位的温度和凝固顺序，起到一定的补缩作用。从这个意义上讲，出气口或冒口也可以算作浇注系统的组成部分。浇注系统各部分的作用是：

1. 浇口杯

形状多为漏斗形或盆形，后者应用于大型铸件。浇口杯的主要作用是缓和液态金属流的冲击力，接收液态金属，并使熔渣浮于上面。因此，要求浇口杯的内表面要光滑，转弯处要圆滑过渡。

2. 直浇道

直浇道是一个上大下小的圆锥形垂直通道，一般是开在上型内。

3. 横浇道

横浇道位于直浇道的下端，是上小下大的梯形截面通道，一般情况也是开在上型内的分型面上。它的主要作用是挡渣、减缓金属液流速及分配金属液体。

4. 内浇道

内浇道位于横浇道的下面，是上大下小的扁梯形（三角形、月牙形）截面的水平通道，直接

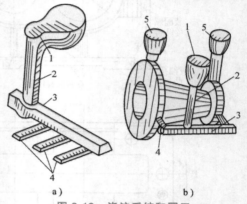

图 2-18　浇注系统和冒口

a）典型的浇注系统　b）带有浇注系统和冒口的铸件
1—浇口杯　2—直浇道
3—横浇道　4—内浇道　5—冒口

与型腔相连，一般是开在下型的分型面上。它的主要作用是控制液体金属进入型腔的速度和方向，调节铸件各部位的凝固顺序。开内浇道时，截面大小和数目要适当，靠近型腔的端截面要小、要薄。

对于壁厚相差不大的铸件，内浇道要开在较薄的部位；而对于壁厚差别大、收缩大的铸件，则应开在铸件的较厚部位，使铸件实现由薄到厚的顺序凝固，并使内浇道的金属液能够起到一定的补缩作用。对于大平面的薄壁件，应多开几个内浇道，以便在浇注时使金属液迅速充满型腔。开内浇道的方向，不允许直接对着型壁和型芯，防止冲坏铸型和型芯，造成铸件夹砂。在铸件的重要加工表面、粗定位基准面和特殊重要部位，在设计时可在技术要求中说明不许设置内浇道的位置。

5. 冒口

应开在型腔最厚实和最高的部位，并使冒口内金属液最后凝固。冒口的形状多为圆柱形、方形或腰圆形，其大小、数目及位置视具体情况而定。冒口主要用于中大型厚壁铸件和铸钢件金属液凝固时的补缩，还可排出型腔中的气体。如果浇入型腔中的金属液中有熔渣、砂粒等杂质，也可以从冒口向上浮出。同时，浇注操作者还可通过冒口观察到金属液是否已充满型腔。

2.2.6　手工造芯

型芯常用型芯盒手工造芯，也可用刮板造芯，或用造芯机和射芯机造芯。为了保证型芯的使用性能，除了要选用质量高的原砂和特殊的黏结剂外，在造芯工艺中要采取以下工艺措施：第一，在型芯内要放芯骨。芯骨的作用类似钢筋混凝土中的钢筋一样，能提高型芯的强度。小型芯的芯骨一般是用铁线做成，尺寸特大的芯骨都用铸铁铸成。第二，型芯的通气孔要贯通。小型芯用通气针扎通气孔；大型芯要埋入粗铁线或光滑的蜡绳，造好型芯后再将铁线抽出或将蜡绳熔化。通气孔必须贯通，并且要通到型芯头以外。第三，必须刷涂料并进行

烘干。将滑石粉（用于非铁金属合金）、石墨粉（用于灰铸铁）、硅粉和镁砂粉（用于铸钢）混入适量黏结剂（如黏土、糖浆、亚硫酸盐溶液、煤油、酒精、水等）调成糊状，刷在型芯的表面，提高型芯的耐火度。刷完涂料之后要将型芯烘干，以提高型芯的强度和透气性。其操作过程如图 2-19 所示。

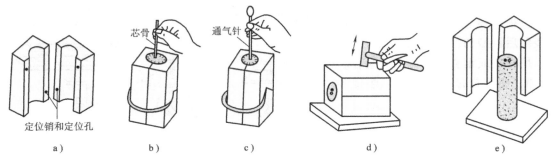

图 2-19 用芯盒造芯的基本过程
a）芯盒 b）舂砂、放芯骨
c）刮平、扎通气孔 d）敲打芯盒 e）开盒取芯

2.2.7 合型

将砂型和型芯配在一起组成铸型的工序称为合型。合型是制造铸型的最后一道工序，如果操作不当，浇注后可能造成金属液体沿分型面外流（又称跑火），发生错箱，产生气孔和砂眼等缺陷。

合型的基本操作过程是：

1）下型芯。下型芯是合型工序的第一步。下型芯前应认真检查砂型有无破损，型腔内有无散落砂粒和其他脏物，浇道是否修光，型芯是否烘干，通气孔是否畅通等，此外还应按着图样检查好砂型和型芯的形状和尺寸。下型芯时，一般都是将型芯头坐落在下型中的型芯座内，也有的将型芯悬吊在上型的适当位置（称为吊芯），如图 2-20c 所示。如果因型腔形状所限，单靠型芯头不能使型芯牢固定位时，可以采用低碳钢、铸铁等材料特制的型芯撑来加以固定（图 2-20b）。型芯撑可以制成各种形式（图 2-21），使用时要根据实际情况进行设计和选择。

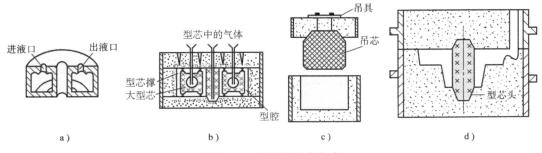

图 2-20 型芯的固定方式
a）内腔近似封闭的铸件 b）用型芯撑固定 c）用吊芯 d）用型芯头固定

为便于和铸件熔合在一起，型芯撑的表面都镀上一层锌或锡，但仍常有渗漏的情况。气密性要求高的铸件，应尽量不用型芯撑。

2）进行装配检查。下完型芯之后，应根据铸型装配图等工艺文件，对装配后铸型的尺寸、相对位置和壁厚，用样板或钢直尺进行全面检查。

3）将型芯的通气道引通到空气中。

4）合上上型。

5）紧固或压箱。

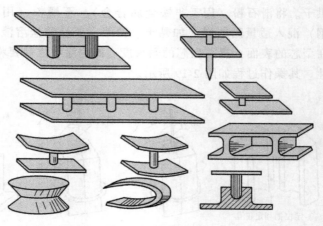

图 2-21　各种型芯撑

这是合型操作的最后一步。根据帕斯卡原理，液体金属对上型要产生一定的浮力，此浮力超过上型的自重时，就能将上型浮起，造成跑火或胀箱（铸件高度增加）。因此合型后，必须将上、下型紧固在一起或者用配重压铁将上型压住。根据经验，配重压铁自重取铸件自重的 1.5~3 倍。

2.2.8　砂型和型芯烘干

湿型浇注时由于型砂湿强度较低，发气量大，容易使铸件产生砂眼、夹砂、黏砂和气孔等缺陷，特别是对于较大的铸件，质量难以保证。因此，有些铸件就要采用干型（将砂型和型芯进行烘干）。

烘干的温度和时间，对砂型和型芯质量有很大的影响。如果温度低、时间短，起不到烘干的作用；而温度过高、时间过长，会使黏结薄膜分解，降低了黏结薄膜的强度。常用砂型和型芯的烘干温度和烘干时间见表 2-1。

表 2-1　砂型和型芯的烘干温度和烘干时间（较小铸件）

砂型和型芯类别	烘干温度/℃		燃烧室工作时间/h	烘干时间/h
	最高温度	适宜温度		
糖浆型芯	150~175	150~157		2
植物油型芯	200~240	200~220		2
矿物油型芯	220~240	210~240		2
黏土型芯	300~350	250~300		3
铸铁件砂型	350~450	350~400	4~5	6~8
铸钢件砂型	450~550	400~450	6~7	8~12

2.3　合金的熔炼

合金熔炼操作对铸件质量有很大的影响，如果操作不当会使铸件因成分、性能不合格而报废。对液态合金的主要要求是：应具有足够高的温度，化学成分应符合要求。

2.3.1　铸铁的熔炼

铸铁的熔化，常在冲天炉内进行，也可用工频或中频感应电炉。用冲天炉熔化的铁液质量虽然不及电炉好，但冲天炉设备简单，操作方便，熔化效率高，燃料消耗少。

1. 冲天炉的构造

冲天炉是圆柱形竖炉（图 2-22），其炉身由炉外壳和炉内衬构成。炉外壳是由钢板焊接而成，炉内衬由耐火砖砌成。炉身上部有加料装置、烟囱、火花罩（除尘装置），下部有风带和风口。鼓风机鼓出的风经风管进入风带，再经风口鼓入炉内，供炉内焦炭燃烧使用。风口一般不止一排，其中直径最大的一排风口为主风口，其余各排为辅助风口。风口以下部分称为炉缸，炉内熔化的铁液被过热后经炉缸流入前炉。前炉的主要作用是储存铁液，同时使铁液成分更加均匀。前炉通过过桥与炉缸连通，在前炉下部有出铁口，侧上方有出渣口。炉身一般装在炉底板上，炉底板由四根粗大的炉支架支撑，炉底板中间装有炉底门，当修好炉后炉底门关闭，用炉底支撑撑住。

冲天炉的大小用熔化率表示，即每小时熔化铁液的质量。常用的冲天炉为 $1 \sim 10t/h$ 不等，而以 $2 \sim 5t/h$ 的冲天炉最为常见。

2. 冲天炉熔炼用的炉料

冲天炉熔炼用的炉料包括金属炉料、燃料和熔剂三部分。

（1）金属炉料　金属炉料有标准生铁（号铁）、回炉料（浇冒口及废铸件）、废钢及铁合金（硅铁、锰铁等）。标准生铁是高炉冶炼的产品，

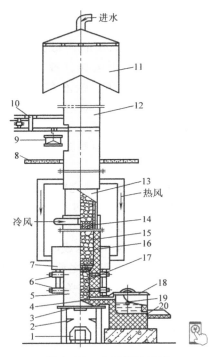

图 2-22　冲天炉的构造

1—小车　2—支架　3—炉底板　4—过桥
5—炉缸　6—风口　7—风带　8—加料台
9—加料筒　10—加料装置
11—火花罩（除尘装置）　12—烟囱
13—炉身　14—焦炭　15—金属料　16—熔剂
17—底焦　18—前炉　19—出渣口　20—出铁口

是冲天炉炉料的主要部分；利用回炉料可以降低铸件的成本。加入废钢主要目的是降低铁液的碳含量，加入铁合金是用来调整铁液的成分。各种金属炉料的加入量，是根据铸件的成分要求及熔化时各元素的烧损量来计算的。

（2）燃料　冲天炉使用的燃料主要是焦炭。焦炭燃烧的程度直接影响着铁液的温度和成分。在熔化过程中要保持底焦有一定的高度，所以每批炉料中必须加入一定量的焦炭，以补偿底焦的烧损。每批金属炉料与层焦的质量之比称为铁焦比，一般在 $10:1$ 左右。也可以用煤粉、无烟煤块、重油、煤气等作为冲天炉的燃料。

（3）熔剂　冲天炉所用的熔剂主要是石灰石（$CaCO_3$），有时也加入少量的氟石（CaF_2）。在冲天炉化铁过程中，由于焦炭中的灰分、金属料上的黏砂、元素的烧损及炉衬侵蚀等原因形成高熔点炉渣，黏度很大，如不及时排出就会黏附在焦炭上，影响焦炭的燃

烧。加入熔剂的作用就是降低炉渣的熔点，使渣变稀，提高渣的流动性，便于渣铁分开，从出渣口排出。通常，石灰石的消耗量占焦炭量的 25%~30%（或占金属料的 3%~4%，质量分数，下同）。金属料熔化过程中，由于元素的烧损（硅被烧损 10%~15%，锰被烧损 20%~25%），硫要增加近 50%（主要来源于焦炭中含的硫），铁液的成分要发生一定的变化。在正常的情况下，碳的质量分数在 3.0%~3.5%，磷变化很小。为了保障铁液的成分，在熔化之前要根据产品的要求和原料情况，进行配料计算。

3. 冲天炉化铁的操作过程

冲天炉是间歇工作的，每次连续熔化时间只有 8h 左右。在熔化过程中，炉料从加料口入炉，自上而下运动，被上升的热炉气预热，下行至熔化带（底焦上部、温度约 1200℃）时开始熔化。铁液在下落过程中又被高温炉气和炽热焦炭进一步加热（称过热），温度可达到 1600℃ 左右，再经过过道进入前炉（温度略有降低）。由前炉放出的铁液温度为 1400℃ 左右。从风口进入炉内的空气与底焦燃烧后形成高温炉气，自下向上流动，在上行过程中与炉料进行热交换，最后变为废气从烟囱排出。冲天炉熔化操作的基本过程如下：

（1）备料　开炉装料之前要根据铁液的质量要求和炉料配比来准备炉料。各种炉料的块度要适当，块度过大或过小对熔化过程都不利。一般规律是：金属料的长度小于炉子内径的 1/3，焦炭块度为 60mm 左右，石灰石的块度为 50mm 左右，铁合金的块度为 50mm 左右，废钢块小于 5kg，钢屑应压成团块。

（2）修炉　开炉装料之前必须将炉子修好。修炉的过程是：先用耐火材料将炉身和前炉内壁破损处修补好，再关闭炉底门，用型砂打结炉底，并要保证炉底向过道方向倾斜 5°~7°。

（3）烘干和点火　修炉后应烘干炉壁。在实际生产中，都将烘烤后炉的工作与开炉点火结合在一起进行。开炉点火时，先从下部侧面的工作门装入刨花和木柴，点燃后封闭工作门，再从装料口装入部分木柴。

（4）加底焦　在熔化过程中，炉身下部应保持一定高度的炽热焦炭层，以便获得过热的铁液，此层焦炭称为底焦。一般要求底焦高度保持在主风口（最下一排风口）以上 0.6~1m 的高度。木柴烧旺之后先加入 2/3 的底焦，焖火一段时间后再加入其余的底焦并同时送风，使焦炭燃烧，待底焦全部被烧红之后就暂时休风。

（5）加批料　休风后立即按熔剂、金属料、焦炭的顺序加批料，一直加到与加料口平齐。计算批料的基础是层铁（号铁、回炉铁和废钢），每批层铁量约为每小时化铁量的 1/10，而批料的质量配比是熔剂∶层铁∶焦炭约为 1∶30∶3。

（6）鼓风熔化　批料加完之后，打开风口盖放出 CO 气体，待炉料被预热 15~30min 后鼓风，关闭风口盖。鼓风 10min 左右铁料开始熔化（从主风口可见到铁液滴落），同时也形成熔渣。铁液、熔渣渐渐由炉缸经过道流入前炉积存起来。

在熔化过程中，要勤通风口，保持风口发亮；要勤看加料口，保持炉料与加料口平齐；要保持底焦高度不变；要注意观察出渣口和出铁口；要保持风量、风压稳定。

（7）放渣出铁　鼓风熔化 30min 左右，熔渣便可从出渣口排出，此时就可打开出铁口，放出第一包铁液。但此时铁液温度不高，质量差，只能浇注一些不重要的铸件或倒掉。放出这部分铁液后，将出铁口堵上。当前炉里积存足够的铁液后，再按时出铁，出炉铁液温度达

1350℃左右，每隔一定时间放一次铁液，浇注铸件，直至完毕。

（8）停风打炉　估计炉内铁液够用时，便可停止加料和送风，当把铁液和熔渣出净以后，打开炉底门，使残余炉料落下，喷水熄灭余火，整个熔炼操作结束。

2.3.2　钢的熔炼

铸钢的熔点高、流动性差、收缩大、易产生偏析，高温时易氧化和吸气，其化学成分要求严格。为了保证钢液的质量，铸钢多采用感应电炉和电弧炉熔炼。感应电炉熔化金属，加热速度快，炉温可调节，金属不与燃烧介质接触，合金元素烧损少，钢液化学成分容易控制。同时可根据需要在炉中配加一些合金元素，调整钢液的化学成分。

用感应电炉炼钢时，应先备好炉料，如废钢、回炉料、添加合金和熔剂。炉料分多次加入坩埚内。第一次加入总量的1/3，等块大一些的废钢或回炉料熔化后，再加入其他炉料。待炉料全部熔化后再升温，加入合金后，加铝脱氧，经化验合格后方可出炉浇注。图2-23所示为中频感应电炉示意图。

电弧炉是利用电极间产生电弧，把电能转化为热能来进行炼钢的一种方法，应用很普遍。它的主要优点是加热能力强，可炼钢种多，熔炼周期短；可以人为控制炉气性质和造还原炉渣，钢液质量高；开炉、停炉方便。主要缺点是耗电量大，钢液气体含量多，钢液温度不均等。图2-24所示为三相电弧炉示意图。

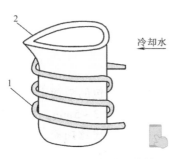

图2-23　中频感应电炉示意图
1—感应圈　2—坩埚

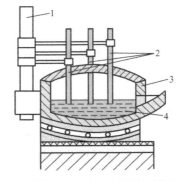

图2-24　三相电弧炉示意图
1—电极升降器　2—石墨电极　3—炉壳　4—钢液

2.3.3　铝、铜合金的熔炼

铸铝、铸铜是工业中应用最广泛的非铁金属。由于其熔点低，熔炼时易氧化、吸气，元素易蒸发烧损，常用焦炭坩埚炉、电阻坩埚炉和感应电炉熔炼。

焦炭坩埚炉是一种常见的坩埚炉。用焦炭做燃料，成本低。但是有害气体和粉尘对环境有一定污染，炉温不易准确控制，因此主要用于熔炼对质量要求不高的非铁合金。

电阻坩埚炉带有电子电位差计，能对炉温进行准确的控制。炉内杂质气体少，合金的成分容易控制，因而熔炼的合金质量高。其缺点是耗电多，成本较高。主要用于熔炼对质量要求高的铝、铜合金。图2-25所示为坩埚炉示意图。

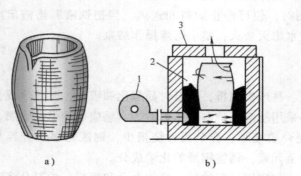

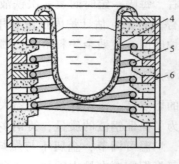

图 2-25　坩埚炉示意图

a）坩埚　b）焦炭坩埚炉　c）电阻坩埚炉

1—鼓风机　2—焦炭　3—盖　4—坩埚　5—电阻丝　6—耐火砖

2.4　铸件的浇注、落砂、清理及缺陷分析

2.4.1　铸件的浇注

将液态金属浇注到铸型型腔内的过程称为浇注。

1. 浇注前的准备

浇注前应该清理浇注的场地，检查铸型的紧固情况或配重压铁，修补和烘烤浇包。对于铸钢用的浇包要烘烤到 800℃ 以上。

2. 浇注

浇注时浇包内的金属液不要装得太满，接完铁液后要在浇包的液面上撒上一层干砂或草灰，使渣变稠，便于扒渣。浇注钢液时，钢液在浇包内应静置 3～5min，便于钢液中的气体和夹杂物上浮。浇注时要对准浇口杯，不能断流，浇注过程要注意挡渣，要控制好浇注温度和浇注速度。还应及时点燃从型腔中排出来的气体，防止 CO 气体污染车间的空气，加快型腔内气体的逸出。

2.4.2　落砂和清理

将铸件从砂型中取出来的过程称为落砂。落砂时要注意铸件的实际温度，落砂温度过高，会使铸件变硬，切削加工困难，甚至能使铸件发生过大的变形和裂纹。一般的小铸件应在浇注完隔一小时后再落砂。铸件清理工作主要包括：

1. 切除浇、冒口

对于铸铁脆性材料，可用铁锤敲掉浇、冒口，但要注意敲击的方向，不能损坏铸件，不能伤着人。铸钢件的浇、冒口和较厚的飞翅，要用气割的方法割掉。

2. 清除型砂

铸件表面往往粘着一层被烧焦的砂子，必须清理干净。清砂工作可用錾子、风铲和钢丝刷等手工工具进行，有条件的要用清理滚筒、喷砂器、抛丸机等机器进行。清理滚筒是简单又普遍应用的清砂机器，滚筒有圆形和多角形之分。为了提高清理效率和效果，可在滚筒中装入一些高硬度的白口铸铁铁星或清理下来的铁边，当滚筒转动时，铁星和铁边对铸件进行碰撞、摩擦，将铸件清理干净。抛丸清理滚筒以 3r/min 的转速转动，内壁护板上的斜筋不断地翻动铸件，使铸件表面均匀地被从抛丸器所抛射出来的铁丸所清理。

3. 铸件的修整

清除黏砂的铸件，还要用手提砂轮机、錾子、风铲等工具，将分型面处和型芯头处的金属飞翅及浇、冒口处的残痕除掉、修平。

2.4.3　铸件的缺陷分析

由于铸造生产工序多，影响因素复杂，从零件设计、选材到铸造工艺过程都可能使铸件产生缺陷。了解常见的铸件缺陷及产生原因，对症下药，合理设计铸件结构，合理选择铸造工艺，对提高铸件质量及降低生产成本都是十分重要的。铸件常见缺陷、特征及产生的原因见表 2-2。

表 2-2　铸件常见缺陷、特征及产生原因

缺陷名称	图　例	特　征	产生的主要原因
气孔	气泡 气孔	出现在铸件内部或表面，呈圆形、梨形或其他形状，其内壁光滑	1. 春砂太紧，型砂透气性差 2. 起模时刷水过多 3. 型芯通气孔堵塞或型芯未烘干
缩孔		多分布在铸件壁厚处，容积大而集中，形状不规则，内表面粗糙不平，晶粒粗大	1. 铸件结构设计不合理，壁厚不均匀 2. 浇注系统或冒口的位置不合理，或冒口太小 3. 浇注温度过高，易产生缩孔 4. 金属化学成分不合格，收缩过大
缩松		在铸件内部微小而分散的缩孔常分布在铸件的热节轴心处或集中性缩孔的下方	1. 铸件结构设计不合理，壁厚不均匀 2. 浇注系统或冒口的位置不合理，或冒口太小 3. 浇注温度过低，易产生缩松 4. 金属化学成分不合格，收缩过大
砂眼	砂眼	铸件表面或内部有型砂充填的小凹坑	1. 型腔或浇道内散砂未吹净 2. 型砂未春紧，型芯强度不够，被铁液冲坏带入 3. 合型时砂型局部被破坏

（续）

缺陷名称	图 例	特 征	产生的主要原因
渣眼		铸件上表面有不规则的并含有熔渣的孔眼	1. 浇注时挡渣不良 2. 浇注温度太低，熔渣不易上浮 3. 浇道尺寸不对，挡渣不良
冷隔		铸件外表面似乎已融合，但实际并未融合，有缝隙或洼坑	1. 铸件太薄，金属液流动性差或浇注温度过低 2. 浇注速度太慢或浇注过程中有中断
裂纹		在铸件表面或内部有裂纹，多产生在尖角处或厚薄交接处	1. 型砂、型芯退让性差 2. 金属液中硫、磷含量高 3. 铸件结构不合理，壁厚相差过大，冷却不均匀 4. 浇道位置开设不当
白口		灰铸铁件断面呈银白色，硬、脆，难以切削加工	1. 铁液化学成分不对 2. 过早落砂，使铸件冷却太快 3. 壁厚过小

2.4.4 铸造残余应力测试

铸件凝固后的冷却过程中，将要产生固态收缩。如果固态收缩受阻，即会在铸件内部产生内应力，这些残余应力是使铸件产生变形和裂纹的主要原因。

1. 实验目的

1）学会用应力框试样测定残余内应力的方法，对残余内应力的存在有一个感性知识。

2）了解内应力产生原因、分布特点及影响因素。

3）学会分析残余应力的类型和大小，以及铸件可能发生的变形。

2. 实验操作

1）每组用灰铸铁或铝合金浇注两个应力框，如图 2-26 所示。其中一个要去应力退火（人工时效）。在应力框中间 $\phi20$ 的杆上打上两点标记，测得其长度为 L_0。

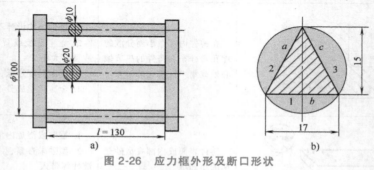

图 2-26 应力框外形及断口形状
a）应力框外形 b）粗杆锯断的断口

2）在打标记的两点之间，用手锯锯断，按图 2-26b 所示顺序把断口锯成三角形，锯到内应力作用断开为止，快要锯断时要慢锯以减少误差，体会内应力的存在。

3）用卡尺测量出两点标记之间距离 L_1，量三次取平均值。

4）打断两侧细杆，测量被内应力拉断的三角形断面的三边长（a、b、c）或测出底边 b 和高 h，然后估算出中间杆的内应力。

3. 中间杆受拉应力 σ_a 的估算

根据断口面积进行估算，中间杆受拉应力拉断时的三角形面积乘以此材料的抗拉强度 R_m 就约等于中间杆受的总拉力。

$$R_m A = \sigma_a A_a , \qquad \sigma_a = \frac{R_m A}{A_a}$$

式中　A_a——粗杆的截面积；

R_m——材料的抗拉强度；

σ_a——残余拉应力；

A——被内应力拉断三角形面积。

4. 结果分析

1）内应力产生的原因、方向及影响。

2）人工时效是消除残余应力的主要措施。

复习思考题

2-1　什么是铸造？铸造包括哪些工序？

2-2　砂型由哪几部分组成？画出砂型装配图并加以说明。

2-3　型砂应具备哪些性能？由哪些物质组成？型砂和芯砂有何区别？

2-4　型砂中加入木屑、煤粉，芯砂中加入油类各起什么作用？

2-5　整模造型、分模造型各适用于什么形状的铸件？挖砂造型和活块造型中为什么要挖砂和用活块？

2-6　刮板造型和地坑造型各在什么情况下使用？它们对铸件生产有什么优越性？

2-7　型芯在铸造生产中有哪些作用？为什么型芯上应有型芯头？

2-8　浇注系统由哪几部分组成？各部分在浇注过程中起什么作用？

2-9　冒口的作用有哪些？为什么在砂型中有时采用冷铁？

2-10　内浇道开设方向、合型操作、浇注温度和速度等不适当各会使铸件产生什么缺陷？

2-11　冲天炉炉料有哪些？各起什么作用？

2-12　铸钢和非铁合金常在什么炉子熔炼？

2-13　如何辨别铸件上的气孔、缩孔、砂眼、渣眼？如何防止？

2-14　同一浇包中的铁液浇注薄壁和厚壁铸件，在均为湿型的情况下，所得铸件性能有何不同？为什么？

2-15　同一铸件的模样和铸件有什么不同？为什么不同？

第 3 章

锻 压

1. 锻压训练内容及要求

1）掌握锻压生产的实质、特点及工艺过程。

2）掌握锻件的加热与锻件的冷却方法。

3）了解锻压设备的种类及适用场合。

4）熟悉自由锻的主要工序，掌握自由锻生产简单工件的工艺过程。

5）了解锻压生产的发展趋势及锻压新技术、新工艺。

2. 锻压训练示范讲解

1）锻压在机械制造中的地位与作用，锻压生产概述。

2）示范讲解钢的加热与锻件的冷却方法。

3）介绍空气锤、压力机、剪板机的组成、工作原理、操作方法及安全注意事项。

4）以齿轮和轴杆类工件为例，讲解自由锻基本工序（镦粗、冲孔、拔长、切料、弯曲等）。

5）以某冲压件为例，讲解板料冲压的主要工序（落料、冲孔、剪切、拉深、弯曲）。

3. 锻压训练实践操作

1）使用加热炉加热碳钢件，确定钢的始锻温度、终锻温度，做过热和过烧试验，了解钢和铸铁的可锻性。

2）练习锻造简单锻件（冲孔、镦粗、拔长）。

3）练习简单件的剪切或冲压。

4. 锻压训练安全注意事项

1）锻造安全技术规则

① 锻造前必须检查设备及工具，查看上楔铁、螺钉等有无松动，火钳、垫铁、摔子、冲子等有无开裂及其他损坏现象。

② 选择火钳必须使钳口与锻件的截面形状相适应，以保证夹牢。

③ 握钳时应握紧钳的尾部，不得将手指放在钳股之间，钳把和其他工具的柄应放在体侧。

④ 锻打时锻件应放在砧铁的中部，锻件及垫铁等应放平放正，以免飞出伤人。

⑤ 踏杆时脚跟不许悬空，以保证身体稳定；非锤击时，脚应随即离开踏杆。

⑥ 两人以上配合操作时，应听从掌钳者的统一指挥；冲孔及剁料时，司锤者应听从拿剁刀及冲子者的指挥。

⑦ 严禁用锤头空击下砧铁，也不许锻打过烧和已冷却的锻件。

⑧ 放置和取出工件、清除氧化皮时，必须使用火钳、扫帚等工具，不许将手伸入上、下砧铁间。

2）冲压安全技术规则

① 无论在停车时或运转中，不许把手或身躯伸进模具中间。

② 不许按动停车状态下的压力机开关或踏动离合器踏板。

③ 当设备处于运转状态时，操作者不得离开操作岗位。

④ 停止操作时，一定要切断电源使设备停止运转。

5. 锻压训练教学案例

1）小汽车的曲轴毛坯（图 3-1a）要求组织致密，综合力学性能好，采用什么方法生产？单件小批、大批量生产各应该采用什么毛坯生产方法？

2）不锈钢餐盘（图 3-1b）很薄，应该采用什么方法生产？

a)　　　　　　　　　　　　　　　　b)

图 3-1　案例
a）曲轴　b）不锈钢餐盘

金属的锻压是利用金属在外力作用下产生塑性变形，从而获得具有一定几何形状、尺寸和力学性能的原材料、毛坯或零件的加工方法。锻压加工时，作用在金属坯料上的外力可分为冲击力和压力两类。

通过锻压能消除坯料的气孔、缩松等铸造缺陷，细化金属的铸态组织，所以锻件的力学性能高于同种材料的铸件。承受冲击或交变应力的重要零件（如机床主轴、曲轴、连杆、齿轮等）应优先采用锻件毛坯。与铸造比较，锻压的不足之处主要是不能加工铸铁等脆性材料和制造某些具有复杂形状，特别是具有复杂形状内腔的零件或毛坯（如箱体）。各类钢、大多数非铁金属及其合金均具有一定的塑性，可以在热态或冷态下进行锻压加工。

锻压加工的主要方法有自由锻造、胎模锻造和板料冲压等。

🔧 3.1　金属加热与锻件冷却

锻压包括锻造和冲压两类压力加工方法。其中锻造又可按成形方式分为自由锻造和模型锻造。自由锻造按其所用设备和操作方式又可分为手工自由锻造和机器自由锻造。在现代工业生产中，机器自由锻造已基本取代手工自由锻造。

用于锻压的材料，应具有良好的塑性，以便在锻压加工时能产生较大的塑性变形而不断裂。常用的金属材料中铸铁性脆而不能进行锻压；钢和非铁金属铜、铝等塑性良好，可以锻压。

金属材料经锻造后，内部组织更加致密均匀，强度和冲击韧度都有提高，所以承受重载和冲击载荷的重要零件，多以锻件为毛坯。冲压件则具有强度高、刚度大、结构轻等优点，锻压加工是机械制造中的重要加工方法。锻造大型零件常以钢锭作坯料。锻造中小零件常以轧制的圆钢或方钢为原料，用剪切、锯削或氧气切割等方法截取所需坯料。冲压则多以薄板为原料，用剪板机剪切下料。锻造生产的基本过程是：下料→坯料加热→锻造→锻件冷却。

3.1.1 加热目的和锻造温度范围

加热坯料的目的是提高其塑性和降低变形抗力。一般来讲，随着温度升高，金属材料的强度降低而塑性提高。因此加热后锻造，可用较小的锻打力使坯料产生较大的变形且不破裂。但如加热温度太高，也会使锻件质量下降，甚至使材料报废。各种金属材料在锻造时所允许的最高加热温度，称为始锻温度。坯料在锻造过程中热量逐渐散失、温度下降，塑性逐渐变差而变形抗力逐渐变大。当温度低于一定程度后不仅难以变形，而且易破裂，必须停止锻造，重新加热再锻，这一温度称为终锻温度。从始锻温度到终锻温度为锻造温度范围。几种常用材料的锻造温度范围见表3-1。

表3-1 常用材料的锻造温度范围

材 料 种 类	始锻温度/℃	终锻温度/℃
低碳钢	1200～1250	800
中碳钢	1150～1200	800
合金结构钢	1100～1180	850
铝合金	450～500	350～380
铜合金	800～900	650～700

锻造时金属的温度可用仪表测量，但锻工一般都用观察金属火色的方法来大致判断。

3.1.2 加热设备

加热设备分为火焰加热和电加热两大类。前者用煤、油、煤气作燃料，利用燃烧热直接加热金属，后者是将电能转变为热能加热金属。下面介绍几种常用的加热设备。

1. 手锻炉

手锻炉结构简单，主要部分是炉膛、灰洞及鼓风机、风管和风门等。这种炉以烟煤为燃料，主要用于小件和长件局部的加热，加热时钢料直接埋在燃烧的煤中。

2. 反射炉

反射炉是以煤为原料的火焰加热炉，在中小批量生产的锻造车间经常采用，其结构如图3-2所示。燃烧室中产生的火焰和炉气越过火墙进入加热室加热坯料，温度可达1350℃，废气经烟道排出。燃烧所需要的空气由鼓风机供给，经过换热器预热后送入加热室。坯料从炉门装入和取出，装料时要依次排列，锻造时按装入的先后次序取出。这种炉的体积较大。

3. 电加热

电加热设备主要有电阻炉、接触加热设备和感应加热设备三种。

3.1.3　常见加热缺陷

1. 氧化脱碳

在采用一般方法加热时，坯料表面与炉气中的氧气、二氧化碳、水蒸气等接触，发生氧化反应，使坯料表面产生氧化皮及脱碳层。每加热一次，氧化量占坯料质量的 2%～3%。脱碳层硬度、强度下降，脱碳层小于加工余量时对锻件性能没影响。减少氧化和脱碳的措施是严格控制加热炉的送风量、快速加热或采用少氧化、无氧化加热方法。

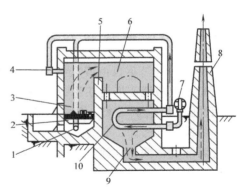

图 3-2　反射炉结构示意图
1—一次送风管　2—水平炉箅
3—燃烧室　4—二次送风管
5—火墙　6—加热室　7—鼓风机
8—烟囱　9—烟道　10—换热器

2. 过热和过烧

加热时，在稍低于始锻温度下停留过久，金属内部晶粒变得粗大，这种现象称为过热。过热的坯料性能下降，锻造时易产生裂纹。过热料的粗晶粒可用锻打法使其碎小，也可在锻后进行热处理，使之细化。

坯料加热到更高的温度时，晶界严重氧化，晶粒间结合力很弱，一锻即碎。这种现象称为过烧，过烧料只有报废。

3. 裂纹

尺寸较大、形状较复杂的钢料在加热过程中，如果加热速度过快，装炉温度过高，则可能造成各部分之间较大的温差，导致膨胀不一致，可能产生裂纹。

低碳钢和中碳钢塑性好，一般不会产生裂纹，高碳钢及某些高合金钢产生裂纹的倾向较大，加热时要严格遵守加热规范。

3.1.4　锻件的冷却

金属坯料锻造后，为保证锻件质量，常用的冷却方式有以下三种：

1. 空冷

空冷是指在无风的空气中，将锻件放在干燥地面上冷却。这种冷却方式适用于低、中碳钢的小型锻件。

2. 坑冷

坑冷是指在充填有石灰、砂子或炉灰的坑中冷却锻件，它适用于合金钢锻件。

3. 炉冷

炉冷是指在 500～700℃ 的加热炉中，锻件随炉缓慢冷却，它适用于高合金钢锻件。

一般地说，锻件中的碳含量及合金元素含量越高，锻件体积越大，形状越复杂，冷却速度越要缓慢，以减小内应力和避免硬化。

🔧 3.2　自由锻造

自由锻造（简称自由锻）是利用冲击力或压力，使金属坯料在铁砧上或锻压机的上下砧块之间产生塑性变形而获得锻件的一种加工方法。自由锻生产过程所使用的工具简单，设备通用性强，但生产率低，因此广泛应用于单件或小批量生产。对于制造大型锻件，自由锻是唯一的锻造方法。

金属坯料在铁砧和锤子之间的变形称为手工自由锻。金属坯料在锻压机的上下砧块间的变形称为机器自由锻。

3.2.1　自由锻设备

自由锻的锻压设备有空气锤，蒸汽-空气锤和水压机。空气锤通用性广，适合锻造中小锻件，应用广泛，图3-3所示为空气锤结构示意图。

1. 空气锤的结构

空气锤主要由锤体、传动机构、操纵机构、压缩缸、工作缸、落下部分、砧座等几部分组成。

锤体是空气锤的主体。它与压缩缸及工作缸形成一体，其上安装电动机、传动机构、工作机构和操纵机构。传动机构由减速机（大小齿轮或带轮）、曲轴和连杆组成。操纵机构由旋阀（空气分配阀）、操纵手柄（或踏杆）及连接杠杆组成。

落下部分由工作活塞、锤杆和上砧块组成。空气锤的规格就是以落下部分的总质量表示的。锻打时产生的最大打击力约是落下部分自重的 1000 倍。

2. 空气锤工作原理

如图3-3所示，空气锤由电动机 14 驱动，通过减速机构带动曲柄连杆机构 11 旋转，使压缩缸 9 中的压缩活塞 10 做上下往复运动。压缩活塞向下运动时，压缩空气经下旋阀 7 进入工作缸 1 下部，将锤头抬起；压缩活塞向上运动时，打击锻件。通过手柄或踏杆操纵上、下旋阀 8、7，使缸中不同部位的气体与大气相通，从而实现空行程、悬空、压紧、连续打击、单打等动作。

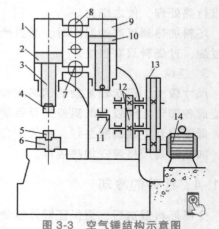

图 3-3　空气锤结构示意图

1—工作缸　2—工作活塞　3—锤杆　4—上砧块
5—下砧块　6—砧座　7—下旋阀　8—上旋阀
9—压缩缸　10—压缩活塞　11—曲柄连杆机构
12—齿轮　13—带轮　14—电动机

3. 自由锻的工具

自由锻的工具包括基本变形工具、夹持工具及测量工具。基本变形工具有摔子、垫环、剁刀、压铁、冲头等。夹持工具主要是各种钳子。测量工具主要有钢直尺和卡钳，用于锻造时测量坯料尺寸。

3.2.2　自由锻的基本工序

自由锻工序包括辅助工序、基本工序和精整工序。基本工序是变形工艺的主要部分。自由锻的基本工序有镦粗、拔长、冲孔、弯曲、错移、扭转、切割等。其中前三种应用最多。

1. 镦粗

镦粗是减小坯料高度、增大横截面的锻造工序，如图3-4所示。镦粗要点是：

1）镦粗前坯料加热到高温后应保温，使坯料热透，温度均匀，否则易镦弯。

2）坯料的相对高度（对于圆料，即高径比 H_0/D_0）应小于3，最好为 2.0~2.5，否则容易镦弯。

3）局部镦粗时坯料立起放入漏盘中，其总高度应小于锤头行程的 0.75，否则会出现锤击力量不足。

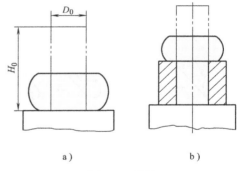

图3-4　镦粗
a）平砧间镦粗　b）局部镦粗

4）应根据锻件质量选择合适吨位的锻锤。锤击力量不足时，易产生双鼓形，如不及时纠正，继续锻打，就可能形成折叠，使锻件报废。

2. 拔长

拔长是使坯料的横截面积减小、长度增加的工序。它常用于具有长轴线的锻件，如光轴、带阶梯或凹挡的轴、曲轴和连杆等。其方法有平砧拔长、心轴拔长等。操作一般需要压肩、锻打和修整。

在平砧上拔长应注意坯料翻转方式。如图3-5a所示的方法用于手工自由锻操作；如图3-5b所示的方法用于小型阶梯轴类锻件，可防止偏心；如图3-5c所示的方法用于大型坯料拔长，这样不必每锻击一次就翻转一回。但此方法易造成坯料弯曲，应先翻转180°锻打矫直，再翻转90°顺次锻打。

圆料拔长的一般操作规则：

1）坯料拔长时必须在接近方形截面下进行，否则将造成工件端部呈喇叭形或内部锻裂（图3-6）。

2）应控制好锻件每次送进量和压下量。送进量不得小于单面压下量的 1/2。

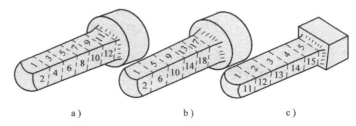

图3-5　在平砧上拔长坯料的翻转方法

3）每次拔长后，锻件的宽度与高度之比应小于2，以保证下次拔长。

4）为了在锻件上锻出台阶或凹挡，必须用圆棒压痕或用三角剁刀切肩，然后再拔长，以确保过渡面平整。

5）端部拔长时，拔长部位应有足够长度，否则金属变形只发生在表面，易造成中心内凹或夹层。

3. 冲孔

冲孔是在锻件上锻出通孔或不通孔的工序。冲通孔的一般规则及过程如下：

1）准备。冲孔坯料须先镦粗，以减少冲孔深度并使端面平整。

2）试冲。先用冲子轻轻冲出孔位置的压痕，然后检查孔位是否正确，如冲偏要重新试冲。

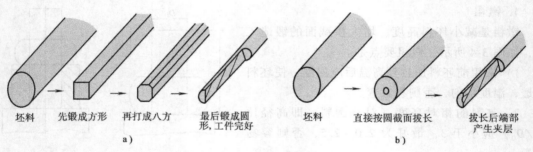

坯料　先锻成方形　再打成八方　最后锻成圆　　坯料　直接按圆截面拔长　拔长后端部
　　　　　　　　　　　　　　　形,工件完好　　　　　　　　　　　　　　　　产生夹层
　　　　　　　　　a)　　　　　　　　　　　　　　　　　　　　　　　　　b)

图 3-6　圆料拔长方法
a) 正确　b) 错误

3）冲深。在正确的试冲孔位上撒少许煤粉，再继续冲深，此时要注意防止冲歪。

4）冲透。一般锻件采用双面冲孔法，即将孔冲到锻件厚度的 2/3～3/4 时，取出冲子，翻转工件从反面冲透，如图 3-7a 所示。较薄的锻件可采用单面冲孔法，如图 3-7b 所示。

5）冲孔直径大于 400mm 时，用空心冲子冲孔，如图 3-7c 所示。

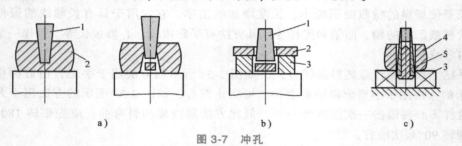

　　　　a)　　　　　　　　b)　　　　　　　　　　　　c)

图 3-7　冲孔
a) 双面冲孔　b) 单面冲孔　c) 空心冲子冲孔
1—冲子　2—工件　3—漏盘　4—坯料　5—空心冲子

3.2.3　自由锻典型工艺实例

压盖毛坯自由锻工艺过程见表 3-2。

表 3-2　压盖毛坯自由锻工艺过程

锻件名称	压盖毛坯	工艺类别	自由锻
材料	35 钢	设备	750kg 空气锤
加热火次	2 次	锻造温度范围	800～1200℃
零件图		坯料图	

零件图：φ260，φ140，20，49，149，80，φ4，φ130

坯料图：φ160，230

（续）

工序号	工序名称	工序草图	使用工具	操作要点
1	压槽		三角刀 火钳	槽不宜过深 边轻打边旋转锻件
2	拔长		火钳	拔长小端至直径小于 $\phi130mm$
3	局部镦粗		漏盘、火钳	保证镦粗的高度尺寸，防 止镦歪
4	滚圆		火钳	轻打
5	冲孔		火钳 冲子 漏盘	漏盘冲孔 当冲至坯料厚度的2/3时 翻转再冲
6	锻出凸台		火钳 漏盘 压铁	保证凸台尺寸及压下量
7	两漏盘 中修正		两漏盘 火钳	两漏盘对中修正，保证两 漏盘同心
8	滚圆		火钳	轻打滚圆修正

3.3 模型锻造

模型锻造简称模锻。模锻是利用模具使毛坯变形而获得锻件的锻造方法。模锻时，金属的流动受到模具模膛的限制，迫使金属在模膛内塑性流动成形。模锻按照其所用设备的不同，可分为锤上模锻、胎模锻造及其他设备上的模锻等。

3.3.1 锤上模锻

1. 模锻的特点

锻件的形状和尺寸比较精确，表面粗糙度值低，机械加工余量较小，能锻出形状复杂的锻件，因此材料利用率高；金属坯料的锻造流线分布更为合理，力学性能提高；模锻操作简单，易于机械化，因此生产率高，大批量生产时，锻件成本低。

但是，锻造时需要吨位较大的专用设备，模锻件质量一般小于150kg。此外，锻模模具材料昂贵，且模具制造周期长，因此成本高。模锻适用于中、小型锻件的大批量生产，广泛用于汽车、拖拉机、飞机、机床和动力机械等工业生产中。

锤上模锻所用设备主要是蒸汽-空气模锻锤。模锻锤的吨位为1~16t，能锻造0.5~150kg的模锻件。

2. 锻模结构

锤上模锻所用的锻模结构如图3-8所示，由上模和下模构成。上模和下模分别安装在锤头下端和砧座上的燕尾槽内，用楔铁对准和紧固。上模和下模的模腔构成模膛。模膛根据其功用的不同可分为：

（1）制坯模膛 对于形状复杂的锻件，需用制坯模膛来改变坯料横截面积和形状，以适应锻件的横截面积和形状的要求。常用的制坯模膛有拔长模膛、滚压模膛、弯曲模膛。

（2）模锻模膛 模锻模膛是使经过制坯模膛加工后的坯料进一步变形，直至最后成形为锻件的模膛。它分为预锻模膛和终锻模膛。

1）预锻模膛。预锻模膛的作用是使坯料的形状和尺寸更接近锻件。当坯料再进行终锻时，可使金属容易充满终锻模膛，同时，可减少终锻模膛的磨损，提高其使用寿命。

2）终锻模膛。终锻模膛的型腔与锻件外形相同，经过终锻模膛后坯料最终变形到锻件所要求的外形尺寸。终锻模膛的四周设有飞边槽。飞边槽的作用一方面是容纳多余的金属，另一方面，由于进入飞边槽的金属冷却快，促进金属更好地充满模膛。对于具有通孔的锻件，由于上、下模的凸出部分不可能把金属完全挤压掉，通孔位置会留下一薄层金属，称为连皮（图3-9）。最终得到的模锻件成品需冲掉连皮和飞边。

锻模根据模膛的数量又可分为单膛锻模和多膛锻模。单膛锻模是在一副模具上只有终锻模膛一个模膛的模具。多膛锻模是一副模具上有两个以上模膛的模具，如图3-10所示。

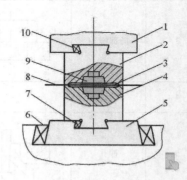

图3-8 锤上锻模

1—锤头 2—上模 3—飞边槽
4—下模 5—模垫 6、7、10—紧固楔铁
8—分模面 9—模膛

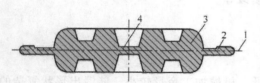

图3-9 带连皮及飞边的模锻体

1—分型面 2—飞边 3—锻件 4—连皮

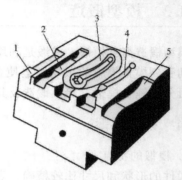

图3-10 多膛锻模

1—拔长模膛 2—滚压模膛 3—终锻模膛
4—预锻模膛 5—弯曲模膛

3.3.2 胎模锻造

胎模锻造是在自由锻设备上使用胎模生产锻件的一种方法，适用于中、小工厂进行中小批量生产，应用广泛。

1. 胎模锻造特点

胎模锻造是介于自由锻和模锻之间的一种锻造方法。它既具有自由锻的某些特点，又具有模锻的某些特点。其优点是：设备和工具简单，工艺灵活多样；金属在模膛内最终成形，可获得形状复杂、尺寸比较准确的锻件；降低金属消耗，节省机加工工时；可提高锻件的质量与生产率。但同样大小的锻件所需的锻造设备吨位比自由锻时要大，并且上、下砧块磨损严重，增加了模具费用。

胎模锻造与模锻的区别是，使用锻造设备不同，模具安放的方式不同。胎模锻使用自由锻设备，模具自由放置在上下砧块之间；模锻使用的设备是模锻锤，上、下模分别牢固地安装在锤头和砧座上。胎模锻的生产成本低，生产准备周期短，但劳动强度大，生产率也低于模锻。

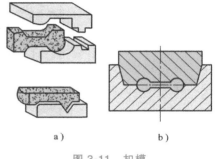

图 3-11 扣模
a）开式 b）闭式

2. 胎模种类及应用

（1）扣模 扣模也称摔子。开式扣模用于长杆非回转体类锻件的局部成形，也常用于合模的制坯，如图 3-11a 所示。闭式扣模用于非回转体类锻件的整体成形，如图 3-11b 所示。

（2）套模 开式套模常用于法兰、齿轮类锻件，也用于闭式套模制坯，如图 3-12 所示。闭式套模常用于回转体类锻件，也用于非回转体类锻件和特殊形状的锻件，如图 3-13 所示。

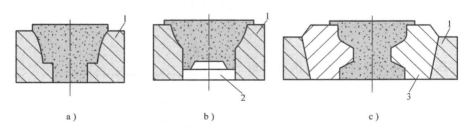

a） b） c）

图 3-12 开式套模示意图
a）无下垫开式套模 b）有下垫开式套模 c）拼分镶块开式套模
1—模套 2—下垫 3—拼分镶块

（3）合模 合模也称焖子。合模通用性较强，与锤上模锻相似，具有飞边槽，用于储存多余的金属。合模适用于各类锻件的终锻成形，特别是非回转体类复杂形状的锻件。合模结构如图 3-14 所示。

胎模锻造时，孔不能锻通，剩有连皮，锻件周围带有飞边，锻后要在相应的专用模具上冲孔和切边。对于形状较为复杂的零件，一般要先用自由锻方法制坯后，再用胎模进行锻造。

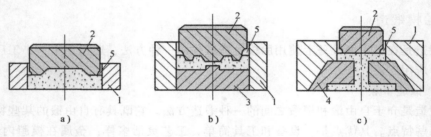

图 3-13 闭式套模示意图

a）无下垫闭式套模　b）有下垫闭式套模　c）拼分镶块闭式套模

1—模套　2—冲头　3—下垫　4—拼分镶块　5—纵向飞边

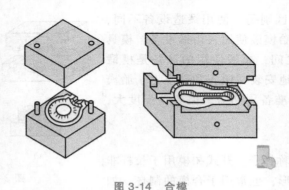

图 3-14 合模

3.4 板料冲压

　　板料冲压是指利用装在压力机上的冲模，使金属板料产生变形或分离，从而获得毛坯或零件的加工方法。薄板的冲压在常温下进行，所以又称为冷冲压。板厚超过 8mm 时要采用热冲压。

　　板料冲压还可以为焊接结构提供成形板料，然后焊接成成品。板料冲压所用的原材料，应具有良好的塑性，并且表面应光洁平整。板料冲压生产最常用的金属材料有低碳钢板，高塑性的合金钢板，铜、铝、镁合金板料或带料。

3.4.1 冲压的主要设备及模具

1. 剪板机

　　剪板机是用来切断原始板料（或带料），在冲压时使用的备料设备。剪板机也称为剪床，其主要参数是所能剪切的最大板厚和宽度。其结构如图 3-15 所示。

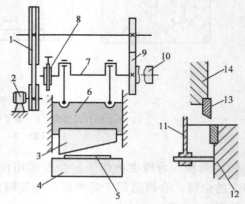

图 3-15 剪板机结构示意图

1—带轮　2—电动机　3、13—上刀片　4—下刀片
5—板料　6、14—滑块　7—曲轴　8—制动器
9—齿轮　10—离合器　11—挡铁　12—工作台

2. 压力机

压力机是冲压加工的基本设备。最常用的是曲柄压力机，在冲压车间习惯上称之为冲床。图 3-16 所示是常用的开式双柱压力机的结构图及工作原理图。

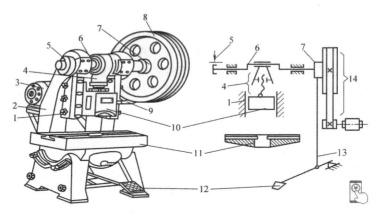

图 3-16　开式双柱压力机

1—导轨　2—床身　3—电动机　4—连杆　5—制动器　6—曲轴　7—离合器
8—带轮　9—V 带　10—滑块　11—工作台　12—踏板　13—拉杆　14—V 带减速系统

压力机的工作原理是：电动机经 V 带减速系统带动大带轮（惯性轮）转动。当踩下踏板后，离合器闭合并带动曲轴旋转，再经过连杆带动滑块沿导轨做上下往复运动，进行冲压加工。若踏板不抬起，则进行连续冲压；若踏板被踩下后，立即抬起，则仅冲压一次后便通过制动器使滑块处于最高位置停下。压力机的主要参数是压力机的公称压力、滑块行程和封闭高度。

3. 冲模

冲模是使板料分离或变形的模具。典型冲模的结构如图 3-17 所示。冲模一般分为上模和下模两部分。上模用模柄固定在压力机滑块上，下模用螺栓紧固在工作台上。冲模种类很多，可按基本工序的不同划分为冲裁模、弯曲模、拉深模、胀形模、翻边模、切边模等。冲裁模与拉深模相似，不同点在于凸、凹模的刃口和间隙。冲裁模的刃口是锐利的，间隙很小；拉深模的刃口为光滑圆角，间隙较大（稍大于材料厚度）。

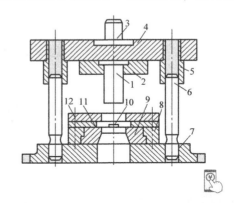

图 3-17　典型冲模结构

1—凸模　2—压板　3—模柄　4—上模板
5—导套　6—导柱　7—下模板　8—压板
9—凹模　10—定位销　11—导料板　12—卸料板

3.4.2　冲压的基本工序

冲压基本工序可分为分离工序和成形工序两大类。分离工序使平面冲压件与板料沿一定轮廓线相互分离，同时满足冲压件分离断面的质量要求。其中落料、冲孔应用最多。成形工序使板料在不破坏的条件下发生塑性变形，形成所要求形状和尺寸的空间形体，其中又以弯曲和拉深最常用。

1. 剪切

剪切是使板料沿不封闭轮廓分离的工序，主要用于将大板料（或带料）切断成适应生产的条料或小板料。一般剪切在剪板机上进行。

2. 冲孔和落料

冲孔和落料合称冲裁工序，它们都是用冲模使材料分离的过程。冲孔和落料用的模子称为冲裁模，冲裁模上的凸模和凹模之间的间隙很小，并有锋利的刃口，故能使材料分离。

冲孔和落料的方法相同，只是目的不同。落料是用冲裁模从坯料上冲切下一块金属，作为成品或进一步加工的坯料，即冲下的部分是有用的。冲孔则是用冲裁模在工件上冲出所需的孔来，被冲下的部分是废料。

3. 拉深

拉深是将平板坯制成杯形或盒形工件的过程（图3-18）。拉深模的凸模和凹模在边缘上没有刃口，而是光滑的圆角，因此能使板料金属顺利变形而不致破裂或分离，此外，凸模和凹模之间有比板料厚度稍大的间隙，拉深时使板料能定向流动。

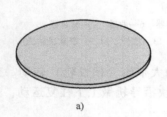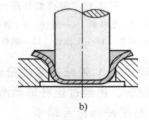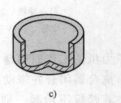

图3-18 拉深示意图
a）平板坯料　b）拉伸过程　c）成品

4. 弯曲

弯曲是使坯料的一部分相对另一部分弯转一定角度的工序，应注意弯曲角的回弹和板料的纤维方向，以免弯裂。

复习思考题

3-1　与铸造相比，锻压加工有哪些特点？

3-2　锻压前坯料加热的目的是什么？

3-3　什么是始锻温度和终锻温度？它们根据什么确定？

3-4　适用于锻造的金属有哪些种类？

3-5　过热和过烧对锻件质量有何影响？应如何防止？

3-6　镦粗时常见的锻件缺陷有哪些？如何防止及校正？

3-7　拔长时，送进量的大小对拔长的效率和质量有何影响？合适的送进量应该是多少？

3-8　空气锤由几部分组成？空气锤的规格是如何确定的？

3-9　自由锻的基本工序有哪些？镦粗规则有哪些？

3-10 模锻模膛按功用可分为哪几种？

3-11 与自由锻比较，胎模锻造有哪些优缺点？胎模有哪几种？各适用于什么形状的锻件？

3-12 拉深模和冲裁模有何区别？

3-13 冲压的基本工序有哪些？

第4章

焊　接

1. 焊接训练内容及要求

1）了解焊接方法的特点、分类及应用。

2）掌握焊条电弧焊知识，包括焊接电弧的特性与构成，对电焊机的要求，交、直流电焊机的优缺点与应用，常用焊条的选用及焊条电弧焊工艺。

3）了解气焊火焰的组成与应用，掌握气焊基本操作方法，了解气割对材料的要求。

4）了解其他常用焊接方法，如埋弧焊、氩弧焊、二氧化碳气体保护焊、等离子弧焊、电阻焊、钎焊等。

5）了解常见的焊接缺陷及其检验方法。

6）安排一定时间，自行设计、绘图、制作一个焊接件，提高学生的创新思维能力。

2. 焊接训练示范讲解

1）焊接的概念、分类、特点及应用。焊接是现代工业生产中重要的连接金属方法。焊接是通过局部加热或加压，或两者并用，并且用或不用填充材料，使分离的两部分金属形成原子间结合的一种加工方法。与铆接相比较，焊接具有节省金属、连接质量好、生产效率高和劳动条件好等优点，但它不可拆卸。在现代工业生产中，大量的铆接被焊接取代。焊接广泛应用于制造金属结构件，如锅炉、压力容器、管道、汽车、飞机、桥梁、矿山机械等，也常用来制造铸-焊、锻-焊、冲-焊等联合结构件和机器零件。

焊接方法分为熔焊、压焊、钎焊三大类。常用的熔焊有焊条电弧焊、埋弧焊、气体保护焊、气焊等。常用的压焊有点焊、对焊、缝焊等。常用的钎焊有铜焊、锡焊等。

2）示范讲解焊条电弧焊的焊接方法、焊接电弧、电焊机和电焊条。

3）示范讲解气焊火焰特性、应用和气割的应用。

4）简单介绍埋弧焊、电阻焊、等离子弧焊、钎焊等的特点、工艺过程和应用。

5）介绍常见焊接缺陷及检验方法。

3. 焊接训练实践操作

1）了解焊条电弧焊的各种工具、焊条和设备，掌握电焊机的电流调节，正确的引弧、运条及收尾方法，独立进行平板对焊操作。

2）能正确使用气焊的工具和设备，熟悉气焊火焰的调节及操作方法，独立进行平板堆焊操作。

4. 焊接训练安全注意事项

1）实习时要穿好工作服、工作鞋，戴好工作帽、手套和面罩等防护用品。

2）焊接前应检查焊机是否接地，电缆、焊钳绝缘是否完好，并注意不要把焊钳放在工作台上，以免短路烧毁焊机。

3）刚焊好的焊件不许用手接触，防止烫伤。

4）氧气瓶和乙炔瓶（液化气瓶）旁要严禁烟火。

5）焊接时分解出一些有害气体，注意焊接场地通风。

6）气焊时，不要把火焰喷到身上或胶管上。

5. 焊接训练教学案例

下面是工程上常用的结构件，应该选择什么方法进行连接？（请连线选择）

1）厚度>40mm 的铝板　　　　　　　　　　　　点焊

2）车刀柄（50钢）与刀片（硬质合金）　　　　焊条电弧焊

3）镁钛合金件　　　　　　　　　　　　　　　缝焊

4）厚度<3mm 的低碳钢油箱　　　　　　　　　电渣焊

5）钢结构房架　　　　　　　　　　　　　　　埋弧焊

6）汽车驾驶室　　　　　　　　　　　　　　　钎焊

7）中厚板的压力容器　　　　　　　　　　　　氩弧焊

焊接按其过程特点可分为三大类：

（1）熔焊　使被连接的构件局部加热熔化成液体，然后冷却结晶成一体的方法称为熔焊。为实现熔焊，关键是要有一个能量集中、温度足够高的加热热源。按热源形式不同，熔焊的基本方法有：气焊、电弧焊、电渣焊、电子束焊、激光焊等。

（2）压焊　利用摩擦、扩散和加压等物理作用，使两个被连接表面上的原子接近到晶格距离，从而在固态条件下实现连接的工艺方法统称为固相焊接。固相焊接通常都必须加压，因此也称为压焊。为使固相焊接容易实现，大都在加压的同时进行加热，但加热温度远低于焊件的熔点。压焊的基本方法有：冷压焊、摩擦焊、超声波焊、爆炸焊、锻焊、电阻焊等。

（3）钎焊　利用比母材熔点低的金属材料作为钎料，将钎料与焊件加热到高于钎料熔点、低于母材熔点的温度，使液态钎料在连接表面上流散浸润、填充接头间隙并与母材相互扩散，然后冷却结晶形成结合面的方法称为钎焊。按热源和保护方法不同，钎焊方法分为：火焰钎焊、炉内钎焊、盐浴钎焊、感应钎焊等。按钎料不同，钎焊又可分为铜焊、银焊、锡焊等。按钎料熔点温度的不同，钎焊又可分为硬钎焊和软钎焊。

4.1　焊条电弧焊

以电弧为焊接热源来加热并熔化金属的焊接方法称为电弧焊。利用焊条采用手工操作的电弧焊称为焊条电弧焊。焊条电弧焊所用的设备简单，操作机动灵活，能在任何场合和空间位置进行焊接，适用于厚度为2mm以上各种金属材料和各种形状结构的焊接。因此，它是工业生产中应用最为广泛的一种焊接方法。

4.1.1 焊接电弧与焊接过程

1. 焊接电弧

电弧是在两电极之间气体导电的现象。电弧可以把电能转变为热能和光能，因此具有高温和强光。只要创造一定条件，使电弧稳定燃烧，就可以把电弧作为热源进行焊接。

电弧稳定燃烧有两个条件：一是要使两极间有足够的带电粒子；二是要使两极间有足够高的电压，使带电粒子在电场作用下向两极运动。引弧时，焊条与工件短路的一瞬间，强大的短路电流使焊条和工件的接触部分温度急剧升高以致熔化。当焊条提起时，阴极表面产生强烈的热电子发射，这些电子在电焊机提供的电场作用下加速向阳极运动。电子运动过程中又撞击电极间的气体粒子使之电离为正负粒子，这些粒子在电场作用下，也做定向运动。当电极间的带电粒子达到一定数量，电弧就引燃了。

焊接电弧根据电源的种类可分为交流和直流两种。直流电弧可划分为三个区，即阴极区、阳极区、弧柱区，如图4-1所示。阴极区为靠近阴极的很薄的一层，其热量占电弧总热量的36%。阳极区为靠近阳极的很薄一层，其热量占电弧总热量的43%。在阴阳两极间的部分称为弧柱区，弧柱的热量占电弧总热量的21%。两极区的温度主要受电极材料的影响，如焊接钢时阴极温度约为2400K，阳极的温度约为2600K。阳极比阴极温度高，主要是由于带电粒子带给的热量多。而弧柱区的温度高达5000~6000K。焊接时，熔化金属和焊条的热量主要来自两极。对于交流电弧，就没有上述差别，两极温度相同。

2. 焊条电弧焊的焊接过程

焊条电弧焊的焊接过程如图4-2所示。焊前先将电焊机的两输出端分别与焊件、焊钳连接，再用焊钳夹牢焊条，然后开始引弧。电弧引燃后将母材和焊条同时熔化，形成金属熔池。随着母材和焊条的熔化，焊钳应向下和向焊接方向移动，以保证电弧不熄灭并形成焊缝。当电弧前移后，熔化金属就凝固形成焊缝。焊条上的药皮形成的熔渣覆盖在熔池表面，起到对熔池和焊缝的保护作用。当一根焊条用完后，熄弧换好焊条后再引弧继续焊接。

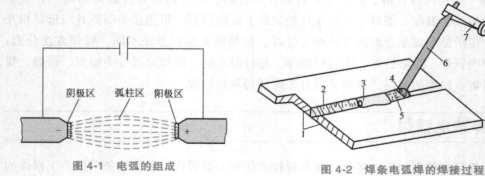

图4-1 电弧的组成

图4-2 焊条电弧焊的焊接过程
1—焊件 2—焊缝 3—渣壳 4—电弧
5—熔池 6—焊条 7—焊钳

4.1.2　焊条电弧焊焊机

1. 对焊条电弧焊焊机的要求

焊条电弧焊的主要设备是焊条电弧焊焊机，是产生焊接电弧的电源。为了保证焊接质量，对焊条电弧焊焊机有如下要求：

（1）具有一定的空载电压　为了引弧可靠，要求交流弧焊机空载电压不应低于55V，直流弧焊机空载电压不应低于40V。为了操作者的安全，一般空载电压不高于90V。

（2）具有下降外特性　电弧引燃后，随着电弧电流的增加，输出电压相应下降的特性称为下降特性。具有下降特性能使焊接电弧稳定，并在电弧受到干扰时能迅速恢复到稳定状态。

（3）具有适当的短路电流　短路电流小，引弧困难；短路电流太大，使液体金属飞溅，并且还会导致弧焊机烧坏。

（4）应能方便地调节电流　当采用不同直径的焊条时，要求容易调节出相应的焊接电流值。

2. 常见的焊条电弧焊焊机

焊条电弧焊焊机按焊接电流种类可分为交流弧焊机和直流弧焊机。

（1）交流弧焊机　它是一种特殊的降压变压器，所以又称弧焊变压器。交流弧焊机具有下降特性，当焊条与工件形成短路时，电压趋于零，使短路电流不至于过大而烧毁弧焊机或电路。BX1—330型弧焊机是目前国内使用较广泛的一种交流弧焊机，如图4-3所示。型号中"B"表示弧焊变压器，"X"表示下降特性，"1"为系列品种序号，"330"表示弧焊机的额定焊接电流为330A。

交流弧焊机具有结构简单、噪声小、价廉、轻巧、使用维修方便及效率高等优点；缺点是电源极性交变，焊条药皮要有稳弧剂，以保护电弧的稳定性。

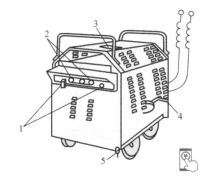

图4-3　交流弧焊机

1—输出电极　2—线圈　3—电流指示表
4—调节手柄　5—接地螺钉

（2）直流弧焊机　直流弧焊机又分为发电机式和整流式两种。

发电机式直流弧焊机由一台交流电动机和一台直流弧焊发电机组成。它能提供稳定的直流电，引弧容易，电弧稳定，但结构复杂，维修较困难，使用时噪声大。近年来，这种发电机式弧焊机在一般工厂中逐渐被淘汰。

整流式直流弧焊机如图4-4所示。它相当于在交流弧焊机上加了一个大功率的硅整流器，把交流电整流成直流电供焊接用。由于它具有结构简单、噪声小、电弧稳定性好等优点，近几年发展很快，这种焊机已成为我国弧焊机的主要类型。

直流弧焊机有正接、反接的差别。当工件接直流弧焊机正极、焊条接负极时称为正接，反之称为反接。当焊薄板时要采用反接，焊厚板时要采用正接。

近年来，逆变式电焊机作为新一代的弧焊电源，其特点是直流输出，具有电流波动小、电弧稳定、焊机质量小、体积小等优点，得到了越来越广泛的应用。

3. 弧焊机的主要技术参数

弧焊机的主要技术参数标注在弧焊机的铭牌上，主要有以下几项：

（1）一次电压　指弧焊机所要求的电源电压。一般国产交流弧焊机的一次电压为 220V 或 380V（单相），直流弧焊机的一次电压为 380V（三相）。

（2）空载电压　指弧焊机在没有功率输出时的电压。一般交流弧焊机的空载电压为 60~80V，直流弧焊机空载电压为 50~90V。

（3）工作电压　指弧焊机正常工作时的电压，一般为 25~30V。

（4）输入功率　指电网输入到弧焊机的电压与电流之积，其单位为 kW。

（5）电流调节范围　指正常焊接时弧焊机可提供的焊接电流范围，一般为几十到几百安。

（6）负载持续率　指弧焊机在 5min 之内有焊接电流的时间所占的平均百分比。

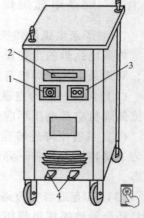

图 4-4　整流式直流弧焊机
1—电流调节器　2—电流指示盘
3—电源开关　4—输出电极

4.1.3　焊条

焊条是焊条电弧焊的焊接材料。它由焊条芯（称焊芯）和药皮两部分组成，如图 4-5 所示。

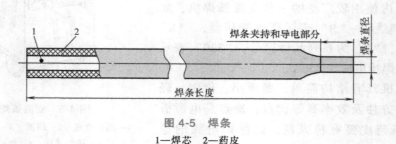

图 4-5　焊条
1—焊芯　2—药皮

1. 焊芯

焊芯是焊接专用的金属丝（即焊丝），焊芯的直径称为焊条直径，常用的焊条直径有 2.0mm、2.5mm、3.2mm、4.0mm 和 5.0mm 等几种，焊条长度在 250~450mm 之间。焊芯的作用有两个：一是作为电极，传导电流，产生电弧；二是焊芯熔化之后作为填充金属，与熔化的母材一起组成焊缝金属。

2. 药皮

药皮是由矿石粉和铁合金粉等原料按一定比例配制后压涂在焊芯外面的。它的作用是：

（1）改善焊条的焊接工艺性能　如容易引燃电弧，稳定电弧燃烧，并减少飞溅等。

（2）机械保护作用　药皮熔化后分解产生大量气体并形成熔渣，隔绝空气，保护熔池和焊条熔化后形成的熔滴。

（3）冶金处理作用 通过冶金反应去除有害元素（氧、氢、硫、磷），添加有用的合金元素，改善焊缝质量。

3. 焊条的分类、牌号和选用

焊条按熔渣化学性质可分为酸性焊条和碱性焊条。焊条药皮熔化后形成的熔渣以酸性氧化物为主的称为酸性焊条，如J422等；药皮熔化后的熔渣以碱性氧化物为主的称为碱性焊条，如J507、J427等。

焊条牌号全国统一编制，将焊条分为十大类，其中第一类为结构钢焊条。以常用的J422和J507焊条为例，牌号中"J"表示结构钢焊条，"42"和"50"表示焊缝金属抗拉强度最低值为420MPa和500MPa，最后一个数字表示药皮类型和电源种类，"2"表示钛钙型药皮，酸性焊条，用交流或直流电源均可；"7"表示低氢钠型药皮，碱性焊条，要用直流电源。其他焊条牌号国家标准规定的编制方法可参阅有关焊接手册。

焊接低碳钢或低合金钢时，一般都要求焊缝金属与母材等强度，如焊接低碳钢（如Q235、20钢）用J422或J427焊条，焊接普通低合金钢Q345用J507焊条；焊接形状复杂、刚度较大的结构时，应选用抗裂性的碱性焊条；焊接难以在焊前清理的焊件时，在满足使用要求的前提下，尽量选用高效、价廉的酸性焊条。

在同一类型的焊条中，根据不同特征有不同的型号，焊条的型号能反映焊条的主要特性。以碳钢焊条为例，碳钢焊条型号根据熔敷金属的抗拉强度、药皮类型、焊接位置和焊接电流种类划分，具体型号编制方法是：以E4303为例，字母"E"表示焊条；前两位数字"43"表示焊缝金属抗拉强度的最低值是430MPa；第三位和第四位数字组合表示焊接位置、焊条药皮类型和电流种类，"03"表示焊条药皮是钛钙型，适用于交、直流焊接电源全位置焊。碳钢焊条的牌号和应用见表4-1。

表4-1 碳钢焊条举例

牌号	型号（国标）	药皮类型	电流	主要用途
J422	E4303	钛钙型	AC、DC	焊接较重要的低碳钢结构和强度等级低的低合金钢，如Q235等
J426	E4316	钛钙型	AC、DC	焊接海上平台、船舶、车辆、工程机械等表面装饰焊缝
J502	E5003	钛钙型	AC、DC	焊接Q345及相同强度等级低合金钢的一般结构
J506	E5016	低氢钾型	AC、DC	焊接中碳钢及某些重要的低合金钢（如Q345）结构
J507	E5015	低氢钠型	DC	焊接中碳钢及Q345等低合金钢重要结构

4.1.4 焊接参数及选择

焊条电弧焊的焊接参数主要有：焊条直径、焊接电流和焊接速度。正确选择焊接参数是保证质量和提高生产率的重要因素。

1. 焊条直径

焊条直径主要根据焊件厚度来选择，可参见表4-2。厚度较大的焊件应选用直径较大的焊条；焊件较薄时，应选用小直径的焊条。另外，焊条直径还与接头形式及焊接位置有关，如立焊、横焊、多层焊的第一层要采用较小直径的焊条。

表 4-2　焊条直径的选择

焊件厚度/mm	2	3	4~7	8~12	≥13
焊条直径/mm	1.6~2.0	2.5~3.2	3.2~4.0	4.0~5.0	4.0~5.8

2. 焊接电流

焊接电流主要根据焊条直径选择。焊接电流的选择是否正确，直接影响到焊接质量和生产率。电流过大，电弧不稳定，焊缝成形不好，有时还会烧穿工件；电流过小会造成焊不透、熔化不良，焊缝中也易形成夹渣、气孔。一般情况下，可根据下面的经验公式来进行选择，即

$$I = (30 \sim 60)d$$

式中　I——焊接电流（A）；

　　　d——焊条直径（mm）。

立焊、横焊、仰焊时焊接电流应比平焊电流小 10%~20%，角焊时应比平焊时大 10%~20%。合金钢焊条、不锈钢焊条，由于电阻大、热膨胀系数高，若电流大则焊接过程中焊条容易发红而造成药皮脱落，影响焊接质量，因此电流要适当减小。

3. 焊接速度

焊接速度是指焊条沿焊接方向移动的速度。在保证焊透并使焊缝高低、宽窄一致的前提下，应尽量提高焊接速度。在生产中由焊工依据工件具体情况掌握。初学时，要掌握焊接速度均匀而且合适。如果速度合适，焊后可以看到焊缝形状规则，焊波均匀并呈椭圆形。焊接速度太快时焊道窄、焊波粗糙；焊接速度太慢时焊道过宽，焊件还容易烧穿。

4.1.5　接头形式、坡口形状和焊缝空间位置

1. 接头形式

常用的接头形式有对接、搭接、角接和 T 形接等，如图 4-6 所示。

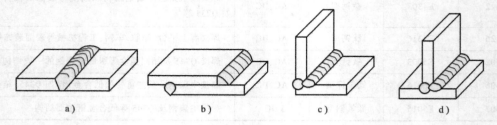

a)　　　　　　　　　b)　　　　　　　　　c)　　　　　　　　　d)

图 4-6　焊接接头形式

a）对接　b）搭接　c）角接　d）T 形接

2. 坡口形状

坡口是指为了使较厚的工件焊透，焊前把工件间的待焊处加工成的几何形状。除搭接外其他厚板接头都要开坡口。接头形式不同，坡口形状也有所不同，常见对接接头坡口形状如图 4-7 所示。

3. 焊缝空间位置

焊缝在构件上的空间位置不同时，焊接的难易程度也不相同，对焊接质量和生产率都有

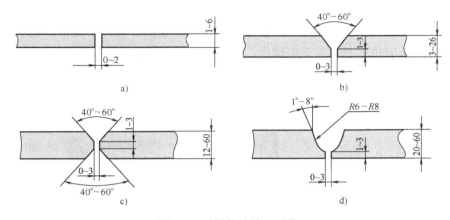

图 4-7　对接接头坡口形状

a）I 形坡口　b）V 形坡口　c）X 形坡口　d）U 形坡口

影响。一般把焊缝按空间的位置不同分为平焊、立焊、横焊、仰焊四种，如图 4-8 所示。平焊操作方便，生产率高，焊缝质量好，在施工时应尽量采用平焊。立焊时，因熔池金属有滴落趋势，操作难度大，焊缝成形困难，生产率低。横焊时，熔化的金属液体在重力作用下下流，导致焊缝上部出现咬边、下部出现焊瘤。仰焊时，操作非常不便，焊缝成形非常困难，不但生产率低，焊接质量也很难保证。在立焊、横焊、仰焊时，要采用较小的焊接电流和短弧焊接，控制好焊条角度，采取适宜的运条方法。

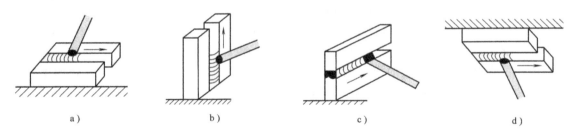

图 4-8　对接焊缝的空间位置

a）平焊　b）立焊　c）横焊　d）仰焊

4.1.6　焊条电弧焊基本操作

1. 引弧

引弧就是使焊条和工件之间产生稳定的电弧。引弧时，先将焊条与工件接触，形成短路，然后迅速将焊条提起 2~4mm，即可引燃电弧。电弧引燃之后，应立即将焊条不断地往下送，维持电弧稳定燃烧，保持弧长不变。引弧方法有两种：敲击法和划擦法，如图 4-9 所示。敲击法引弧由于焊条端部与焊件接触时处于相对静止的状态，操作不当，容易造成焊条粘住焊件。此时，只要将焊条左右摆动几下就可以脱离焊件。划擦法引弧动作似划火柴，对初学者来说易于掌握，但容易损坏焊件表面。

2. 运条

焊接时焊条沿其轴向送进和沿焊接方向移动及沿焊缝横向摆动（窄小焊缝可不用）合

起来称为运条，运条操作如图 4-10 所示。工件厚度、坡口形式、焊缝位置不同，运条方式也有所不同，要根据具体情况确定。运条操作的好坏，直接影响焊接质量，初学者练习时，关键是掌握好焊条的角度和运条基本动作，保持合适的电弧长度和均匀的焊接速度。

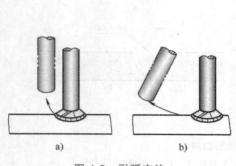

图 4-9　引弧方法
a）敲击法　b）划擦法

图 4-10　运条操作

3. 熄弧

当一根焊条用完时，要收尾熄弧。熄弧时，将焊条逐渐向焊缝前方斜拉，同时抬高电弧，使电弧自动熄灭。在熄弧前，让焊条在熔池处做短暂停顿或做几次环形运条，使熔池填满。正确的熄弧操作，可避免裂纹、气孔、夹渣、弧坑等缺陷。

4. 更换焊条

更换焊条是指在一条焊缝的焊接过程中，更换焊条前后的操作。更换焊条对于长焊缝是不可缺少的操作。熄弧前，采取减小焊条与工件夹角的办法，把熔池金属和上面的熔渣向后赶一赶，形成弧坑再熄弧。引弧应在弧坑前面，然后拉回到弧坑，再进行正常焊接。对于分段焊法，事先就要使接头处的焊缝低一些，以保证接头处焊缝不致过高。连接处如操作不当，也会造成夹渣、气孔和成形不良等缺陷。

4.2　气焊与气割

4.2.1　气焊

1. 气焊的特点及应用

气焊是利用可燃气体如乙炔（C_2H_2）和氧气（O_2）混合燃烧的高温火焰来进行焊接的，其工作情况如图 4-11 所示。乙炔和氧气在焊炬中混合均匀后，从焊嘴喷出燃烧，将工件和焊丝熔化形成熔池，冷凝后形成焊缝。气焊火焰燃烧时产生的大量 CO_2 和 CO 气体包围熔池，排开空气，有保护熔池的作用。

气焊具有火焰易于控制、操作灵活、容易实现均匀焊透和单面焊双面成形，以及不需要电源，便于在工地或野外作业等优点。

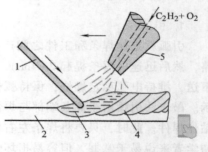

图 4-11　气焊示意图
1—焊丝　2—焊件　3—熔池
4—焊缝　5—焊嘴

气焊火焰的温度较电弧低，最高可达 3150℃ 左右，热量比较分散，所以气焊适于厚度 3mm 以下的薄板焊接、非铁金属的焊接和铸铁的补焊等，生产率比电弧焊低，应用不如电弧焊广。

2. 气焊气体

气焊用的气体分为可燃性气体和助燃性气体两类。可燃性气体主要是乙炔气，此外也可采用煤气、石油气等气体。助燃性气体就是氧气。

（1）乙炔 分子式为 C_2H_2，燃烧最高温度可达 3100~3300℃。乙炔在常温下为气体，比空气轻，能溶解于丙酮。乙炔是易燃、易爆气体，使用过程中要高度注意安全。现在多数车间、工地使用的都是瓶装乙炔。

（2）氧气 氧气是一种极为活泼的助燃气体，能与许多元素化合生成氧化物。气焊、气割用的氧气是工业纯氧。乙炔等气体在纯氧中燃烧，能大大提高火焰温度。氧气由专门的制氧厂（车间）生产，用高压氧气瓶贮存、运输。在常温常压下，氧是无色、无味的气体，比空气重，本身不能燃烧。

3. 气焊设备

气焊设备及其连接如图 4-12 所示。

（1）氧气瓶 它是用来贮存、运输高压氧气的钢制厚壁容器。氧气瓶容积为 40L，工作压力为 14.7MPa，贮气量为 6000L。

氧气瓶贮存的是高压氧，为了把高压氧变成压力为 $2.9×10^5 \sim 3.9×10^5$Pa 的氧气，必须在瓶中高压氧输出时先经减压。这一工作由减压器承担。减压器一端接氧气瓶，另一端接氧气管。氧气瓶不许暴晒、火烤、振荡及敲打，也不许有油污。氧气瓶口装有瓶阀，用以控制瓶内氧气进出，手轮逆时针方向旋转则可开放瓶阀，顺时针旋转则关闭。

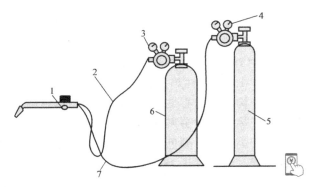

图 4-12 气焊设备及其连接

1—焊炬 2—乙炔气管 3—乙炔减压器 4—氧气减压器 5—氧气瓶 6—乙炔气瓶 7—氧气管

（2）乙炔瓶 它的构造比氧气瓶复杂，外壳为无缝钢瓶，瓶内装有能吸附丙酮的多孔性填充物，如活性炭、木屑、硅藻土等，并注入丙酮，当往里灌注乙炔时，乙炔被丙酮溶解。在乙炔瓶的工作压力下，1L 体积的丙酮可溶解 400L 的乙炔。使用时，乙炔流出，而丙酮仍留在多孔材料内，供下次灌气用。

乙炔瓶内的压力为 1.47MPa，而焊炬所需的乙炔压力为 0.117MPa 以下，因此，在乙炔瓶口也要使用减压器减压，再供焊炬使用。

（3）焊炬 焊炬也称为焊枪。焊炬的作用是把乙炔、氧按一定比例混合后由焊嘴喷出，点燃后形成火焰，焊炬外形如图 4-13 所示。按可燃气体与氧气混合方式的不同，焊炬可分为射吸式和等压式两类。目前常用的是射吸式焊炬。

国产焊炬有多种型号，每种型号的焊炬均备有 3~5 个孔径不同的焊嘴，以适应不同厚度的工件。

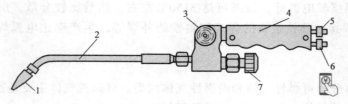

图 4-13　焊炬
1—焊嘴　2—混合管　3—乙炔阀门　4—手把　5—乙炔管　6—氧气管　7—氧气阀门

（4）焊丝　气焊丝一般是光金属丝。焊丝的化学成分直接影响焊接的质量和焊缝的力学性能。各种金属焊接时，应采用相应的焊丝。通常焊丝要与所焊材料的化学成分相同或接近。例如，焊低碳钢时，往往使用普通低碳焊丝。

（5）焊剂　焊剂又称焊粉或焊药，其作用是除去熔池中形成的氧化物杂质，改善金属熔池的湿润性，并且保护熔池。焊钢材时一般不用焊剂，焊铸铁，铜、铝及其合金时，应使用相应的焊剂。例如，焊铸铁可选用"粉201"，也可采用硼砂等；焊铜及铜合金时可选用"粉301"，也可用硼砂等；焊铝及铝合金时选用"粉401"或用一些氧化物。

4. 气焊火焰

因混合气体中氧气与乙炔气的比例不同，气焊火焰根据性质和应用的不同可分为三种，如图4-14所示。

（1）中性焰　中性焰是氧气与乙炔的体积比为$1:1.1\sim1:1.2$。中性焰又称为正常焰，由焰心、内焰和外焰三部分构成。焰心是紧靠焊嘴的光亮白色圆柱体，乙炔在里面受热分解为游离的碳和氢，还没燃烧，温度不太高。内焰是焰心之外颜色较暗的一层，碳在此区域燃烧生成一氧化碳，温度可达$2800\sim3200℃$。火焰外层淡蓝色部

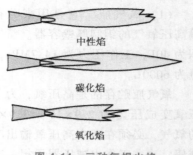

图 4-14　三种气焊火焰

分是外焰，乙炔在此区完全燃烧，生成二氧化碳和水，此区温度较低。焊接时应使熔池及焊丝末端处于焰心前$2\sim4mm$，这个区间温度在$3000℃$以上。中性焰适用于焊接低碳钢、中碳钢、合金钢、纯铜和铝合金等材料。

（2）碳化焰　碳化焰是氧气与乙炔的体积之比小于1.0时形成的火焰。碳化焰乙炔燃烧不完全，碳有剩余，整个火焰比中性焰长，但温度较低，最高温度为$2700\sim3000℃$。碳化焰有增碳作用，适于焊接高碳钢、铸铁和硬质合金等材料。

（3）氧化焰　氧气与乙炔的体积比大于1.3时的火焰称为氧化焰。氧化焰燃烧比中性焰剧烈，火焰各部分较短，且有嘶叫声，温度可达$3100\sim3300℃$。由于氧气过剩，氧化焰对熔池有氧化作用，焊缝质量不好，只适于焊接黄铜。

5. 气焊焊接规范选择

根据工件的化学成分、尺寸大小、形状及施焊的空间位置，选用不同的气焊规范。气焊规范包括火焰性质、火焰能率、焊丝直径、焊嘴与工件间夹角及焊接速度等。

（1）焊丝直径　焊丝直径要根据焊件厚度来选择。$1\sim3mm$厚的焊件可选用与焊件厚度相同的焊丝；$5\sim10mm$厚的焊件可选用$3\sim5mm$的焊丝。焊丝过细，熔化太快，将导致焊缝熔合不良和焊波不均匀；焊丝过粗，需要的加热时间长，会使焊缝热影响区增大，形成过热

组织。

（2）焊嘴型号及焊嘴大小　我国使用最广的焊炬是 H01 型射吸式焊炬。焊厚度为 0.5~2mm 的板用 H01—2 型，焊厚度为 2~6mm 的板用 H01—6 型。每种型号有一套 5 个焊嘴，可根据板厚来选用合适的焊嘴孔径，孔径越大，每小时消耗的气体量也越大。每小时混合气体的消耗量（L/h）称为火焰能率。焊炬型号和焊嘴孔径确定之后，火焰能率也就确定了。

（3）焊炬的倾斜角度　如图 4-15 所示，焊炬与焊件夹角为 α，α 的大小对焊件的加热程度有影响。焊件越厚，α 角应越大些，焊薄板时 α 的范围为 30°~50°。另外，焊炬的焊嘴轴线的投影应与焊缝重合，使热量集中。

（4）焊接速度　焊接速度直接影响生产率和产品质量，所以要根据产品情况选择焊接速度。一般原则是在保证焊接质量的前提下，尽力提高焊接速度，以提高生产率。

6. 气焊操作技术

（1）焊前准备　点火时先微开氧气阀门，然后开大乙炔阀门，点燃火焰，这时火焰为碳化焰，可看到明显的三层轮廓；然后开大氧气阀门，火焰开始变短，淡白色的中间层逐步向白亮的焰心靠拢，调到刚好两层重

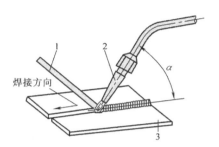

图 4-15　焊炬的倾斜角度
1—焊丝　2—焊嘴　3—焊件

合在一起，整个火焰只剩下中间白亮的焰心和外面一层较暗淡的轮廓时，即是所要求的中性焰。灭火时应先关乙炔阀门，后关氧气阀门。

（2）操作要点　平焊操作要点如下：

1）两手分工。一般右手握焊炬，左手拿焊丝，两手动作要协调。焊薄板时多采用左焊法，即焊丝在焊炬前面，火焰指向焊件待焊部分，两者同时从焊缝右端向左端移动；焊接厚焊件时采用右焊法，焊炬从左向右移，具有热量集中、熔池较深、火焰能更好地保护焊缝等优点。

2）起焊和停焊。起焊时，因焊件处于常温，焊嘴与母材间要采用较大夹角，使母材尽快加热。当母材快要熔化时再把焊丝末端放到焰心前面，使之熔化过渡到熔化了的母材上去，母材和焊丝才能熔合好，然后转入正常焊接。停焊时，先要适当减小焊嘴与母材的夹角，以便更好地填满弧坑和避免烧穿，当弧坑填满时再将焊炬抬起。

3）焊炬前移。焊接过程中焊炬要沿焊缝前移，前移速度即焊接速度。前移速度要保证母材熔化并且均匀，使焊波美观。前移中焊炬、焊丝应做协调的摆动，焊丝还要有节奏地点入熔池，既便于熔透，避免烧穿，又可搅拌金属熔池，利于熔池中的有害物质排出。

4.2.2　气割

氧气切割简称气割，是根据某些金属在氧气流中能够剧烈燃烧的原理来切割金属的。气割广泛应用于钢材下料，焊件坡口的制备和铸钢件浇冒口的切割。气割主要有以下特点：一是设备简单，投资少，生产成本低；二是切割厚度大，切割效率高，目前切割最大厚度达 2000mm；三是能在各种位置切割和切割出外形复杂的零件。气割存在的问题是切割材料有条件限制，适用于一般钢材切割。

1. 气割用气体、设备及气割过程

气割所用气体及供气设备与气焊完全一样，只是割炬与焊炬的结构不同。割炬外形如图4-16所示，它比焊炬多一根切割氧气管和一个切割氧气阀门。割嘴的出口有两条通道，周围的一圈是乙炔与氧气的混合气体出口，中间的通道为切割氧气的出口，二者互不相通。

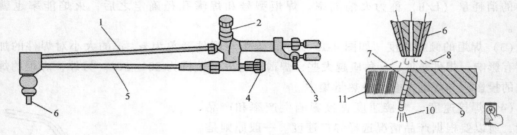

图 4-16　割炬及气割过程

1—切割氧气管　2—切割氧气阀门　3—乙炔阀门　4—预热氧气阀门　5—混合气管　6—割嘴
7—氧流　8—预热火焰　9—待切割金属　10—氧化物　11—割口

气割操作的具体过程：先开预热氧气及乙炔阀门，点燃预热火焰，调到中性焰，将工件割口的开始处加热到高温（达到橘红至亮黄色约为1300℃）。然后打开切割氧气阀门，切割氧气与高温金属作用，产生剧烈的燃烧反应，将金属燃烧而形成切口。

2. 气割原理及金属气割的条件

（1）气割原理　气割的本质是金属在纯氧气中燃烧。例如，当钢被加热到燃点以上，与纯氧气接触时就发生剧烈的氧化反应，并放出大量的热，其反应如下

$$3Fe+2O_2 \longrightarrow Fe_3O_4+1121kJ/mol$$

反应放出的热，一方面使Fe_3O_4成熔融态而被氧气流吹走，另一方面又使相邻金属加热到高温，使之与纯氧接触时能燃烧，这样气割才能够连续进行下去。

（2）金属进行气割的条件　金属材料只有满足下列条件才能采用气割：

1）金属的燃点应低于熔点，这是保证金属气割的基本条件。否则，金属在切割前熔化，就不能形成窄而整齐的切口。

2）燃烧生成的金属氧化物的熔点应低于金属本身的熔点。只有这样，燃烧形成的氧化物才能熔化并被吹走，使下一层金属投入切割。否则，在割口表层易形成固态氧化物膜，阻碍氧气流与下层金属接触，中断切割过程。

3）金属燃烧时能放出大量的热，并且金属本身导热性要低。大量的燃烧热是预热下一层金属、熔化金属氧化物所不可缺少的。金属导热性可以保证热量向周围金属传导，用来预热下一层金属。

满足上述条件的金属材料有纯铁、低碳钢、中碳钢和普通低合金钢，而高碳钢、铸铁、高合金钢及铜、铝等非铁金属及其合金，均难以进行气割。

3. 气割操作要点

1）气割前根据被切割工件的厚度选择适当的割炬与割嘴。

2）割嘴与工件应有正确的位置，一般在垂直方向上割嘴对切口左右两边垂直，在切割方向上割嘴与工件间有适当的夹角。

3）割嘴与工件保持在焰心距工件3~5mm处，当工件预热好后，切割时要匀速前进。

4.3 其他焊接方法

4.3.1 埋弧焊

埋弧焊是电弧在焊剂层下燃烧的焊接方法。埋弧焊属于电弧焊的一种，在焊接过程中电弧的引燃、焊丝的送进和沿焊接方向的移动等全部由机械自动完成。

埋弧焊焊缝的形成如图 4-17 所示。焊丝末端与工件之间产生电弧后，工件及电弧周围的焊剂熔化，少部分甚至蒸发。焊剂及金属的蒸气将电弧周围已熔化的焊剂（即熔渣）排平，形成一个封闭空间，使电弧和熔池与外界空气隔绝。电弧在封闭空间内燃烧时，焊丝与基体金属不断熔化，形成熔池，随着电弧前移，熔池金属冷却凝固形成焊缝，比较轻的熔渣浮在熔池表面，冷却凝固成渣壳。

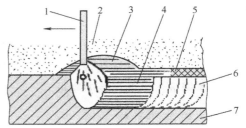

图 4-17 埋弧焊焊缝的形成
1—焊丝 2—焊剂 3—熔渣 4—熔池
5—渣壳 6—焊缝 7—焊件

埋弧焊与焊条电弧焊相比生产率高，焊缝质量好，劳动强度低；缺点是适应性差，只宜在水平位置进行焊接。埋弧焊主要应用于船舶、锅炉、桥梁等的焊接。

4.3.2 气体保护焊

气体保护焊是指利用外加气体作为电弧介质并保护电弧和焊接区的电弧焊，常用的保护气体有氩气和二氧化碳等。

1. 氩弧焊

氩弧焊是电弧焊的一种，是以连续送进的焊丝与工件之间燃烧的电弧作为热源，用焊炬喷嘴喷出的氩气保护熔池来进行焊接的。按所用电极不同，氩弧焊分为熔化极氩弧焊和不熔化极氩弧焊（钨极氩弧焊）两种，如图 4-18 所示。

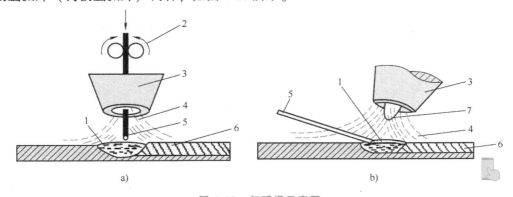

a) b)

图 4-18 氩弧焊示意图
a) 熔化极氩弧焊 b) 不熔化极氩弧焊
1—熔池 2—送丝滚轮 3—喷嘴 4—保护气体 5—焊丝 6—焊缝 7—钨极

氩弧焊应用范围广泛，目前主要应用于焊接非铁金属、低合金钢、耐热钢及不锈钢等。熔化极氩弧焊适用于焊接较厚金属，而不熔化极氩弧焊通常适用于焊接 3mm 以下的薄板。

2. CO_2 气体保护焊

CO_2 气体保护焊是以 CO_2 作为保护气体的一种电弧焊方法，其基本原理如图 4-19 所示。焊丝由送丝机构自动向熔池送进，CO_2 气体不断由喷嘴喷出，排开熔池周围的空气，形成气体保护区，代替焊条药皮和焊剂来保证焊缝质量。

CO_2 气体保护焊主要适用于低碳钢和普通低合金钢，常采用直流反接法焊接，适宜焊接厚度小于 3mm 的薄钢板，也可焊接中厚板。

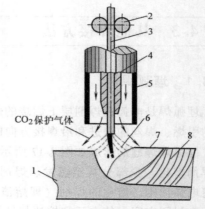

图 4-19 CO_2 气体保护焊示意图

1—焊件 2—送丝滚轮 3—焊丝 4—导电嘴
5—喷嘴 6—电弧 7—熔池 8—焊缝

4.3.3 等离子弧焊

等离子弧焊可以焊接绝大部分金属，但由于焊接成本较高，故主要用在国防和尖端技术中，常用于焊接某些焊接性差的金属材料和精细工件等，如不锈钢、耐热钢、高强度钢及难熔金属材料的焊接。

4.3.4 电阻焊

电阻焊是将焊件组合后通过电极施加压力，利用电流通过接头的接触面及邻近区域产生的电阻热进行焊接的方法。

电阻焊按照接头形式分为点焊、缝焊和对焊三种，如图 4-20 所示。点焊主要用于焊接厚度小于 3mm 的薄板壳体和厚度小于 6mm 的钢筋构件；缝焊主要用于焊接有密封性要求的薄壁容器；对焊主要用于焊接杆状对接零件，如刀具、钢筋等。

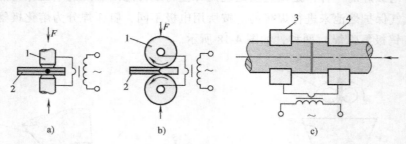

图 4-20 电阻焊示意图

a) 点焊 b) 缝焊 c) 对焊
1—电极 2—焊件 3—固定电极 4—移动电极

4.3.5 钎焊

钎焊是将熔点比被焊金属低的焊料作为钎料，将焊件和钎料一起加热到略高于钎料熔点的温度，利用液态钎料润湿母材，填充接头间隙，并与母材相互扩散实现连接焊件的方法。钎焊也是常用的焊接方法之一。

按钎料熔点和接头强度的不同，钎焊可分为硬钎焊和软钎焊两种。

钎焊时，一般要用钎剂，其作用是清除钎料和被焊金属表面的氧化物，并保护焊件和液态钎料在钎焊过程中免于氧化，改善润湿性。硬钎焊时常用的钎剂有硼砂、硼砂和硼酸的混合物或 QJ102 等。软钎焊时常用的钎剂是松香、氯化锌溶液或 QJ203 等。

钎焊应用范围很广，不仅可以连接同种金属材料，也适宜于连接异种金属，甚至可以连接金属和非金属材料，其主要应用于电子工业、仪表制造工业、航天航空等。

4.4　常见焊接缺陷及其检验方法

4.4.1　焊接缺陷分类

在焊接生产中，由于焊接规范不适当、焊前准备不充分、操作规程不当等原因，会造成各种焊接缺陷。按照焊接缺陷所处的位置，可分为外观缺陷和内部缺陷两种。

1. 外观缺陷

外观缺陷即在外部可观察到的缺陷。主要有表面气孔、夹渣、咬边、表面裂缝等，如图4-21a、b、d、e 所示。

2. 内部缺陷

内部缺陷即隐藏在焊缝内部的缺陷。主要有未焊透、气孔、夹渣、裂纹等，如图4-21a、b、c、e 所示。

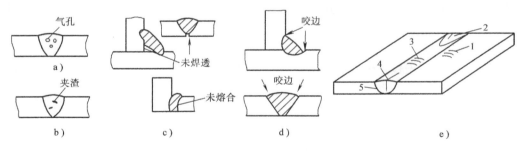

图 4-21　常见的焊接缺陷

a）气孔　b）夹渣　c）未焊透　d）咬边　e）裂纹

1—热影响区裂纹　2—弧坑裂纹　3—横向裂纹　4—纵向裂纹　5—根部裂纹

外观缺陷可用肉眼或放大镜观察到；而内部缺陷要借助于 X 射线、超声波探伤仪等无损检测设备才能检验出来，肉眼观察不到。

4.4.2　焊接缺陷产生的原因

（1）咬边　焊接电流太大，焊接速度过快，焊条在焊缝两侧摆动速度快，电弧过长等。

（2）气孔　焊接材料不干净，有油污、铁锈等；电弧太长或太短；焊接材料成分选择不合适等。

（3）夹渣　焊件边缘及焊层间清理不干净；电流过小，熔渣不能充分上浮；运条操作不当，焊缝金属凝固太快，冶金反应生成的杂质浮不到熔池表面。

（4）未焊透　焊接电流太小，焊接速度太快；焊件装配不好，如间隙太小、钝边太厚等；焊条角度不对，电弧穿不透工件。

（5）裂纹　焊接材料化学成分选择不当，造成焊缝金属硬、脆，在焊缝冷凝后期和继续冷却过程中形成裂纹；熔化金属冷却太快，形成的热应力大；焊接结构设计不合理，焊缝的装配、焊接顺序不合理，造成较大的焊接应力等。

焊接缺陷影响接头的性能和使用寿命。因此，焊件焊完后都要进行检验，并要对发现的焊接缺陷进行修补。对于以固定、连接为主，不承受载荷或载荷很小的工件，对焊缝质量要求不高，只做外部检验，允许存在一些小缺陷，如咬边、气孔、夹渣等。对于重载荷或高压容器等，焊缝质量要求高，还要进行无损检测，找出内部缺陷，并酌情采取修补措施。如果缺陷不能修补，整个工件就要报废。

4.4.3　焊接缺陷检验方法

常见的焊接缺陷检验方法有外观检验、致密性检验、无损检测等。

1. 外观检验

外观检验一般以肉眼观察为主，有时用 5~20 倍的放大镜进行观察。通过外观检查，可发现焊缝表面缺陷，如咬边、焊瘤、表面裂纹、气孔、夹渣及焊穿等。焊缝的外形尺寸还可采用坡口检测器或样板进行测量。

2. 致密性检验

致密性检验是用于检验不受压或受压很低的容器管道焊缝的穿透性缺陷。常用的方法有气压试验、水压试验和煤油试验。压力容器采用水压试验或气压试验，不受压容器采用煤油试验。

3. 无损检测

无损检测主要用于检查焊缝的内部缺陷。常用的方法有磁粉检测、X 射线检测、超声波检测等。

复习思考题

4-1　交流焊机与普通变压器有何不同？为什么不能将普通变压器作为电焊机使用？

4-2　解释名词：正接法与反接法，平焊与立焊，对接与搭接。

4-3　焊机的空载电压一般为多少伏？为什么焊接时人一般不会由于焊机输出电压而触电？

4-4　交流弧焊机与直流弧焊机的结构有何不同？各适合在什么场合下使用？

4-5　焊条的焊芯和药皮各起什么作用？敲掉药皮的焊条在焊接后会产生什么结果？

4-6　焊接电弧是怎样产生的？电弧由几部分组成？其各部分温度高低及热量分布如何？

4-7　气焊设备由哪几部分组成？气焊的熔池和焊缝靠什么保护？

4-8 气焊火焰有几种？各应用于什么场合？

4-9 气焊和焊条电弧焊各适于焊接什么样的工件？

4-10 气割的实质是什么？符合什么条件的金属可用气割？

4-11 焊接常见的缺陷有哪些？产生的原因是什么？

4-12 何谓埋弧焊？埋弧焊有什么特点？

4-13 何谓气体保护焊？常见的气体保护焊有几种？各有什么特点？

4-14 何谓电阻焊？电阻焊分为哪几类？各应用在哪些场合？

4-15 何谓钎焊？列举出一些适合钎焊的工件。

第 5 章

金属热处理

学习要点及要求

1. 热处理训练内容及要求

1）掌握钢的热处理目的、工艺过程及常用方法。

2）了解热处理的主要设备及用途。

3）掌握常用热处理工艺方法（淬火、回火、正火、退火）的用途及操作工艺。

4）了解表面热处理方法及热处理常见缺陷。

5）掌握热处理前后的性能变化及检验方法（洛氏硬度试验法）。

2. 示范讲解

1）讲解退火、正火、淬火、回火的目的和工艺。

2）介绍常用加热炉的结构与应用。

3）示范讲解高频感应淬火，介绍高频感应加热原理和工艺操作。

4）示范讲解硬度计的操作，介绍洛氏硬度的测定方法。

3. 热处理训练实践操作

1）在箱式炉中加热工件，并进行淬火和回火处理。

2）在洛氏硬度计上对同一牌号（T8 钢）的退火、淬火、回火试块测试其洛氏硬度，比较不同热处理对材料组织和性能的影响。

4. 热处理训练安全注意事项

1）在操作前，首先要熟悉热处理工艺以及要使用设备的安全操作规程，并按其规程要求对设备进行周密的检查。

2）在操作时，必须穿戴必要的防护用品，如工作服、手套、眼镜等。

3）加热设备和冷却设备之间，不得放置任何妨碍操作的物品，其地面不得有油污等，以防操作者滑倒或灼伤。

4）不得进入设备危险区（如电炉引线，汇流排，传动机构以及电闸等附近）。

5）热处理仪器、仪表未经同意不得随意调整和使用。

6）凡已经热处理的工件，在操作中要使用适当的专用工具和夹具，不得直接用手去摸，以免工件未冷而造成灼伤。

7）应经常保持设备和工作场地的整洁。

5. 训练教学案例

45 钢加热到 840℃ ，在不同冷却条件下冷却后的力学性能见表 5-1。

表 5-1　案例

冷却方法	R_m/MPa	R_{eL}/MPa	A(%)	Z(%)	HRC
随炉冷却	519	272	32.5	49	15~18
空气冷却	657~706	333	15~18	45~50	18~24
油中冷却	882	608	18~20	48	40~50
水中冷却	1078	706	17	12~14	52~60

1）表 5-1 中数据说明了什么？

2）什么是热处理？

3）热处理与金属组织和性能有什么关系？

4）为达到使用要求，减速器的轴、齿轮应该采取何种热处理（图 5-1）？

图 5-1　减速器

在机械工业中，热处理占有十分重要的地位。现代机床工业中有 60%~70% 的工件，汽车、拖拉机工业中有 70%~80% 的工件要进行热处理，尤其是滚动轴承和各种工具、模具几乎全部经过热处理，以获得最佳的使用性能。热处理已成为机械制造过程中不可缺少的工艺方法。

钢的热处理是指钢在固态下加热、保温和冷却，改变钢的内部组织，从而获得所要求性能的一种工艺方法。通过热处理不仅能使金属材料的力学性能得到改善，还能使材料获得一些特殊的使用性能，如耐蚀性、耐磨性、抗疲劳性等。

钢的热处理工艺方法很多，常用的有普通热处理（退火、正火、淬火、回火）及表面热处理（表面淬火、表面化学热处理）等。任何一种热处理工艺过程，都由下列三个阶段组成：

（1）加热　以某种加热速度把工件加热到预定的温度。

（2）保温　在规定的加热温度下保持一段时间，使工件内、外层温度均匀。

（3）冷却　把保温后的工件以一定的冷却速度冷却下来。

把工件的加热、保温和冷却过程绘制在温度-时间坐标图上，就可以得到如图 5-2 所示的热处理工艺曲线。改变其加热温度和冷却方式，可以获得不同的热处理工艺。

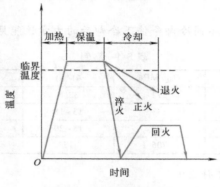

图 5-2　热处理工艺曲线

5.1　钢的热处理工艺

5.1.1　退火

将金属或合金加热到适当温度，保温一定时间，然后随炉缓慢冷却，以获得接近平衡状态组织的热处理工艺称为退火。退火的目的是为了降低硬度，便于切削加工；细化晶粒，改善组织，提高某些力学性能；消除内应力，稳定尺寸，减少淬火变形和裂纹。退火通常安排在冷加工或最终热处理前进行，作为预备热处理工序。退火可分为完全退火、球化退火、去应力退火等。

1. 完全退火

完全退火是将钢加热到 Ac_3（指加热时共析铁素体全部转变为奥氏体的终了温度）以上 $30 \sim 50℃$，保温一定时间，然后随炉缓慢冷却的热处理工艺。完全退火主要用于亚共析钢的铸件、焊接件、锻件和轧件等。如 45 钢的完全退火工艺是将工件加热到 870℃ 左右，保温一定时间，然后随炉冷至室温（操作时一般冷至 300℃ 左右出炉空冷）。

2. 球化退火

球化退火是将钢件加热到 Ac_1（指加热时珠光体向奥氏体转变的温度）以上 $20 \sim 30℃$，充分保温使未溶二次渗碳体球化，然后随炉缓慢冷却的热处理工艺。球化退火主要用于高碳工具钢、模具钢、轴承钢。如 T10 钢球化退火工艺是将工件加热到 750℃ 左右，保温一定时间后炉冷至 300℃ 左右出炉空冷。

3. 去应力退火

去应力退火是将工件加热到 $500 \sim 600℃$，经保温一定时间随炉缓慢冷却至 300℃ 左右后空冷至室温，又称低温退火。在去应力退火过程中，钢的组织不发生变化，只是消除内应力。去应力退火主要应用于消除铸件、焊接结构件以及热加工后零件的内应力，以防止和减小工件在使用或加工过程中产生变形和开裂。

5.1.2　正火

正火是将钢加热到 Ac_3（或 Ac_{cm}——加热时二次渗碳体全部溶入奥氏体的终了温度）以

上 30~50℃ 的温度，保温后从炉中取出在空气中冷却的一种热处理方法。正火与退火相比，由于冷却速度较快，其强度和硬度比退火高，而塑性和韧性稍有降低。所以，生产中正火主要应用于改善低碳钢和某些低合金钢的切削加工性能；消除铸钢件内部粗大的晶粒，提高其力学性能；对要求不太高的普通工件，正火可作为最终热处理。

正火工艺操作简单，生产周期短，生产率高，成本低，因此在能满足工件力学性能及加工要求的情况下应尽量采用正火。

5.1.3　淬火

将钢加热到 Ac_3（或 Ac_1）以上 30~50℃，保温后在水或油中快速冷却的热处理工艺称为淬火。淬火的目的是提高钢的硬度和耐磨性。它是强化钢材的最重要的热处理方法。

1. 淬火加热温度和保温时间的选择

淬火的加热温度主要取决于化学成分，不同钢种的淬火温度可在热处理手册中查到。淬火加热温度过高，会使钢的性能变坏；温度过低，淬火后硬度不足。保温时间的长短与加热设备和工件有关，保温时间不足使淬火后工件硬度不足；若保温时间过长，则淬火后钢的晶粒粗大且变脆，表面氧化脱碳程度严重，影响其淬火质量。

2. 淬火冷却介质的选择

淬火过程是冷却非常快的过程。为了得到马氏体组织，淬火冷却速度必须大于临界冷却速度。但是，冷却速度快必然产生很大的淬火内应力，这往往会引起工件变形与开裂。淬火的冷却速度取决于冷却介质的选择。常用的淬火冷却介质是水、油、盐水和碱水。盐水或水冷却速度快，一般用于形状简单的碳钢件；油的冷却速度较慢，一般用于形状复杂的碳钢和合金钢件。总之，使用何种介质可依据零件材质、形状、大小以及该零件的热处理技术要求等选择。

淬火操作过程中除了正确选择淬火加热温度、保温时间和淬火冷却介质外，还要注意工件浸入冷却介质的方式。如果浸入方式不当，会使工件冷却不均，造成很大的内应力，引起变形或开裂。操作中，厚薄不均的零件厚的部分应先浸入；细长或薄而平的工件应垂直浸入；截面不均的工件应斜着放下去，使工件各部分的冷却速度趋于一致；有不通孔的零件应孔朝上浸入，以利孔内空气排除等。

3. 淬火方法

采用适当的淬火方法可以弥补冷却介质的不足，常见的淬火方法有以下几种：

（1）单液淬火法　是指将加热工件在一种介质中连续冷却到室温的淬火方法。适用于形状简单的碳钢和合金钢工件。该方法操作简单，易实现机械化，应用较广。

（2）双液淬火法　是指将加热工件先在一种冷却能力强的介质中冷却，躲过等温转变图"鼻尖"后再转入另一种冷却能力较弱的介质中发生马氏体转变的淬火方法。常用的有水淬油冷、油淬空冷等。其优点是冷却后组织比较理想，缺点是在第一种介质中的停留时间不易掌握，需要具有实践经验。该方法主要用于形状复杂的碳钢工件及大型合金钢工件。

（3）分级淬火法　是指将加热工件在 Ms 点附近的盐浴或碱浴中淬火，待工件内外温度均匀后再取出随炉缓慢冷却的淬火方法。该方法可显著降低工件的内应力，减少变形或开裂的倾向，主要用于尺寸较小，形状复杂的工件。

（4）等温淬火法　是指将加热工件在稍高于 Ms 温度的盐浴或碱浴中保温足够长时间，从而获得下贝氏体组织的淬火方法。经等温淬火的零件具有良好的综合力学性能，淬火应力小，适用于形状复杂及尺寸精度要求较高的零件。

5.1.4　回火

将淬火钢加热到 Ac_1 以下某一温度，保温一定时间，然后冷却到室温的热处理工艺称为回火。淬火后的钢件一般不能直接使用，必须进行回火后才能使用。因为淬火钢的硬度高、脆性大，直接使用常发生脆断。回火的主要目的是降低脆性，减小或消除内应力，防止工件产生变形与开裂；稳定工件组织和尺寸，以保证工件在使用过程中不再发生尺寸和形状的变化；降低硬度，以利于切削加工。

根据回火温度的不同，可将回火分为低温回火、中温回火及高温回火三大类，见表5-2。

表 5-2　常用回火方法及其应用

回火方法	回火温度/℃	力 学 性 能	应 用 范 围	硬度 HRC
低温回火	150~250	高的硬度、耐磨性	刃具、量具、冲模、滚动轴承等	58~64
中温回火	350~500	高的弹性、韧性	弹簧及热锻模具等	35~50
高温回火	500~650	良好的综合力学性能	连杆、螺栓、齿轮及轴等	20~30

5.1.5　表面热处理

在机械设备中，有许多零件（如齿轮、凸轮、曲轴等）是在冲击载荷及表面摩擦条件下工作的。这类零件表面应具有高的强度、硬度和耐磨性，而心部应具有足够的塑性和韧性，即表硬心韧。对零件进行表面热处理是满足这些性能要求的有效方法。

表面热处理是指仅对工件表层进行热处理以改变其组织和性能的工艺。表面热处理又分表面淬火和表面化学热处理。

1．表面淬火

表面淬火是利用快速加热使零件表面很快达到淬火温度并迅速予以冷却，以获得表层高硬度的淬火组织，而心部仍为淬火前组织的热处理工艺。常用的表面淬火方法有感应淬火和火焰淬火。

感应淬火是利用感应电流通过工件所产生的热效应，使工件表面迅速加热到淬火温度并快速冷却的一种淬火方法。根据所用电流频率的不同可分为：

1）高频感应淬火，频率为 200~300kHz，淬硬层小于 2mm，适用于要求淬透层较薄的中、小尺寸的轴类及中、小模数齿轮等零件的表面淬火。

2）中频感应淬火，频率为 2500~8000Hz，淬硬层为 2~8mm，适用于直径较大的轴类或大、中模数齿轮等零件的表面淬火。

3）工频感应淬火，频率为 50Hz，淬硬层深度在 10~20mm，适用于大直径零件，如轧辊、火车轮的表面淬火。

火焰淬火是利用氧乙炔或其他可燃气直接加热工件表面至淬火温度，然后立即喷水冷却的方法。火焰淬火方法简便，不需特殊设备，适用于单件或小批量零件淬火；但由于加热温度不易控制、工件表面易过热、淬火质量不够稳定等因素，限制了它在机械制造中的广泛应用。

2. 表面化学热处理

将钢件置于化学介质中加热和保温，使介质中的某些元素渗入到钢件表面，改变表面层的化学成分和组织的过程称为化学热处理。

表面化学热处理的目的是通过改变表面层的化学成分和组织，从而提高钢件的表面硬度、耐磨性或耐蚀性，而钢件心部组织基本保持不变。

表面化学热处理的方法很多，已用于生产的有渗碳、渗氮、氮碳共渗、渗硼、渗硅、渗硫、渗铬、渗铝等。当前，工业上采用较为普遍的化学热处理工艺有渗碳、渗氮和气体氮碳共渗等。

5.2 常用热处理设备

任何一种热处理工艺，都需要通过热处理设备来实现。热处理常用的设备有加热设备、控温仪表、质检设备及冷却设备等。

5.2.1 加热设备

1. 箱式电阻炉

箱式电阻炉分为高温、中温和低温三种，其中以中温箱式电阻炉应用最广。图5-3所示为中温箱式电阻炉结构示意图，炉子型号为RX60—9。其中，R表示电阻炉，X表示箱式，第一组数字"60"表示炉子的额定功率为60kW，第二组数字"9"表示炉子的最高使用温度为950℃。箱式电阻炉可用来加热除长轴类零件之外的各类零件。

2. 井式电阻炉

井式电阻炉分为中温井式电阻炉、低温井式炉和气体渗碳炉。中温井式电阻炉的结构如图5-4所示，炉子型号用字母加数字表示，如RJ36—6。其中，R表示电阻炉，J表示井式，第一组数字"36"表示炉子的额定功率为36kW，第二组数字"6"表示最高使用温度为650℃。井式电阻炉特别适用于长轴类零件加热。

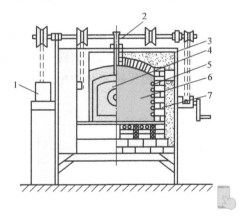

图5-3 中温箱式电阻炉
1—炉门配重 2—热电偶 3—炉壳
4—炉门 5—电阻丝 6—炉膛 7—耐火砖

3. 盐浴炉

盐浴炉分外热式和内热式两种。内热式盐浴炉又分为电极盐浴炉和电热元件盐浴炉两种，图5-5所示为电极盐浴炉的结构。它的加热元件是电极，盐浴炉所用熔盐主要有氯化钠、氯化钾和氯化钡。为使固态盐快速熔化，开炉时先向起动电极送电，利用起动电极的电阻发热使一部分盐先熔化，然后接通主电极使电流通过熔盐发热工作，液态盐在电压作用下电离导电加热，达到热处理所需温度。盐浴炉加热主要是接触式传热。其加热速度快，温度均匀，工件始终处于盐液内加热，工件出炉时表面又附有一层盐膜，所以能防止工件表面氧化和脱碳，常用于小型零件及工、模具的淬火和回火。

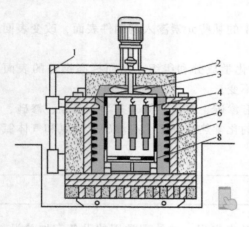

图 5-4　中温井式电阻炉

1—炉盖升降机构　2—炉盖　3—风扇　4—工件
5—炉体　6—炉膛　7—电阻丝　8—装料筐

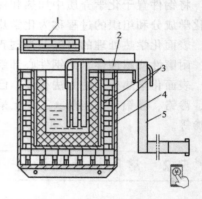

图 5-5　电极盐浴炉

1—炉盖　2—电极　3—炉衬
4—炉体　5—导线

5.2.2　其他仪器设备

1. 控温仪表

控温仪表的主要作用是用来测量和控制加热炉温。它主要利用不同温度下不同金属电位的不同形成电位差，经放大达到控温目的。其精度直接影响热处理工艺正常进行和质量。热电偶放置位置应能反映加热炉中工件的真实温度，补偿导线的连接应合理并经常校对检查炉温。

2. 质检设备

常用的质检设备有硬度计、金相显微镜、量具、无损检测设备等。

3. 冷却设备

常用的冷却设备有水槽、油槽、盐浴槽等。

5.3　热处理常见缺陷

1. 氧化和脱碳

工件加热时，钢表层的铁及合金元素与介质（或气氛）中的氧气、二氧化碳、水蒸气等发生反应生成氧化物膜的现象称为氧化。在工件表面生成的氧化皮，破坏了工件表面粗糙度和尺寸精度。钢在加热时，表层的碳与介质（或气氛）中的氧气、氢气、二氧化碳及水蒸气等发生反应，降低了表层碳浓度的现象称为脱碳。脱碳使工件表面硬度不均匀，降低了工件的耐磨性，影响工件热处理后的性能。防止氧化和减少脱碳的措施有：控制加热温度和保温时间，在可控气氛中或在盐浴炉中加热等。

2. 过热和过烧

过热是指加热温度过高或在高温下保温时间过长，引起奥氏体晶粒粗化。过烧是指加热温度过高，不但引起奥氏体晶粒粗大，而且晶界局部出现氧化或熔化，导致晶界弱化。过热可以通过重新正火或退火来纠正，而过烧只能报废。为了防止工件的过烧和过热，要正确选择加热温度和保温时间。

3. 变形和开裂

由于淬火过程中快速冷却，在工件内部会产生内应力，从而导致工件形状尺寸的变化或开裂。为了防止工件的变形和开裂，要合理选择热处理工艺及正确掌握淬火操作方法。

4. 硬度不足

硬度不足产生的原因很多，可能是加热温度过低、保温时间短、淬火冷却介质的冷却能力差、操作不当等。一旦发生后，要严格按照热处理工艺进行补救才能消除。

5.4 洛氏硬度测试

1. 实验操作

1）根据试验规范和试样预期硬度值选定压头类型和载荷大小，并将压头装入试验机。

2）将试样上下两面磨平后置于试样台上，再向试样施加预载荷，操作方法是按顺时针方向转动手轮，使试样与压头缓慢接触，至读数指示盘的小指针指到"0"为止，即已预加载荷10×9.807N。然后将指示盘的大指针调至零点（HRA、HRC的零点为0；HRB的零点为30）。

3）按下按钮，平稳地加上主载荷，以防止损坏压头。当指示盘的大指针反向旋转若干格并停止转动时，保持3~4s，再按照顺时针方向转动摇柄至自锁为止，从而卸除主载荷。由于试样的弹性变形得到恢复，指示盘的大指针会退回若干格，此时指针所指示的位置反映了压痕的实际深度。在指示盘上可直接读出试样的洛氏硬度值（HRA、HRC读指示盘外圈黑色刻度，HRB读指示盘内圈红色刻度）。

4）按逆时针方向转动手轮，至压头完全离开试样后取出试样。

2. 技术要求

1）金刚石压头为贵重物品，质地硬而脆，严禁与其他物品碰撞。

2）试样表面应平整光洁，不得有氧化皮、油污及明显的加工痕迹。

3）试样厚度不得小于压入深度的10倍。

4）压痕边缘离试样边缘的距离及两相邻压痕边缘间的距离均不得小于3mm。

5）加载时，力的作用线必须垂直于试样的测试表面。

3. 实际操作

（1）20钢、45钢退火后硬度测试 学生每三人一组，每人测试一种工艺的硬度，每个试样必须测定三个不同部位的硬度，取其平均值，然后将三人的试验数据记录下来，归纳整理。

（2）45钢正火、淬火、低温回火的硬度测试 每人测试一种工艺的硬度，每个试样必须测定三个不同部位的硬度，取其平均值，然后将三人的试验数据记录下来，归纳整理。

复习思考题

5-1　什么是热处理？常用热处理方法有哪些？

5-2　什么是退火？退火方法有哪几种？

5-3　何谓正火？正火的主要目的是什么？

5-4　淬火后为什么要回火？常见的回火方法有哪几种？回火时应注意什么？

5-5　何谓淬火？淬火的目的是什么？

5-6　表面淬火和整体淬火有什么不同？表面淬火有哪些方法？各有何特点？

5-7　常用的淬火冷却介质是哪些？各有何特点？

5-8　什么叫钢的化学热处理？常用的化学热处理方法有哪些？

5-9　常见热处理缺陷有哪些？应如何消除？

第6章

金属切削加工基本知识

学习要点及要求

1. 切削加工训练内容及要求

1) 了解机械加工的切削运动（主运动、进给运动）；掌握切削用量三要素。

2) 掌握刀具材料的性能要求和常用刀具材料。

3) 了解金属材料的切削加工性、切削加工的质量。

4) 掌握金属切削机床的分类和编号、机床的传动方式。

5) 掌握常用量具的使用方法。

2. 切削加工训练示范讲解

1) 切削加工在机械制造中的地位与作用、工作的主要内容，常见的切削加工方法。

2) 讲解切削加工基本概念。

① 切削运动。

② 切削用量。

③ 切削热与切削液。

④ 刀具材料。

⑤ 切削加工性。

3) 讲解切削加工质量。

① 精度。

② 表面质量。

4) 示范讲解金属加工机床基本知识。

① 示范讲解机床的分类和编号。

② 示范讲解机床的传动方式及传动链计算。

5) 示范讲解常用量具。

① 示范讲解游标卡尺的使用。

② 示范讲解外径千分尺的使用。

③ 示范讲解百分表的使用。

3. 切削加工训练学生实践操作

1) 结合实际零件能选择切削用量、切削液和刀具。

2) 结合实训车间情况，识别常见的金属切削机床。

3）用游标卡尺、千分尺和百分表测量实际零件。

4. 切削加工训练安全注意事项

1）保持车间和周围环境的清洁、整齐。

2）刀具、工具、量具要正确地使用和存放。

3）不准戴手套工作，不准用手摸正在运动的工件或刀具。

5. 切削加工训练教学案例

1）怎么把毛坯加工成工件？对工件有哪些要求？

2）使用什么机床可以把如图 6-1 所示工件加工出来？

3）如何判断工件质量是否合格？都采用什么量具？

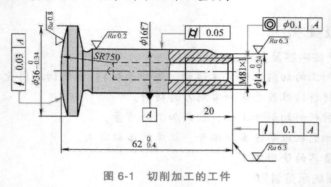

图 6-1 切削加工的工件

金属切削加工虽有多种不同的形式，但是它们在很多方面，如切削时的运动、切削工具以及切削过程的物理实质等，都有着共同的现象和规律。这些现象和规律是认识各种切削加工方法的共同基础。

切削加工（或称冷加工）是指用切削工具从坯料或工件上切除多余材料，以获得几何形状、尺寸精度和表面质量符合要求的零件的加工方法。在现代机械制造中，绝大多数的机械零件，特别是尺寸精度要求较高和表面粗糙度数值要求较小的零件，一般都要经过切削加工来得到。在各种类型的机械制造企业里，切削加工在生产过程中所占的工作量均较大，是机械制造业中使用最广的加工方法。

切削加工分为机械加工和钳工两部分。机械加工是利用机械力对各种工件进行加工的方法。机械加工的方法包括车削、钻削、铣削、刨削、磨削、拉削、镗削和齿轮加工等（图 6-2）；钳工是在钳台上以手工工具为主对工件进行加工的方法。

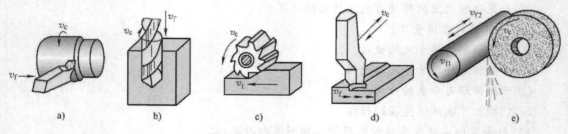

图 6-2 机械加工的主要方法

a）车削　b）钻削　c）铣削　d）刨削　e）磨削

6.1 切削加工的基本概念

6.1.1 机械加工中的切削运动

无论在哪种机床上进行切削加工，刀具与工件之间都必须有相对运动，这种相对运动就是切削运动。根据切削运动在切削过程中所起的作用，切削运动分为主运动和进给运动。

1. 主运动（切削速度 v_c）

在切削过程中，主运动是切下金属切屑最基本的运动。它的特点是在切削过程中速度最高，消耗机床动力最多，其运动可以是旋转运动，也可以是直线往复运动。

2. 进给运动（进给速度 v_f）

进给运动是使工件上的多余金属材料不断地投入切削的运动。它包含两个内容：

1）保证工件连续切削的进给运动。

2）形成新的切削运动的吃刀运动。

进给运动的特点是在切削过程中速度低，消耗动力少。该运动可以是间歇的，也可以是连续的；可以是直线送进，也可以是圆周送进。

切削加工中，主运动只有一个，而进给运动可以有一个或数个。它们的适当配合，就可以加工出各种表面来。常用机床的切削运动见表6-1。

表 6-1　常用机床的切削运动

机床名称	主运动	进给运动	机床名称	主运动	进给运动
卧式车床	工件（主轴）旋转	车刀纵向、横向移动等	外圆磨床	砂轮旋转	工件转动、往复运动、砂轮横向移动
钻床	钻头旋转	钻头纵向移动	平面磨床	砂轮旋转	工件（工作台）横向移动，砂轮横向、垂向移动
铣床	铣刀旋转	工件（工作台）横向、纵向移动等	牛头刨床	刨刀往复	工件（工作台）横向移动，刨刀垂向移动等

6.1.2 切削用量

1. 切削用量三要素

切削加工中，与切削运动直接相关的三个主要参数是切削速度、背吃刀量和进给量。切削速度是主运动的参数，背吃刀量和进给量分别是进给运动中吃刀运动和进给运动的两个参数。

（1）切削速度 v_c　切削速度是指切削刃选定点相对于工件的主运动的瞬时速度，即在单位时间内，工件或刀具沿主运动方向相对移动的距离，单位为 m/s。

1）当主运动为旋转运动时（如车削，铣削等），切削速度为最大线速度。即

$$v_c = \frac{\pi d n}{1000 \times 60}$$

式中　d——工件待加工表面直径或完成主运动的刀具直径（mm）；

n——主运动的转速（r/min）。

2）当主运动为直线往复运动时，切削速度为

$$v_c = \frac{2Ln_r}{1000 \times 60}$$

式中　L——行程长度（mm）；

　　　n_r——行程次数（行程/min）。

（2）背吃刀量 a_p　是指待加工表面和已加工表面之间的垂直距离（mm）。

外圆车削时有

$$a_p = \frac{d-d_m}{2}$$

式中　d_m——已加工表面直径（mm）；

　　　d——待加工表面直径（mm）。

（3）进给量 f　进给量是指在一个工作循环（或单位时间）内，刀具与工件之间沿进给运动方向的相对位移。例如，车削时，工件每转一转，刀具所移动的距离，即为（每转）进给量 f，单位是 mm/r；刨削时，刀具往复一次，工件移动的距离，即为进给量 f，单位是 mm/str（毫米/双行程）；铣削加工时，为调整机床的方便，需要知道在每分钟内刀具与工件之间沿进给运动方向的相对位移。

单位时间的进给量，称为进给速度 v_f，单位是 mm/s。

2. 切削用量的合理选择

在工件材料、刀具材料、刀具几何参数及其他切削条件已确定的情况下，切削用量的选择将影响到工件的加工质量、生产效率和加工成本。合理的切削用量应能满足下列要求：

1）保证工件的表面粗糙度要求及加工精度。

2）保证刀具有合理的寿命。

3）充分发挥机床潜力，但又不超过机床允许的动力及转矩，不超过工艺系统强度及刚度所允许的极限负荷。

由于不同切削用量对切削过程的影响程度不同，因此对于不同的加工性质，切削用量的选择原则是不同的。对于粗加工，应尽快地切去工件上多余的金属，同时还要保证规定的刀具寿命。实践表明，对刀具寿命影响最大的是切削速度 v_c，而影响最小的是背吃刀量 a_p。因此粗加工时，首先应尽可能选取较大的背吃刀量 a_p，使余量在一次或少数几次进给中切除。其次，根据机床—刀具—夹具—工件工艺系统的刚度，尽可能选择大的进给量 f。最后，根据工件的材料和刀具的材料确定切削速度 v_c，粗加工的切削速度 v_c 一般选用中等或更低的数值。即粗加工应按 $a_p \rightarrow f \rightarrow v_c$ 的顺序来选择切削用量。

对于半精加工和精加工，主要是保证工件的加工精度和表面质量要求，并兼顾必要的刀具寿命和生产率，精加工往往采用逐渐减小背吃刀量的方法来逐步提高加工精度。进给量的大小主要依据表面粗糙度的要求来选取。注意：选择切削速度要避开积屑瘤产生的切削区域，硬质合金刀具多采用较高的切削速度，高速工具钢刀具则采用较低的切削速度。一般情况下，精加工常选用较小的背吃刀量、进给量和较高的切削速度，这样既可保证加工质量，又可提高生产率。即半精加工和精加工应按 $v_c \rightarrow f \rightarrow a_p$ 的顺序来选择。根据以上原则，常用切削用量的选择参见表6-2。

表 6-2　常用切削用量（参考值）

加工方法		背吃刀量 a_p/mm	进给量 f	切削速度 v_c/(m/min)	说　明
车	粗	1.5~2.5	0.3~0.5	50~80	高速工具钢刀具的 v_c 为 $\begin{cases} 18~20 \\ 20~30 \end{cases}$ m/min，f 为每转进给量
	精	0.2~0.5	0.2~0.3	80~100	
刨	粗	>2	0.2~0.6	25~30	f 为每一往复行程进给量
	精	0.2~0.5	0.1~0.3	15~20	
铣	粗	2~3	0.02~0.05	60~80	指用硬质合金刀端铣，高速工具钢刀具的 v_c 为 $\begin{cases} 15~20 \text{m/min} \\ 20~30 \text{m/min} \end{cases}$，$f$ 指每齿进给量
	精	0.5~0.7	0.01~0.03	80~100	
钻		$d/2$	0.1~0.3	15~20	指高速工具钢钻头和铰刀，硬质合金钻头的 v_c 为 20~30m/min，硬质合金铰刀的 v_c 为 10~16m/min
铰	粗	0.2~0.3	0.05~0.1	10~12	
	精	0.1	0.8~1.3	8~10	
镗	粗	2~3	0.3~0.5	50~70	高速工具钢刀具的 v_c 为 $\begin{cases} 15~25 \text{m/min} \\ 20~30 \text{m/min} \end{cases}$
	精	0.2~0.3	0.1~0.2	70~80	
磨	粗	0.015~0.04	(0.4~0.7)b	15~25	v_c 指切削速度；b 指砂轮宽度；f 指外圆磨削的轴向进给量
	精	0.005~0.01	(0.25~0.5)b	25~50	

6.1.3　切削热与切削液

1. 切削热及切削温度

（1）切削热的产生和传导　在切削加工过程中，由于被切削金属层的变形、分离及刀具和被切削材料间的摩擦而产生的热量称为切削热，即切削加工过程中所消耗的功的绝大部分将转化成切削热。

切削热主要通过切屑、刀具、工件、切削液和周围空气传导出去。如果切削加工时不加切削液，则大部分切削热就会由切屑传出。

（2）切削热对切削过程的影响　切削热使刀具温度升高；当切削热超过刀具材料所能承受的温度时，刀具材料硬度降低，刀具迅速丧失切削性能，磨损加快，寿命缩短；切削热传入工件后，工件温度升高并产生热变形，影响加工精度和表面质量。即切削热的产生影响了切削的顺利进行，所以，必须对刀具和工件的温度加以控制。

为了控制切削温度，可采取以下措施：合理选择刀具材料和刀具几何角度，提高刀具的刃磨质量；合理选择切削用量；适当选择和使用切削液。目前采用的主要方法是施加切削液。

2. 切削液

1）切削液的作用。切削过程中，若有效地使用切削液，能降低表面粗糙度值 1~2 级，减少切削力 15%~30%，降低切削温度 100~150℃，并能延长刀具寿命，从而提高生产率及产品质量。

2）切削液一般要求不损害人体健康，对机床无腐蚀作用，不易燃，吸热量大，润滑性能好，不易变质，并且价格低廉，适于大量使用。

3）切削液的种类及其应用。应根据工件材料、刀具材料、加工方法、加工要求、机床类别等情况综合考虑，合理选用切削液，见表6-3。

表6-3　切削液的种类及其应用

切削液类别		成　　分	应　　用		
水溶性	水溶液	以软水为主加入防锈剂、防霉剂。有的还加有油性添加剂及表面活性剂	常用于粗加工及普通磨削加工		
	乳化液	乳化液是水和乳化油混合搅拌形成的乳白色液体。乳化油是由矿物油、脂肪酸、皂及表面活性剂乳化剂配制而成的一种油膏。混合后的乳化剂再加稳定剂，以防油、水分离 含乳化油较少的称为低浓度乳化液，含乳化油较多的称为高浓度乳化液	体积分数	适用加工方法	
			3%~5%	粗车、普通磨削	
			10%~20%	切削、拉削	
			5%	粗铣	
			10%~15%	铰孔	
			15%~25%	齿轮加工	
	合成切削液	由水、表面活性剂和化学添加剂组成，具有良好的冷却、润滑、清洗和防锈作用	适用于磨削、铣削、钻削、攻螺纹		
油溶性	切削油	切削油中含有矿物油、植物油和复合油，矿物油中又有机油，轻柴油和煤油	主要用于易切削钢、铝合金、铸铁的精加工及铰孔		
	极压切削油	极压切削油是在矿物质中添加氯、硫、磷等极压添加剂配制而成，具有很好的润滑效果。可分为硫化极压切削油、氯化极压切削油、复合极压切削油等	硫化极压切削油多用于钢材的钻、铣、铰、拉削及齿轮加工；氯化极压切削油多用于难加工钢材的车、铰、钻、拉削及齿轮加工		
固体润滑剂	二硫化钼	主要由二硫化钼（MoS_2）组成。形成的润滑膜具有很小的摩擦因数和极高的熔点（1185℃）	可以抑制积屑瘤的产生，减小切削力，能显著延长刀具寿命，减小工件的表面粗糙度值		

6.1.4　刀具材料

在金属切削过程中，刀具直接参加切削，在很大的切削力和很高的温度下工作，并且与切屑和工件都产生剧烈的摩擦，工作条件极为恶劣。刀具材料是刀具切削能力的基础，它对加工质量、生产率和加工成本影响极大。

1. 刀具材料应具备的性能

刀具材料一般是指工作部分的材料，它在高温下进行切削工作，还要承受较大的压力、摩擦、冲击和振动，因此必须具有下列基本性能：

1）高硬度。刀具材料的硬度必须高于工件材料的硬度，一般常温硬度要在60HRC以上。

2）足够的强度和韧性。能承受切削力、冲击和振动，不产生崩刃和断裂现象。

3）高的耐热性。刀具材料在高温下保持较高硬度的性能，又称为热硬性。刀具材料的高温硬度越高，允许的切削速度也越高。

4）良好的耐磨性。

此外，刀具材料还应具有较好的工艺性能，便于制造、热处理和刃磨等。

2. 常见刀具材料

目前在切削加工中常见的刀具材料有：碳素工具钢、合金工具钢、高速工具钢、硬质合金及金属陶瓷等。此外，新型刀具材料还有金刚石和立方氮化硼等。各类刀具材料的主要性能及应用见表6-4。

表 6-4　各类刀具材料的主要性能及应用

种类	常用牌号举例	室温硬度	耐热性/℃	抗弯强度 σ_{bb}/MPa	工艺性能	应用范围
碳素工具钢	T10 T12A	60~64HRC	200	2450~2741	可冷热加工成形，磨削性能好，易磨出锋利的刃口，需热处理	用于手动工具，如丝锥、板牙、铰刀、锯条、锉刀等
合金工具钢	CrWMn 9SiCr	60~65HRC	250~300	2450~2744		用于手动或低速机动工具，如机用丝锥、板牙、拉刀等
高速工具钢	W18Cr4V	62~70HRC	540~650	2450~3730		主要用于形状较复杂的刀具，如钻头、铣刀、拉刀、齿轮刀具，也可用于车刀、刨刀等
硬质合金	YG8 YT15	1000~2000HV	800~1000	883~1470	不能冷热加工，多作为镶片使用，刃磨困难，无需热处理	多用于车刀，也可用于铣刀、钻头、滚刀等
金属陶瓷	AM	91~94HRA	1200~1450	588~882		多用于车刀，适于持续切削，主要对工件进行半精加工和精加工
立方氮化硼	FD	7300~9000HV	1400~1500	290	压制烧结而成，要用金刚石砂轮刃磨	用于强度、硬度较高材料的精加工
金刚石		10000HV	700~800	200~480	刃磨极困难	用于非铁金属的高精度、低表面粗糙度值的切削

碳素工具钢、合金工具钢因耐热性较低，常用来制造一些切削速度不高的手动工具，如锉刀、锯条、铰刀等。金属陶瓷、立方氮化硼和金刚石的硬度和耐磨性都很好，但成本较高，性脆，抗弯强度低，目前主要用于难加工材料的精加工。

目前生产中应用最广泛的刀具材料是高速工具钢与硬质合金。

（1）高速工具钢　高速工具钢是以钨、铬、钒、钼和钴为主要合金元素的高合金工具钢。它的耐热性、硬度和耐磨性虽低于硬质合金，但强度和韧性高于硬质合金，工艺性较硬质合金好，所以在形状复杂刀具（铣刀、拉刀、齿轮刀具等）和小型刀具制造中，高速工具钢占主要地位。高速工具钢的价格也比硬质合金低。

普通高速工具钢如W18Cr4V是国内使用最为普遍的刀具材料，广泛地用于制造各种形状较为复杂的刀具，如麻花钻、铣刀、拉刀和其他成形刀具等。在普通高速工具钢中增添新的元素，如我国制成的铝高速工具钢，其硬度达到70HRC，耐热性超过600℃，属于高性能高速工具钢，又称超高速工具钢。

（2）硬质合金　硬质合金是由高硬度、高熔点的金属碳化物和金属黏结剂烧结而成的粉末冶金制品。用作切削刀具的硬质合金，常用的金属碳化物是WC和TiC，黏结剂以金属钴为主。硬质合金硬度高，耐热性高，耐磨性好，许用切削速度比高速工具钢高数倍；但硬质合金的抗弯强度远比高速工具钢低，冲击韧性较差，工艺性也不如高速工具钢。因此，硬质合金常制成各种形式的刀片，焊接或机械夹固在各种刀体上使用。

硬质合金的种类和牌号很多，目前我国机械工业中常用的有三类：

1) 钨钴类，代号为 YG。这类硬质合金的抗弯强度较高，韧性较好，适于加工铸铁、非铁金属及其合金等脆性材料。常用的牌号有 YG3、YG6、YG8 等。

2) 钨钴钛类，代号为 YT。这类硬质合金中由于含有 TiC，其硬度、耐磨性、耐热性均较 YG 类硬质合金高，但抗弯强度较低，因此常用于加工钢件。常用的牌号有 YT5、YT15、YT30 等。

3) 通用合金类，代号为 YW。这类硬质合金中含有少量的 TaC 或 NbC，热硬性较好，能承受较大的冲击载荷，适用于耐热钢、不锈钢、高锰钢等难加工材料的加工，也可用于普通钢和铸铁的加工，因而称为通用（万能）类硬质合金。常用的牌号有 YW1 和 YW2。

近年来还发展了涂层硬质合金，就是在韧性较好的硬质合金刀片表面涂覆一薄层（5~12μm）TiC 或 TiN，可以提高刀具表层的耐磨性，从而提高刀片寿命及降低切削成本。

6.1.5 金属材料的切削加工性

1. 切削加工性的概念

切削加工性是指工件材料切削加工的难易程度，它是一个相对性的概念。首先，某种材料切削加工性的好坏往往是相对另一种材料比较而言的；其次，具体的加工条件和要求不同，加工的难易程度也有很大的差异。因此，在不同的情况下，要用不同的指标来衡量材料的切削加工性。

2. 切削加工性的衡量指标

由于切削加工性概念的相对性，并与多种因素有关，因此很难找出一个简单的物理量来精确地规定和测量它。在生产和实验研究中，常常只取某一项指标来反映材料切削加工性的某一侧面。常用的指标主要有如下两个：

（1）一定刀具寿命下的切削速度 v_T　其含义是：当刀具寿命为 T 时，切削某种材料所允许的切削速度。v_T 越高，表示材料的切削加工性越好。若取 $T = 60\text{min}$，则 v_T 可写作 v_{60}。

（2）相对加工性 K_r　如果以 $R_m = 735\text{MPa}$ 的 45 钢的 v_{60} 作为基准，写作 $(v_{60})j$，而把其他的 v_{60} 与它相比，这个比值 K_r 称为相对加工性。即

$$K_r = \frac{v_{60}}{(v_{60})j}$$

相对加工性 K_r 越大，表示在切削该材料时刀具磨损越慢，即刀具寿命越高，因而在一定的刀具寿命下，允许选用较高的切削速度。常用材料的相对加工性分为 8 级，见表 6-5。

表 6-5　材料的相对加工性分级

加工性等级	名称与种类		相对加工性 K_r	代表性材料
1	很容易切削材料	一般非铁金属	>3.0	ZCuSn5Pb5Zn5 铸造锡青铜、YZAlSi9Cu4 压铸铝铜合金、铝镁合金
2	容易切削材料	易切削钢	2.5~3.0	15Cr 退火 $R_m = 360 \sim 450\text{MPa}$
				自动机加工用钢 $R_m = 400 \sim 500\text{MPa}$
3		较易切削钢	1.6~2.5	30 钢正火 $R_m = 450 \sim 560\text{MPa}$

（续）

加工性等级	名称与种类		相对加工性 K_r	代表性材料
4	普通材料	一般钢及铸铁	1.0～1.6	45钢、灰铸铁
5		稍难切削材料	0.65～1.0	20Cr13调质，$R_m = 850\text{MPa}$ 85钢，$R_m = 900\text{MPa}$
6	难切削材料	较难切削材料	0.5～0.65	45Cr调质，$R_m = 1050\text{MPa}$ 65Mn调质，$R_m = 950～1000\text{MPa}$
7		难切削材料	0.15～0.5	50CrV调质、某些钛合金
8		很难切削材料	<0.15	某些钛合金，铸造镍基高温合金

6.2　切削加工质量

无论采用何种加工方法，要制造绝对准确的零件是很困难的。加工制造零件的实际几何参数与零件的理想几何参数间的变动量，称为加工误差。加工误差是必然存在的。但是为了保证机器装配后的精度，保证各零件之间的配合关系和互换性要求，就应根据零件的重要性和功用，并根据工艺的经济指标等因素综合分析，提出合理的、允许的加工误差（即公差）。公差由零件的精度来衡量。精度包括：尺寸精度、形状精度和位置精度。衡量零件的切削加工质量，除了精度以外，另一个指标是表面质量，它包括表面粗糙度、表面加工硬化和表层残余应力。切削加工质量（即零件技术要求）的部分标注示例如图6-1所示。

6.2.1　精度

精度是指零件加工后，其尺寸、形状以及各几何要素之间的相互位置等参数的实际数值与其理想数值相符合的程度。相符合的程度越高，即加工误差越小，则加工的精度就越高。

1. 尺寸精度

加工得到的实际尺寸与设计的理想尺寸相接近的精确程度，称为尺寸精度。尺寸精度高低由尺寸公差来限制。允许零件尺寸的变动量称为尺寸公差，简称公差。

为了实现互换性并满足各种使用要求，国家标准规定尺寸精度共分为20个等级，即IT01，IT0，IT1，IT2，…，IT17，IT18，从IT01到IT18，公差等级依次降低。

2. 形状精度

形状精度指的是零件实际几何要素与理想几何要素之间在形状上接近的程度。形状精度的大小由形状公差来限制。形状公差指单一实际要素的形状所允许的变动全量。国家标准规定，形状公差共有6项，其对应符号见表6-6。

表6-6　形状公差

项目	直线度	平面度	圆度	圆柱度	线轮廓度	面轮廓度
符号	—	▱	○	⌭	⌒	⌓

3. 位置精度

零件点、线、面的实际位置对于理想位置的准确程度，称为位置精度。位置精度的大小由位置公差来限制。关联实际要素的位置对基准所允许的变动全量称为位置公差。位置公差根据零件的功能，又可分为：

（1）定向公差　关联实际要素对基准在方向上允许的变动全量，如平行度、垂直度等。

（2）定位公差　关联实际要素对基准在位置上允许的变动全量，如对称度、位置度等。

（3）跳动公差　关联实际要素绕基准轴线回转一周或连续回转时所允许的最大跳动量，如圆跳动、全跳动等。国家标准规定，位置公差共有8项，其符号见表6-7。

表6-7　位置公差

项目	平行度	垂直度	倾斜度	位置度	同轴度	对称度	圆跳动	全跳动
符号	∥	⊥	∠	⊕	◎	═	↗	↗↗

6.2.2　表面质量

表面质量即已加工表面质量（也称表面完整性），它包括表面粗糙度、表面加工硬化以及表层残余应力。

表面粗糙度是指已加工表面上具有的较小间距和峰谷所组成的微观几何形状特性。表面粗糙度与零件的配合性质、耐磨性和耐腐蚀性等有着密切的关系，影响机器的性能和使用寿命。国家标准（GB/T 1031—2009）规定了表面粗糙度的评定参数及其数值。用轮廓算数平均偏差 Ra 值标注表面粗糙度是最常用的，用 Ra 表示零件表面粗糙度共分为14级，即 $50\mu m$、$25\mu m$、$12.5\mu m$、$6.3\mu m$、$3.2\mu m$、$1.6\mu m$、$0.8\mu m$、$0.4\mu m$、$0.2\mu m$、$0.1\mu m$、$0.05\mu m$、$0.025\mu m$、$0.012\mu m$、小于 $0.012\mu m$。

一般情况下，零件的尺寸精度要求越高，该表面的形状和位置精度要求越高，表面粗糙度的值越小。出于外观或清洁的考虑，有些零件的表面要求光亮，但其精度要求不高，如机床的手柄等。

对于一般零件，主要规定其表面粗糙度的数值范围；对于重要零件，除了限制其表面粗糙度外，还要控制其表面层的加工硬化程度和深度，以及表层残余应力的性质（拉应力还是压应力）和大小。

6.3　金属切削机床基本知识

金属切削机床是对金属工件进行切削加工的机器。由于它是用来加工零件的，故称为"工作母机"，习惯上称为机床。在现代机械制造业中，切削加工是将金属毛坯加工成具有一定尺寸、形状和精度零件的主要加工方法。因此，金属切削机床是加工机器零件的主要设备。

6.3.1　机床的分类与编号

为了适应各种切削加工的要求，需要设计、制造出各种不同的机床，其中最基本的机床有车床、钻床、铣床、刨床和磨床。每一种机床又有多种类型，其结构和应用范围各有不同，如车床就有卧式车床、转塔车床、立式车床、自动车床等多种。钻床、铣床、刨床和磨床也都各自发展了很多不同的类型。为了便于使用和管理，需要进行适当的分类。

1. 机床的分类

机床的分类方法很多，主要有以下几种方法：

（1）按工作原理分类　可分为车床、钻床、镗床、磨床、铣床、刨插床等 11 大类，如图 6-3 所示。

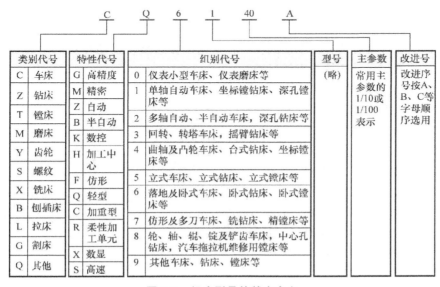

图 6-3　机床型号的基本含义

（2）按机床使用上的万能性来分类　可分为万能机床（通用机床）、专门化机床（专能机床）和专用机床。

（3）按机床的精度分类　可分为普通精度机床、精密机床和高精度机床三类。

（4）按机床的质量分类　可分为一般机床、大型机床和重型机床三类。

2. 机床的技术规格

机床的技术规格是表示机床尺寸大小和工作性能的技术资料，包括以下主要内容：机床工作运动（主运动和进给运动）速度的级数及其调整范围、机床主电动机的功率、机床的轮廓尺寸（长×宽×高）、机床的质量和机床的主参数等。

机床的主参数是表示机床工作能力与影响机床基本构造的主要参数，一般以能在机床上加工的工件最大尺寸或所用切削刀具的最大尺寸或机床的额定拉力（如拉床）等来表示。如卧式车床、外圆磨床的主参数为最大加工直径，钻床为最大钻孔直径，立式铣床、卧式铣床为工作台工作面宽度，插床、牛头刨床为最大加工长度，龙门刨床为最大加工宽度，卧式镗床为镗轴直径等。

3. 机床的编号

为了简明地表示出机床的名称、主要技术规格、性能和结构特征，以便对机床有一个清晰的概念，需要对每种机床赋予一定的型号。关于我国机床型号现在的编制方法，可参阅

GB/T 15375—2008《金属切削机床　型号编制方法》。对于已经定型，并按过去机床型号编制方法确定型号的机床，其型号暂不改变，故有些机床仍用原型号。机床型号的编制，是采用汉语拼音字母和阿拉伯数字按一定规律组合的。以 CQ6140A 型车床为例，如图 6-3 所示摘要表达了机床型号的基本含义。

6.3.2　机床的传动方式及传动链计算

机床的传动有机械、液压、气动、电气等多种形式，其中最常见的是机械传动和液压传动。由于液压传动在现代机床行业应用日益广泛，有些教材有专门论述，因此本书主要讲述机床中的机械传动方式。

机床上的机械传动有两种基本形式：一种是用于传递旋转运动和对运动的变速或换向；另一种是用于把旋转运动变换为直线运动。

1. 传递旋转运动的机构

（1）带传动　带传动是利用带与带轮之间的摩擦作用，将主动带轮的转动传到从动带轮上去。机床上一般都使用 V 带传动（图 6-4）。

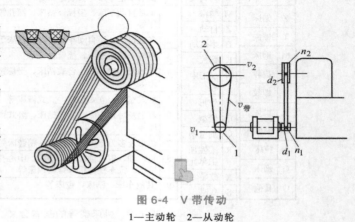

图 6-4　V 带传动

1—主动轮　2—从动轮

设主动轮和从动轮的圆周速度分别为 v_1、v_2，带的速度为 $v_带$。传动时若不考虑带与带轮之间的弹性滑动对传动的影响，则有

$$v_1 = v_2 = v_带$$

因为 $v_1 = \pi d_1 n_1$，$v_2 = \pi d_2 n_2$，所以

$$\frac{n_1}{n_2} = \frac{d_2}{d_1} = i$$

式中　d_1、d_2——主动轮和从动轮的直径（mm）；

$\quad\quad$ n_1、n_2——主动轮和从动轮的转速（r/min）；

$\quad\quad\quad\quad$ i——传动比，指主动轮转速与从动轮转速之比。

若考虑到传动时带与带轮之间有弹性滑动现象，则其传动比为

$$i = \frac{d_2}{d_1}\varepsilon$$

式中　ε——V 带的弹性滑动系数，约为 0.98。

带传动的优点：传动平稳，结构简单，两传动件轴间距离可任意调节，制造维修方便；过载时，带打滑可对机器起到保护作用。其缺点是：由于 V 带的弹性滑动，不能得到准确的传动比；摩擦损失大，传动效率低。

（2）齿轮传动　齿轮传动是目前机床上应用最多的传动方式。齿轮的种类很多，其中最常用的是直齿圆柱齿轮传动，如图 6-5 所示。

设 z_1 和 n_1 分别为主动轮的齿数和转速（r/min）；z_2 和 n_2 分别为从动轮的齿数和转速

（r/min）。因为一对互相啮合的齿轮传动时的线速度相等，则有

$$\frac{mn_1z_1}{60}=\frac{mn_2z_2}{60}$$

故传动比为

$$i=\frac{n_1}{n_2}=\frac{z_2}{z_1}$$

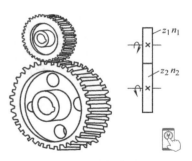

图 6-5　齿轮传动

两个齿轮外啮合传动时，其转向相反；若要求从动轮与主动轮同方向旋转，只需要在主动轮和从动轮之间加一个中间齿轮（俗称介轮）即可。

齿轮传动的优点：传动比准确，结构紧凑，可传递的功率大，效率高（可达99%）。其缺点是：齿轮的制造比较复杂，成本较高；当制造精度不够高时，传动不平稳，有噪声。

（3）蜗杆传动　如图 6-6 所示，蜗杆为主动件，蜗轮为从动件。相互啮合时，如果蜗杆是单头的，蜗杆转过一周，蜗轮就转过一个齿。设蜗杆的头数为 k，转速为 n_1；蜗轮的齿数为 z，转速为 n_2，其传动比为

$$i=\frac{n_1}{n_2}=\frac{z}{k}$$

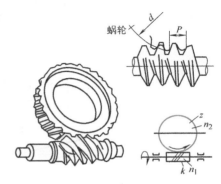

图 6-6　蜗杆传动

因为一般蜗轮齿数 z 比蜗杆头数 k 大得多，所以蜗杆传动可获得较大的降速比，且传动平稳，噪声小，结构紧凑。在车床溜板箱、铣床分度头等机构上均采用了蜗杆传动。其缺点是传动效率低，必须有良好的润滑条件。

2. 变速机构

为了保证切削加工中能够根据需要选择最有利的切削速度和进给速度，机床上设置了多级可供操作者选用的速度。通过变速机构可方便地变换速度。机床上使用的变速机构种类很多，应用最多的是以下两种。

（1）滑移齿轮变速机构　如图 6-7a 所示，带长键的从动轴Ⅱ上，装有三联滑移齿轮 z_2、z_4、z_6，通过扳动机床上的变速手柄可使它分别与固定在主动轴Ⅰ上的齿轮 z_1、z_3、z_5 相啮合。由于相啮合的齿轮传动比不同，因此从动轴Ⅱ可以获得三种转速。

（2）离合器式齿轮变速机构　如图 6-7b 所示，从动轴Ⅱ两端装有齿轮 z_2、z_4，它们可以分别与固定在主动轴Ⅰ上的齿轮 z_1、z_3 相啮合。轴Ⅱ的中部带有键并有牙嵌离合器，当扳动机床手柄左移离合器时，可使离合器爪与 z_2 相啮合。此时，齿轮 z_4 是空套在轴Ⅱ上，随 z_3 空转。当离合器右移与 z_4 相啮合时，z_2 自动脱开随 z_1 空转。由于 z_1 与 z_2、z_3 与 z_4 的传动比不同，这样从动轴Ⅱ可获得两种转速。

3. 旋转运动变换为直线运动的机构

机床上一般都是用电动机作为原动机，而在机床的切削运动中，有许多是直线运动，通过下列传动机构可方便地使旋转运动变换为直线运动。

（1）齿轮齿条传动　齿轮和齿条啮合时（图 6-8），齿轮转过一个齿，齿条跟着移动一

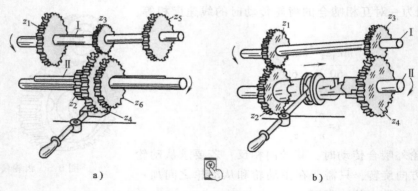

图 6-7　机床齿轮箱变速机构

a）滑移齿轮变速　b）离合器式齿轮变速

个齿距。设齿轮的齿数为 z，齿条的齿距为 p（$p = \pi m$，m 为齿轮的模数，单位是 mm），当齿轮旋转 n 转时，齿条作直线移动的距离为

$$L = pzn = \pi mzn$$

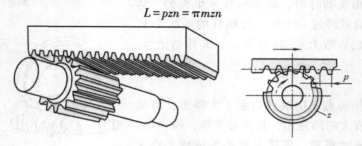

图 6-8　齿轮齿条传动

齿轮齿条传动既可把旋转运动变为直线运动（齿轮为主动件），也可以将直线运动变为旋转运动（齿条为主动件）。车床溜板箱和刀架的纵向运动就是利用齿轮齿条传动实现的。

齿轮齿条传动的效率很高，但制造精度不高时，传动的平稳性和准确度较差。

（2）丝杠螺母传动　欲把旋转运动变为直线运动，也可以用丝杠螺母传动（图 6-9）。例如，车床的长丝杠旋转可带动溜板箱纵向运动；转动刨床刀架丝杠可使刀架作上下移动；转动铣床工作台丝杠可使工作台直线移动等，应用非常广泛。

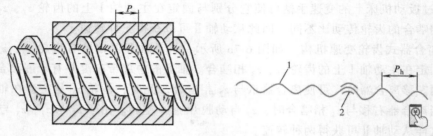

图 6-9　丝杠螺母传动

1—丝杠　2—螺母

丝杠螺母传动中，丝杠转一圈，螺母移动一个导程 P_h（P_h = 螺距 P × 螺纹线数 k）。若单线丝杠（$k=1$）的螺距为 P，转速为 n（r/min），螺母（不转动）沿轴线方向移动的速度 v_s

（mm/s）为

$$v_s = \frac{nP}{60}$$

丝杠螺母传动的优点是工作平稳，无噪声，可以达到高的传动精度，但传动效率低。

4. 机床的传动链及其传动比计算

把发生传动关系的各种传动件按顺序组合起来，就成为一个传动系统，也称传动链。为了便于了解和分析机床运动和传动的情况，一般使用机床的传动系统图。机床的传动系统图是表示机床全部运动传动关系的示意图。在图中，用规定的简单符号代表各种传动元件（表6-8），各传动件则按照运动传递的先后顺序，以展开图的形式画出来，因此，传动系统图只能表示传动关系，不能代表各元件的实际尺寸和空间位置。传动系统图为了解机床的传动结构及分析机床的运动提供了简单明确的概念。

表 6-8　传动系统中常用的传动元件及符号

名称	图形	符号	名称	图形	符号
轴			滑动轴承		
滚动轴承		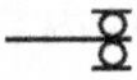	推力轴承		
单向牙嵌离合器		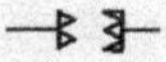	双向牙嵌离合器		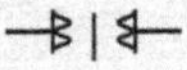
双向摩擦离合器		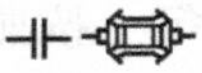	双向滑移齿轮		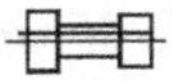
整体螺母传动	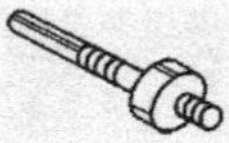		开合螺母传动		
平带传动		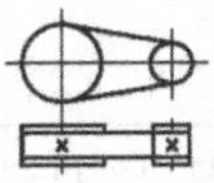	V 带传动		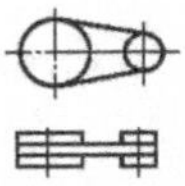
齿轮传动	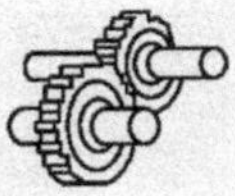	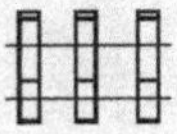	蜗杆传动	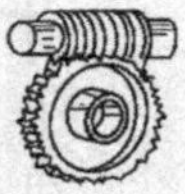	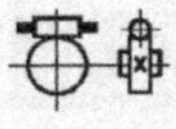
齿轮齿条传动		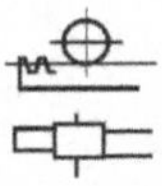	锥齿轮传动		

如图 6-10 所示的机械传动系统，运动自轴 I （电动机轴）输入，转速为 n_1，经带轮 d_1、d_2 传到轴 II，又经圆柱齿轮 z_1、z_2 传到轴 III，又经锥齿轮 z_3、z_4 传到轴 IV，再经圆柱齿轮 z_5、z_6 传到轴 V，最后经蜗杆（头数 k）及蜗轮 z_7，由轴 VI 把运动输出。

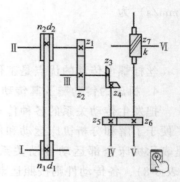

设已知主动轴 I 的转速为 n_1（r/min），带轮的直径 d_1 和 d_2 以及各齿轮的齿数，便可确定传动链上任何一轴的转速。如求轴 VI 的转速 n_{VI}，可按下式计算

$$n_{VI} = \frac{n_1}{i_{总}} = \frac{n_1}{i_1 i_2 i_3 i_4 i_5} = \frac{n_1}{\dfrac{d_2}{d_1}\varepsilon\,\dfrac{z_2}{z_1}\,\dfrac{z_4}{z_3}\,\dfrac{z_6}{z_5}\,\dfrac{z_7}{k}}$$

图 6-10　机械传动系统

注意：传动链的总传动比等于链中各级传动比的乘积。

📌 6.4　常用量具

为了确保加工出的零件符合图样要求，在切削加工过程中和切削加工之后，要用测量工具对工件进行尺寸、形状等项目的检验，这些测量工具简称量具。由于零件有各种不同形状的表面，其精度要求有高有低，这就需要根据测量的内容和精度要求选用适当的量具。量具的种类很多，本节仅介绍几种常用的量具。

6.4.1　游标卡尺

游标卡尺是一种常用的中等精度的量具，如图 6-11 所示。它具有结构简单，使用方便，测量尺寸范围较大等特点，可用来测量外径、内径、长度、宽度、深度和孔距等。常用的规格有 125mm、150mm、200mm、300mm 和 500mm 等。按照读数的准确度，游标卡尺可分为 1/10、1/20 和 1/50 三种，读数准确度依次为 0.1mm、0.05mm 和 0.02mm。

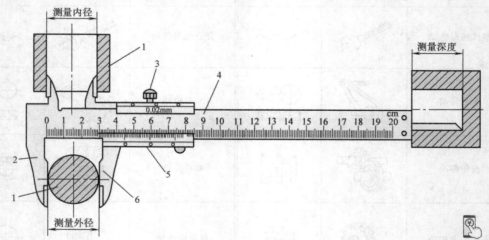

图 6-11　游标卡尺

1—工件　2—固定卡爪　3—紧固螺钉　4—尺身　5—游标　6—活动卡爪

下面以 0.02mm 游标卡尺为例说明刻线原理与读数方法。

1. 刻线原理

如图 6-12a 所示，尺上每小格为 1mm，当固定卡爪与活动卡爪贴合（尺身与游标的零线对齐）时，尺身上的 49mm 正好等于游标上的 50 格；游标上每格长度为 49mm/50 = 0.98mm；尺身与游标每格相差（1-0.98）mm＝0.02mm。

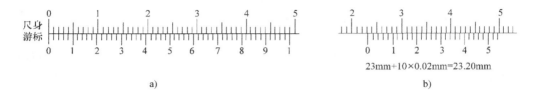

23mm+10×0.02mm=23.20mm

a)　　　　　　　　　　　　　　　　b)

图 6-12　0.02mm 游标卡尺的刻线原理和读数方法

2. 使用方法

（1）读数方法　测量时，读数方法可分为三步：

1）按游标零线以左的尺身上的最近刻度读出整数。

2）按游标零线以右与尺身上某一刻线对准的刻线数乘以 0.02 得出小数。

3）将上面的整数和小数两部分尺寸相加，即为总尺寸。

图 6-12b 中的读数为 23.20mm。

（2）使用游标卡尺测量工件的方法　如图 6-13 所示，其中图 6-13a 所示为测量工件外径尺寸的方法，图 6-13b 所示为测量工件内径尺寸的方法，图 6-13c 所示为测量工件宽度尺寸的方法，图 6-13d 所示为测量工件槽深度尺寸的方法。

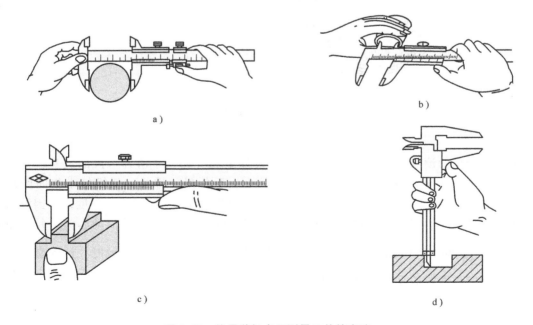

a)

b)

c)

d)

图 6-13　使用游标卡尺测量工件的方法

3. 使用游标卡尺的注意事项

1）应使卡尺的卡爪逐渐与工件表面靠近，最后达到轻微接触。

2）游标卡尺必须放正，切忌歪斜，以免测量出的尺寸不准。

3）游标卡尺仅用于测量已加工的光滑表面，不宜测量毛坯表面和运动着的工件表面，以免卡爪过早磨损。

4）要选择卡爪的适当部位进行测量，正确的测量方法如图 6-14 所示。

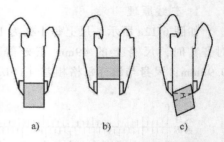

图 6-14　游标卡尺测量部位示意图
a）错误　b）正确　c）错误

6.4.2　外径千分尺

外径千分尺是一种比游标卡尺测量精度更高的测量工具，如图 6-15 所示。目前常用的外径千分尺在活动套筒上所显示的尺寸精度是 0.01mm。按其测量范围有 0~25mm、25~50mm、50~75mm、75~100mm、100~125mm 等数种规格。现以常用的外径千分尺（测量范围 0~25mm）为例来说明其基本原理。

如图 6-15 所示，外径千分尺的测量螺杆和活动套筒是连在一起的，当转动活动套筒时，测量螺杆和活动套筒一起向左或向右移动。

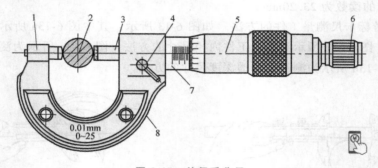

图 6-15　外径千分尺
1—砧座　2—工件　3—测量螺杆　4—锁紧钮　5—活动套筒　6—棘轮　7—固定套筒　8—弓架

1. 刻线原理

外径千分尺的读数机构由固定套筒和活动套筒组成（相当于游标卡尺的尺身、游标）。固定套筒在轴线方向上刻有一条中线，中线的上、下各刻一排线，刻线每小格间距均为 1mm，上下两排相互错开 0.5mm。在活动套筒左端圆锥面上有 50 等分的刻度线。因测量螺杆的螺距为 0.5mm，测量螺杆每转一周，则同时轴向移动 0.5mm，故活动套筒上每一小格的读数值为 $\frac{0.5}{50}$mm = 0.01mm。当千分尺的测量螺杆左端与砧座表面接触时，活动套筒左端的边线与轴向刻度线的零线重合；同时圆周上的零线与中线对准。

2. 使用方法

（1）读数方法　测量时，读数方法可分为三步：

1）读出距边线最近的轴向刻度数（应是 0.5mm 的整倍数）。

2）读出与轴向刻度中线重合的圆周刻度数。

3）将上述两部分读数加起来即为总尺寸。如图 6-16 所示，读数＝固定套筒读数＋活动套筒上与固定套筒中线对齐的格数×0.01，读数单位为 mm。

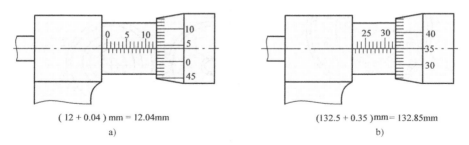

（12 + 0.04）mm = 12.04mm

a)

(132.5 + 0.35)mm= 132.85mm

b)

图 6-16　外径千分尺的刻线原理和读数方法

a）测量范围 0~25mm　b）测量范围 100~125mm

（2）使用外径千分尺的注意事项

1）外径千分尺的测量面应保持清洁，使用前应校准“零位”。对 0~25mm 的外径千分尺，应将砧座与测量螺杆两个测量面相互贴合，看活动套筒上的零线是否与固定套筒上的轴向刻度中线对齐，如有误差，应记下此数值，在测量时根据原始误差修正读数。对 25~50mm 以上的外径千分尺，需用标准量棒或量块进行校验。

2）测量时，先转动活动套筒，当测量面将接近工件时，改用棘轮转动直到棘轮打滑为止。

3）测量时，外径千分尺要放正，不可歪斜。

4）读数时要注意，提防读错 0.5mm。

6.4.3　百分表

百分表是一种精度较高的比较量具，测量精度为 0.01mm，它只能测出相对数值，不能测出绝对数值。主要用于检查工件的形状和位置误差（如圆度、平面度、垂直度、跳动等），也常用于工件的精密找正。

1. 刻线原理

如图 6-17 所示，百分表的刻线原理是将测量杆的直线运动，经过齿条、齿轮的传动，变为指针在表盘上做角度的位移。测量杆上齿条的齿距是 0.625mm，当测量杆上升（或下降）16 齿时（即 0.625mm×16 = 10mm），就会带动与之啮合的小齿轮（$z_1 = 16$）转一圈，而同轴上的大齿轮（$z_2 = 100$）也转一圈，通过大齿轮可带动另一小齿轮（$z_3 = 10$）并连同大指针可转过 10 圈。当测量杆上升或下降 1mm 时，大指针就转一圈。由于表面上共刻 100 格，所以大指针每转一格就表示测量杆移动 0.01mm。齿轮传动系统还保证测量杆移动 1mm，大指针转 1 周时，小指针转 1 格，故小指针每格读数值为 1mm。测量时，大、小指针读数之和即为尺寸变化量。

2. 百分表使用注意事项

百分表在使用时可装在磁性表座或其他专用表架上。使用时安放要牢靠，避免由于安放不稳固，造成测量误差或摔坏百分表。测量时百分表的测量杆测头应垂直于被测工件表面，

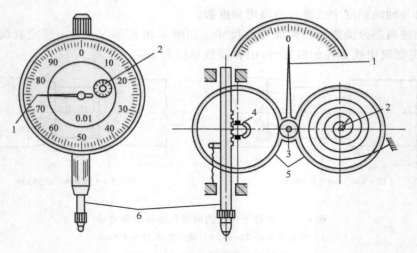

图 6-17 百分表及其传动原理
1—大指针　2—小指针　3—齿轮1　4—齿轮3　5—齿轮2　6—测量杆

否则易产生测量误差。此外，测量杆的升降范围不能太大，以减少由于存在间隙所产生的误差。

　　除了以上介绍的三种量具外，常用的还有游标万能角度尺、直角尺、样板平尺、量块、塞尺、卡钳等，这里就不一一赘述。同时，在使用量具时应注意测量力的控制，谨防量具的磕碰和摔损。

 　　　　　　　　　　　　复习思考题

　　6-1　机械加工的主运动和进给运动指的是什么？在某机床的多个运动中，如何判断哪个是主运动？试举例说明。

　　6-2　试用图表示牛头刨床刨平面和钻床钻孔的切削用量三要素。

　　6-3　选择切削用量的基本原则是什么？

　　6-4　切削液的作用是什么？常见切削液有哪些？

　　6-5　对刀具材料有哪些要求？常见刀具材料有哪些？

　　6-6　什么是表面粗糙度？零件表面粗糙度值是不是越小越好？

　　6-7　零件加工质量包括哪些内容？

　　6-8　带传动的优点是什么？

　　6-9　齿轮传动的传动比如何计算？

　　6-10　蜗轮蜗杆传动的优点是什么？

　　6-11　机床中最常用的齿轮变速机构除了离合器式以外，还有什么形式？

　　6-12　机床传动中，将旋转运动变成直线运动可采用哪些传动？

　　6-13　试述游标卡尺测量工件的原理。

　　6-14　百分表的测量精度为多少？它们是否可以直接测出工件尺寸的数值？

第7章

车 削 加 工

1. 车工训练内容及要求

1）了解车间的概况，生产任务和工作特点。

2）掌握普通车床的型号、功用、组成、切削运动、传动系统及调整方法。

3）掌握常用车刀、量具、主要附件的结构及使用方法。

4）了解零件加工精度、切削用量与加工经济性的相互关系。

5）掌握车工的基本操作技能，能独立地加工一般轴类、盘类、套类零件及简单的成形表面。

6）能制订一般盘、套、轴类零件的车削工艺，会选择相应的工具、夹具、量具。

7）安排一定时间，自行设计、绘图、安排加工工艺、制造一个工件，提高学生的创新思维能力。

2. 车削训练示范讲解

1）车削在机械制造中的地位与作用、工作的主要内容。车削加工是切削加工中最基本的一种加工方法，一般在机械加工车间，车床占机床总数的30%~50%，所以它在机械加工中占有重要的地位。

2）车削操作基本动作示范讲解，使学生学会控制车床运转的各手柄的操作方法。

① 电源开关及切削液泵开关的使用。

② 主轴变速的调节。

③ 进给手柄的操作、进给量调整及查表。

④ 大手轮、开合螺母、横向刀架和小刀架等操作手柄的使用。

3）车刀的安装及调整示范讲解，使学生了解常用车刀的安装及调整要求。

① 车刀伸出长度的调整。

② 车刀刀尖高低的调整。

③ 车刀轴向位置的调整。

④ 夹紧车刀的注意事项。

4）工件装夹及车床通用附件使用示范讲解，使学生了解在车床上工件的一般装夹方法及选用。

① 自定心卡盘装卸示范和安装工件示范。

② 两顶尖间安装工件示范。

③ 单动卡盘安装工件示范。

④ 心轴装夹工件示范。

⑤ 花盘安装工件示范。

5）车床结构及传动元件传动示范讲解，使学生了解常用传动元件在车床上的应用。

① 打开车床主轴箱盖，讲解滑移齿轮工作情况，并做不同位置（不同的主轴转速）调整示范。

② 重点指出车床上换向齿轮的位置及工作原理。

③ 重点指出车床上蜗轮蜗杆、齿轮齿条、丝杠螺母所在位置及其作用。

④ 交换齿轮及其作用调整示范。

6）外圆、端面、台阶车削示范，使学生掌握车削外圆、端面、台阶的要领，并能合理选用刀具。

① 在自定心卡盘上车削外圆示范。

② 在顶尖间车削外圆示范。

③ 车削端面示范。

④ 台阶轴的车削及台阶端面车削示范。

7）内孔车削示范，使学生了解孔加工的特点及通用刀具在车床上的使用方法。

① 利用尾座安装钻头示范钻孔。

② 镗刀安装调整示范。

③ 内孔镗削操作要领示范。

④ 内孔检验工具（游标卡尺、内径千分尺及塞规）使用示范。

8）锥体车削示范，使学生了解常用锥体加工方法。

① 转动小刀架车削锥体示范。

② 偏移尾座车削锥体示范。

③ 锥体检验方法示范。

9）三角形螺纹车削示范，使学生了解车床上常用三角形螺纹的加工方法。

① 螺纹车刀安装调整示范。

② 螺纹车削时交换齿轮及有关手柄调整示范。

③ 车削外螺纹示范。

④ 螺纹车削过程中乱扣后重新调整示范。

⑤ 螺纹检验常用工具使用示范。

为扩大学生知识面，了解卧式车床以外其他类型车床的工作特点及适用场合，示范成形表面的加工。

3. 车削训练学生实践操作

1）熟悉指示牌、刻度盘的内容，练习手柄的使用，主轴转速及进给量的调整，工件的装夹及车刀的安装，切削用量的调整。

2）结合实际零件，按图样要求选择加工方法、步骤，选用刀具。使用量具进行正确的测量，加工出合格的零件。

① 车外圆、台阶、端面、切断、切槽。

② 钻孔、扩孔、镗孔的加工。

③ 锥面、成形面及螺纹车削。

4. 车削训练安全注意事项

1) 保持车床和周围地区的清洁、整齐。

2) 在开车前，应检查油面标高、卡盘旋转方向，装好所有的防护罩，给所有润滑点注润滑油，保证送进机构确实地处在中间空档位置。

3) 检查刀具、工具，不得使用有裂纹或损坏的刀具、工具，没有把柄的锉刀，选用合适尺寸的扳手、量具。夹紧工件后，必须拿开卡盘扳手。

4) 在使用机床时，必须了解各操纵手柄的作用，否则不得乱动。

5) 先学会停机，再开动机床。先开车，后走刀；先停止走刀，后停机。主轴箱手柄只许在停机时拨动，进给箱手柄只许在低速或停机时拨动。

6) 注意刀架部分的行程极限，防止碰卡盘或尾座；横向移动方刀架时，向前不超过主轴轴心线，向后横溜板不超过导轨面。

7) 不准戴手套工作，不准用手摸正在运动的工件或刀具。车未停稳，不准换刀或更换工件，不准测量尚在运动的工件。停机时不准用手去摸车床卡盘。

8) 两人操作一台机床时，应分工明确，相互配合。在开车时必须注意另一人的安全。

9) 不要站在切屑飞出的方向，以免伤人。

10) 装卸工件或附件时采用具有安全工作载荷的吊重装置，并确保它没有磨损或损坏。留意工件上的毛刺和锐利刃口，不用手提举过重的工件和附件。不得在切削液中洗手。

11) 工作完毕，应切断电源，清扫铁屑；擦净机床，在导轨面上涂防锈油，各部件调整到正常位置。

5. 车削训练教学案例

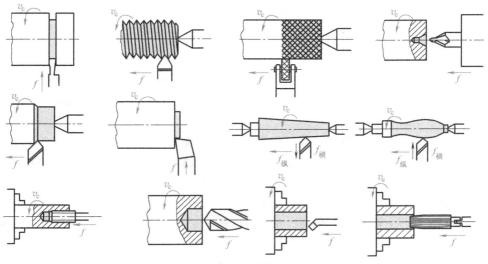

图7-1　各种表面

1) 图7-1所示的各种表面是什么表面？采用什么方法加工的？

2) 车削加工为什么是切削加工的主要方法？

车削加工是在车床上利用工件的旋转和刀具的移动来改变毛坯的形状和尺寸，将其加工成所需零件的一种切削加工方法。车削加工所用的刀具主要是车刀，还可以用钻头、铰刀、丝锥、滚花刀等。

车削加工是机械加工中最基本最常用的加工方法，主要用来加工零件上的回转表面，其切削过程连续平稳。车削加工可完成的主要工作是车端面、车外圆、车外锥面、切槽、切断、车孔、切内槽、钻中心孔、钻孔、铰孔、锪锥孔、车外螺纹、车内螺纹、攻螺纹、车成形面、滚花等。车削加工精度可达 IT11～IT6，表面粗糙度 Ra 值达 12.5～0.8μm。

7.1 车床

车床的种类很多，根据结构和用途的不同，主要分为卧式车床、立式车床、转塔车床、回轮车床、自动及半自动车床、仪表车床、数控车床等。随着生产的发展，高效率、自动化和高精度的车床不断出现，为车削加工提供了广阔的前景。但卧式车床仍是各类车床的基础。

7.1.1 车床的型号和组成

1. 车床型号

为了表示机床的类型和主要规格以便管理和选用，国家标准规定机床均用汉语拼音字母和数字按一定规律组合进行编号。下面是 C6140 卧式车床型号中各组成字母和数字所代表的含义。

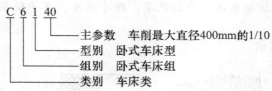

2. 车床组成

凡属于卧式车床组的机床，其结构大致相似。图 7-2 所示为 C6140 卧式车床的示意图。

车床按其部件的位置和功用可分成床身、主轴箱、进给箱、溜板箱、刀架、尾座、光杠和丝杠、床腿等几部分。

（1）床身　床身是车床的基础件，用来支承和安装车床的各部件，保证各个部件之间有正确的相对位置。床身上的导轨，用以引导刀架和尾座相对于主轴箱进行正确的移动。

（2）主轴箱　主轴箱是装有主轴和主轴变速机构的箱形部件。电动机的转动经 V 带传给主轴箱，通过变速机构使主轴获得不同的转速。主轴又通过传动齿轮带动交换齿轮旋转，将运动传给进给箱。主轴为空心结构，如图 7-3 所示。前部外锥面用于安装附件（如卡盘等）以便夹持工件，前部内锥面用来安装顶尖，细长孔可穿入长棒料。

（3）进给箱　进给箱是装有进给变速机构的箱形部件，可按所需要的进给量或螺距调整其变速机构，改变进给速度。

（4）溜板箱　溜板箱是车床进给运动的操纵箱。它可将光杠或丝杠传来的旋转运动传给刀架。溜板箱上有三层，当接通光杠时，可使床鞍带动中滑板、小滑板及刀架沿床身导轨

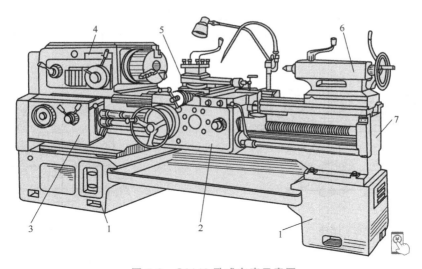

图 7-2 C6140 卧式车床示意图

1—床腿 2—溜板箱 3—进给箱 4—主轴箱 5—刀架 6—尾座 7—床身

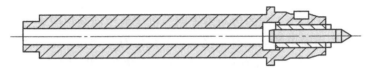

图 7-3 C6140 卧式车床主轴结构示意图

做纵向运动；中滑板可带动小滑板及刀架沿床鞍上的导轨做横向移动。所以，刀架可做纵向进给或横向进给的直线运动。当接通丝杠和闭合开合螺母时可车螺纹。溜板箱中设有互锁机构，使光杠和丝杠不能同时使用。

（5）刀架 刀架用来装夹车刀并可带动刀具做纵向、横向、斜向进给运动或回转运动。刀架是多层结构，如图 7-4 所示，它包括以下部分：

1）大刀架。它与溜板箱牢固相连，可沿床身导轨做纵向移动。

2）中刀架。它装置在大刀架顶面的横向导轨上，可做横向移动，用于横向车削工件及控制背吃刀量。

3）转盘。转盘固定在中刀架上，松开紧固螺母后，可在水平面内转动转盘，使它和床身导轨成一个所需的角度，而后再拧紧螺母，以加工圆锥面等。

4）小刀架。它装在转盘上面的燕尾槽内，控制长度方向的微量切削，可沿转盘上面的导轨做短距离移动，将转盘偏转若干角度后，小刀架做斜向进给，可以车削圆锥体。

5）方刀架。它固定在小刀架上，可同时装夹四把车刀。松开锁紧手柄，即可转动方刀架，把所需要的车刀转到工作位置上。

（6）尾座 尾座（图 7-5）安装在床身内侧导轨

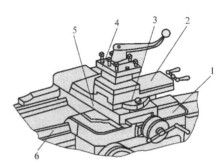

图 7-4 刀架

1—大刀架 2—小刀架 3—转盘
4—方刀架 5—中刀架 6—导轨

上，可以沿导轨移动到所需位置。在尾座的套筒内安装顶尖，可支承较长工件进行加工，或安装钻头、铰刀等刀具在工件上进行孔加工。偏移尾座可车出长工件的锥体，如图7-6所示。

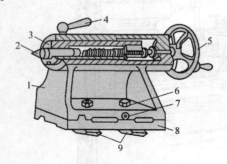

图 7-5 尾座
1—尾座体 2—顶尖 3—套筒 4—套筒锁紧手柄
5—手轮 6—固定螺钉 7—调节螺钉 8—底座 9—底板

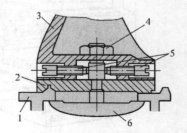

图 7-6 尾座体横向调节
1—床身导轨 2—底座 3—尾座体
4—固定螺钉 5—调节螺钉 6—底板

7.1.2 车床的传动系统

图 7-7 所示为 C6140 卧式车床的传动系统图。机床的传动系统图表明了机床的全部运动联系，图中各传动元件用简单的规定符号代表，其规定符号详见国家标准 GB/T 4460—2013《机械制图 机构运动简图符号》（表 6-8）。机床的传动系统图画在一个能反映机床基本外形和各主要部件相互位置的平面上，并尽可能绘制在机床外形轮廓线内。各传动元件应尽可能按运动的传递顺序安排。传动系统图只表示传动关系，不代表各传动元件的实际尺寸和空间位置。

1. 主运动传动链

主运动传动链的两末端件是主电动机和主轴，主要功用是把动力源的运动及动力传给主轴，使主轴带动工件旋转，实现主运动。

1）传动路线。运动由电动机（7.5kW，1450r/min）经 V 带轮传动副 $\phi130mm/\phi230mm$ 传至主轴箱中的轴 I。在轴 I 上的双向多片式摩擦离合器 M_1，使主轴正转、反转或停转。当压紧离合器 M_1 左部的摩擦片时，轴 I 的运动经齿轮副 56/38 或 51/43 传递给传动轴 II，使轴 II 获得两种转速。当压紧 M_1 右部的摩擦片时，经齿轮 50，轴 VII 上的空套齿轮 34 传给轴 II 上的固定齿轮 30，使轴 II 转向与经 M_1 左部传动时相反，且只有一级转速。当离合器 M_1 处于中间位置时，主轴停转。

轴 II 的运动可通过轴 II 和轴 III 间三对齿轮中的任意一对传至轴 III，故轴 III 正转共有 $2 \times 3 = 6$ 种转速。

运动由轴 III 传给主轴有如下两条路线：

高速传动路线。主轴上的滑移齿轮 50 与轴 III 上的齿轮 63 啮合，运动由这一齿轮副直接传至主轴，得到 6 级高转速。

低速传动路线。主轴上的齿轮 50 移到右边与主轴上的齿式离合器 M_2 啮合，轴 III 的运动经齿轮副 20/80 或 50/50 传至轴 IV，又经齿轮副 20/80 或 51/50 传给轴 V，再经齿轮副 26/58 和齿式离合器 M_2 传至主轴，可得到 $2 \times 3 \times 2 \times 2 = 24$ 级理论上的低转速。

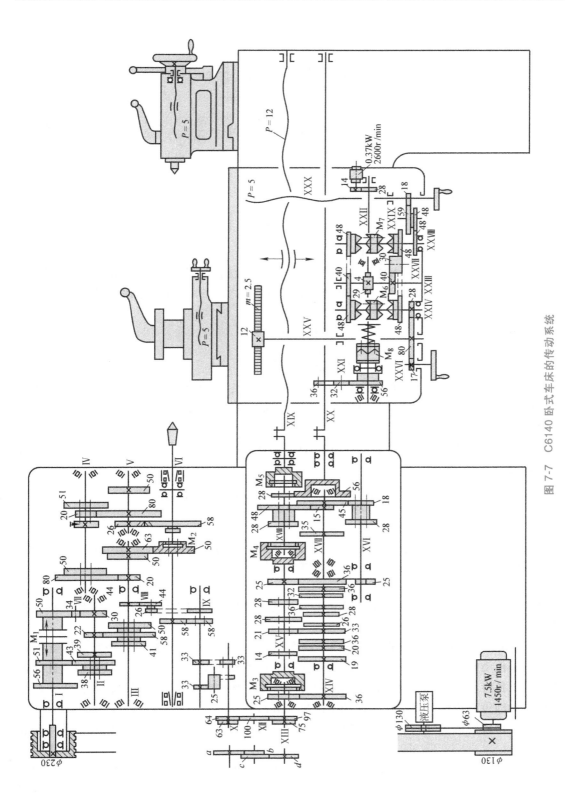

图 7-7 C6140 卧式车床的传动系统

上述传动路线可用传动路线表达式表示如下：

$$主电动机 - \frac{\phi130}{\phi230} - \mathrm{I} - \begin{cases} M_1(左) - \begin{cases} \frac{56}{38} \\ \frac{51}{43} \end{cases} - \\ M_1(右) - \frac{50}{34} - \mathrm{VII} - \frac{34}{30} \end{cases} - \mathrm{II} - \begin{cases} \frac{39}{41} \\ \frac{30}{50} \\ \frac{22}{58} \end{cases}$$

$$\mathrm{III} - \begin{cases} \frac{63}{50} \\ \begin{cases} \frac{20}{80} \\ \frac{50}{50} \end{cases} - \mathrm{IV} - \begin{cases} \frac{20}{80} \\ \frac{51}{50} \end{cases} - \mathrm{V} - \frac{26}{58} - M_2(右移) \end{cases} - \mathrm{VI}(主轴)$$

2）主轴转速级数和转速由传动系统图或传动路线表达式可以看出，主轴正转时，可得 $2 \times 3 = 6$ 级高转速和 $2 \times 3 \times 2 \times 2 = 24$ 种低转速。轴 III-IV-V 之间的 4 条传动路线的传动比为

$$i_1 = \frac{20}{80} \times \frac{20}{80} = \frac{1}{16} \qquad i_2 = \frac{20}{80} \times \frac{51}{50} \approx \frac{1}{4}$$

$$i_3 = \frac{50}{50} \times \frac{20}{80} = \frac{1}{4} \qquad i_4 = \frac{50}{50} \times \frac{51}{50} \approx 1$$

其中 $i_2 = i_3$，故实际上只有 3 种不同的传动比。因此，由低速传动路线实际只有 $2 \times 3 \times (2 \times 2 - 1) = 18$ 级转速。加上高速传动路线的 6 级转速主轴共得 $2 \times 3 \times [1 + (2 \times 2 - 1)] = 24$ 级转速。

同理，主轴反转时有 $3 \times [1 + (2 \times 2 - 1)] = 12$ 级转速。

主轴的各级转速，可根据各滑移齿轮的啮合状态求得。如图 7-7 所示的啮合位置时，主轴的转速为

$$n_主 = 1450 \times \frac{130}{230} \times \frac{51}{43} \times \frac{22}{58} \times \frac{20}{80} \times \frac{26}{56} \, \mathrm{r/min} \approx 10 \mathrm{r/min}$$

同理，可求出其他正、反转的各级转速。

在反切时主轴采用反转，但车螺纹时，主轴反转不是为了切削，而是在切削完一刀后使车刀沿螺旋线退回，所以转速较高，以节省辅助时间。

2. 进给运动传动链

进给运动传动链的两末端件是主轴和车刀，其功用是使刀架实现纵向或横向移动及变速与换向。

图 7-8 所示为进给传动链的组成框图。由图 7-8 可知，进给传动链可分为车削螺纹和机动进给两条传动链。机动进给传动链又可分为纵向进给和横向进给传动链。从主轴至进给箱的传动属于各传动链的公用段。进给箱之后分为两支：丝杠传动实现车螺纹；光杠传动则经过溜板箱中的传动机构分别实现纵向和横向机动进给运动。

机动进给传动链主要实现刀架的纵向和横向进给。一般纵向进给车削圆柱面，横向进给车削端面。

（1）传动路线　为了减少丝杠的磨损和便于操纵，机动进给是由光杠经溜板箱传动的。这时，将进给箱中的离合器 M_5 脱开，使轴 XVIII 的齿轮 28 与轴 XX 左端的齿轮相啮合。运动

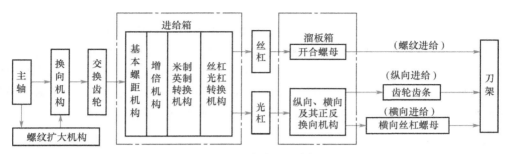

图 7-8 进给传动链组成框图

由进给箱传至光杠 XX，再经溜板箱中可沿光杠滑移的齿轮 36 空套在轴 XXI 上的齿轮 32、超越离合器外壳上的齿轮 56、超越离合器、安全离合器 M_8、轴 XXII、齿轮副 28/80、轴 XXV 传至小齿轮 12。小齿轮 12 与固定在床身上的齿条相啮合。小齿轮转动时，就使刀架做纵向机动进给以车削圆柱面。若运动由轴 XXIII 经齿轮副 48/40 或 $\frac{40}{30} \times \frac{30}{48}$、双向离合器 M_7、轴 XXVIII，及齿轮副 $\frac{40}{48} \times \frac{59}{18}$ 传至横进给丝杠 XXX，就使横刀架做横向机动进给以车削端面。其传动路线表达式如下：

$$\cdots XXVIII - \frac{28}{56} - XX - \frac{36}{32} - XXII - \frac{32}{56} XXII - \frac{4}{29} - XXII -$$

$$快移电动机（0.37kW，2600r/min）- \frac{14}{28} -$$

$$\left[\begin{matrix} M_6 \uparrow \frac{40}{48} \\ M_6 \downarrow \frac{40}{30} \times \frac{30}{48} \end{matrix} \right] - XXIV - \frac{28}{80} - XXV - z_{12}/齿条$$

$$\left[\begin{matrix} M_7 \uparrow \frac{40}{48} \\ M_7 \downarrow \frac{40}{30} \times \frac{30}{48} \end{matrix} \right] - XXVIII - \frac{48}{48} - XXIX - \frac{59}{18} - 横向丝杠 XXX$$

（2）纵向机动进给量 C6140 卧式车床纵向机动进给量有 64 种。当运动由主轴经正常导程的米制螺纹传动时，可获得正常进给量。这时的运动平衡式为

$$f_{纵} = I_{主轴} \times \frac{58}{58} \times \frac{33}{33} \times \frac{63}{100} \times \frac{100}{75} \times \frac{25}{36} \times i_{基} \times \frac{25}{36} \times \frac{36}{25} \times i_{倍} \times$$

$$\frac{28}{56} \times \frac{36}{32} \times \frac{32}{56} \times \frac{4}{29} \times \frac{40}{30} \times \frac{30}{48} \times \frac{28}{80} \times \pi \times 2.5 \times 12 mm/r$$

式中 $i_{基}$——基本组的传动比，有八种不同的传动比；

$i_{倍}$——增倍组的传动比，有四种不同的传动比。

改变 $i_{基}$ 和 $i_{倍}$ 可得到 0.08~1.22mm/r 的 32 种正常进给量。其余 32 种进给量可分别通过寸制螺纹传动路线和扩大螺纹导程机构得到。

（3）横向机动进给量 通过传动计算可知，横向机动进给量是纵向机动进给量的一半。

3. 刀架的快速移动

为了减轻工人劳动强度和缩短辅助时间，刀架可以实现纵向和横向机动快速移动。按下快速移动按钮，快速电动机（0.37kW，2600r/min）经齿轮副 18/24 使轴 XXII 高速转动，再经蜗杆副 4/29，溜板箱内的转换机构，使刀架实现纵向或横向的快速移动。快速移动方向仍由溜板箱中的双向离合器 M_6 和 M_7 控制。刀架快速移动时，不必脱开进给传动链。为了避免仍在转动的光杠和快速电动机同时传动轴 XXII，在齿轮 56 与轴 XXII 之间装有超越离合器。

7.1.3 其他车床简介

为了满足零件加工的需要和提高生产率，生产中除了应用卧式车床外，还有立式车床、转塔车床、回轮车床、自动及半自动车床、仪表车床、数控车床等。虽然其结构和形状不同，但其基本原理是相同的。下面介绍几种使用普遍的车床的主要特点。

1. 立式车床

如图 7-9 所示，立式车床与卧式车床的区别在于，前者的主轴回转轴线是垂直的，后者是水平的。立式车床主要用于加工短而直径大的重型工件，如大型带轮、轮圈、大型电机的零件、大型绞车的滚筒零件等。

在立式车床上，可车削圆柱表面、圆锥表面及成形表面，还可车端面。有些立式车床可以切削螺纹。此外，在设有特殊夹具的立式车床上，还可进行钻削和磨削加工。

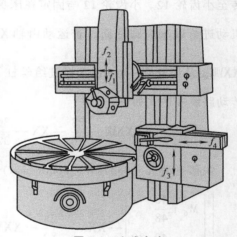

图 7-9 立式车床

2. 转塔车床和回轮车床

当加工形状比较复杂的工件时，需要使用多把刀具切削工件，但由于卧式车床装刀位置少，往往不能利用多刀同时进行加工，这影响了加工效率。转塔车床（图 7-10）和回轮车床就显示出了优越性。

转塔车床有多种型号，一般结构是设有 6 个工位转塔刀架（代替卧式车床的尾座），这

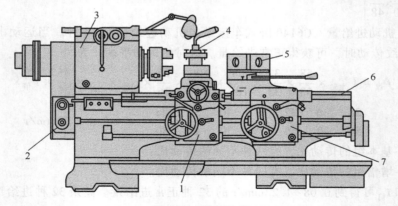

图 7-10 转塔车床

1—溜板箱 2—进给箱 3—主轴箱 4—方刀架 5—转塔刀架 6—床身 7—转塔刀架溜板箱

个刀架可以同时安装钻头、铰刀、板牙以及装在特殊刀夹具中的各种车刀。转塔刀架轴线垂直于机床主轴,可沿导轨做纵向移动。转塔刀架各刀具均按加工顺序预调好,切削一次后,刀架退回并转位,再用另一把刀切削,即只要使刀架转位便可迅速变换刀具,故可在工件一次装夹中完成较复杂的加工。这种机床还备有定程装置,可以控制尺寸,从而节省了测量工件的时间。如通过电气步进控制、液压驱动实现半自动循环或自动循环,加工效率比一般卧式车床高 2~3 倍。

回轮车床是具有回转轴线与主轴轴线平行的回轮刀架,并可顺序转位车削工件的车床。回轮端面上设有 12~16 个工位,当刀具孔转到最上位置时,与主轴中心同轴,刀架可沿床身导轨做纵向进给运动,能在一次装夹中完成较复杂的型面加工。

回轮车床是一种半自动车床,主要用于形状复杂的盘套类零件的粗加工和半精加工,适用于成批和大批量生产。

7.2 车刀的基本知识

在特定条件下,选用一把较好的刀具来进行切削加工,可以达到优质、高效、低耗的目的。因此,掌握车刀的切削角度,合理地刃磨车刀,正确地选择和使用车刀,是学习车削技术的重要内容之一。

7.2.1 车刀的种类和结构

1. 车刀的种类

由于车削加工的内容不同,必须采用各种不同的车刀。车刀按其用途分为外圆车刀、偏刀、切断刀和切槽刀、螺纹车刀等。常用车刀如图 7-11 所示。

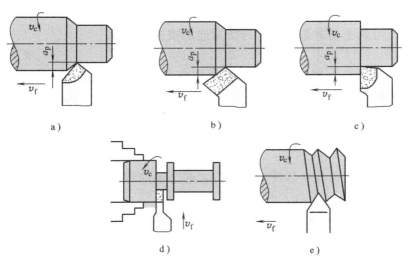

图 7-11 常用车刀

a) 直头车刀 b) 弯头车刀 c) 90°偏刀 d) 切断刀或切槽刀 e) 螺纹车刀

(1) 外圆车刀 外圆车刀又称尖刀,主要用于车削外圆、平面和倒角。外圆车刀有直头车刀、45°弯头车刀等。

（2）偏刀　偏刀的主偏角为90°，用来车削工件的外圆、台阶和端面。

（3）切断刀和切槽刀　切断刀用来切断工件，切槽刀用来在工件上切出沟槽。

（4）螺纹车刀　螺纹车刀用来车削螺纹。螺纹按牙型有三角形、方形等，相应使用三角形螺纹车刀、方形螺纹车刀等。螺纹种类很多，其中以三角形螺纹应用最广。

2. 车刀的结构

车刀的结构形式主要有四种：整体式、焊接式、机夹式和机夹可转位式，如图 7-12 所示。

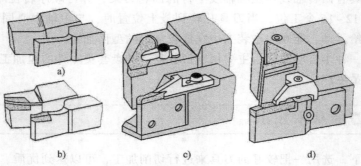

图 7-12　车刀的结构形式
a）整体式车刀　b）焊接式车刀　c）机夹式车刀　d）机夹可转位式车刀

7.2.2　车刀的组成

如图 7-13 所示，车刀由刀头（或刀片）和刀体两部分组成。刀体用以夹持在刀架上或夹持刀片，又称夹持部分；刀头用于切削，又称切削部分。目前常用的车刀是在碳素结构钢的刀体上焊接硬质合金刀片。车刀刀头一般由三个表面、两个切削刃和一个刀尖所组成。

1. 三面

（1）前面　刀具上切屑切离工件时所流经的表面，也就是车刀的上面。

（2）主后面　刀具上同前面相交形成主切削刃的后面，即刀具与工件切削表面相对的那个面。

（3）副后面　刀具上同前面相交形成副切削刃的后面，即刀具与工件已加工表面相对的表面。

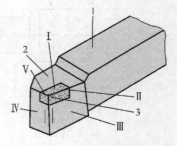

2. 两刃

（1）主切削刃　前面与主后面的交线，它起主要的切削作用。

（2）副切削刃　前面与副后面的交线，参与部分切削工作。

图 7-13　车刀的组成
1—刀体　2—刀头　3—刀尖
Ⅰ—前面　Ⅱ—主切削刃　Ⅲ—主后面
Ⅳ—副后面　Ⅴ—副切削刃

3. 一尖

在主切削刃与副切削刃的连接处存在相当少的一部分切削刃，称为刀尖。为增加刀尖强度，通常磨成一小段过渡圆弧。

任何车刀都由上述几部分构成，但数目不完全相同，如切断刀就有两个副切削刃和两个刀尖。此外，切削刃可以是直线的，也可以是曲线的，如车成形面的样板刀，其切削刃就是曲线的。

7.2.3　车刀的刃磨

车刀在使用前都要根据切削条件所选择的合理切削角度进行刃磨；一把用钝了的车刀，为恢复原有的几何形状和角度，也必须重新刃磨。

1. 砂轮的选择

车刀刃磨常用的砂轮有两种：一种是白刚玉（WA）砂轮，用来磨削硬度较高的材料，如高速工具钢等，选用粒度 F46～F60；另一种是绿碳化硅（GC）砂轮，用于磨削硬质合金、陶瓷等，选用粒度 F46～F60。

2. 刃磨方法

（1）磨主后面　刀杆向左倾斜，磨出主偏角；刀头向上翘，磨出主后角。

（2）磨副后面　刀杆向右倾斜，磨出副偏角；刀头向上翘，磨出副后角。

（3）磨前面　倾斜前面，磨出前角和刃倾角。

（4）磨刀尖圆弧　左右摆动，磨出刀尖圆弧，圆弧半径为 0.5～2mm。

（5）研磨切削刃　车刀在砂轮上磨好以后，再用油石加润滑油研磨车刀的前面及后面，使切削刃锐利光洁，这样可延长车刀的使用寿命。车刀用钝程度不大时，也可用油石在刀架上修磨。

（6）开卷屑槽　切削塑性材料时，切削刃上面通常需要开平行于切削刃的卷屑槽，这是为了切削的顺利进行和工件表面的光洁。

7.2.4　车刀的安装

车刀安装得是否正确，直接影响切削的顺利进行和工件的加工质量。即使刀具的角度刃磨得非常合理，如安装不正确，也会改变车刀的实际工作角度，所以车削加工前必须把选好的车刀正确地安装在方刀架上。

在安装车刀时应注意以下几点：

1）车刀刀尖应装得与工件中心线等高。如果车刀装得太高，则车刀的主后面会与工件产生强烈的摩擦；如果装得太低，切削就不顺利，甚至工件会被抬起来，使工件从卡盘上掉下来，或把车刀折断。可以按顶尖高度安装车刀。

2）每把车刀安装在刀架上时，不可能刚好对准工件轴线，一般会低些，因此可用一些厚薄不同的垫片来调整车刀的高低。

3）车刀不能伸出太长或太短。一般伸出长度不超过刀体高度的 1.5 倍（车孔、槽除外）。

4）安装车刀时，刀体轴线应与进给方向垂直或平行，否则会使主偏角和副偏角的动态角度值发生变化。

5）车刀位置装正后，至少要用两个螺钉压紧刀架，并交替逐个拧紧。

6）螺纹车刀刀尖角的平分线应与工件中心线垂直。

7.3　车床的夹具及工件安装

车削工件时，通常总是先把工件装夹在车床的卡盘或夹具上，经过找正，而后再进行加工。车床夹具的主要作用是确定工件在车床上的正确位置，并可靠地夹紧工件。常用的车床夹具有：

1）通用夹具或附件（如自定心卡盘、单动卡盘、花盘、拨盘、各种形式的顶尖、中心架和跟刀架等）。

2）可调夹具（如成组夹具、组合夹具等）。

3）专用夹具。专门为满足某个零件的某道工序而设计的夹具。

根据工件的特点，可利用不同的夹具或附件进行不同的装夹。在各种批量的生产中，正确地选择和使用夹具，对于保证加工质量、提高生产效率、减轻工人劳动强度是至关重要的。在实习中，主要使用通用夹具。下面仅介绍通用夹具及附件的装夹方法。

7.3.1　用自定心卡盘装夹工件

自定心卡盘是车床上最常用的通用夹具，一般由专业厂家生产，作为车床附件配套供应。自定心卡盘的特点是所夹持工件能自动定心，装夹方便，可省去许多找正工作，适用于装夹圆柱形短棒料或圆盘类工件。但其定心准确度并不太高（0.05~0.15mm），工件上同轴度要求较高的表面，应在一次装夹中车出。自定心卡盘的结构如图 7-14 所示。转动小锥齿轮时，与它相啮合的大锥齿轮随之转动，大锥齿轮背面的平面螺纹带动三个卡爪同时向中心靠近或退出，因而可以夹紧不同直径的工件。由于三个卡爪是同时移动的，所以用于夹持圆形截面工件可自行对中。自定心卡盘还可安装截面为正三角形、正六边形的工件。若在自定心卡盘上换上三个反爪（有的卡盘可将卡爪反装成反爪），即可用来安装直径较大的工件（图 7-14c）。

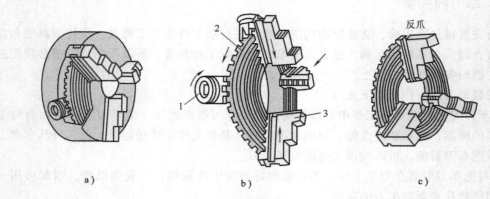

图 7-14　自定心卡盘的结构

a）自定心卡盘外形　b）自定心卡盘结构　c）自定心卡盘

1—小锥齿轮　2—大锥齿轮（背面有平面螺纹）　3—卡爪

用自定心卡盘安装工件时，可按下列步骤进行：

1）把工件在三个卡爪之间放正，轻轻夹持。

2）开动车床，使主轴低速转动，检查工件有无偏摆，若有偏摆，应停车后用小锤轻敲找正，然后再紧固工件。紧固后，必须及时取下扳手，以免开车时飞出，砸伤人或机床。

3）移动车刀到车削行程的左端。用手旋转卡盘，检查刀架等是否与自定心卡盘或工件碰撞。自定心卡盘是靠后面法兰盘上的螺纹直接旋装在车床主轴上的。

7.3.2　用单动卡盘装夹工件

单动卡盘也是常用的通用夹具,如图 7-15a 所示。每个卡爪后面有半瓣内螺纹,转动螺杆时,卡爪就可沿槽移动。由于四个卡爪是用扳手分别调整的,它不但可以装夹截面是圆形的工件,还可以装夹截面是正方形、长方形、椭圆形或不规则形状的工件,如图 7-15b 所示。在圆盘上车偏心孔也常用单动卡盘装夹。此外,单动卡盘较自定心卡盘的夹紧力大,所以也用于装夹较重的圆形截面工件。如果把四个卡爪各自调头安装到卡盘体上,起到反爪作用,即可安装较大的工件。

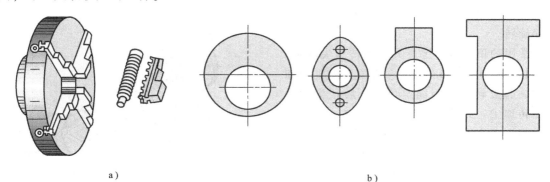

a)　　　　　　　　　　　　　　　　　b)

图 7-15　单动卡盘及适合装夹的零件

a) 单动卡盘　b) 适于单动卡盘装夹的工件

由于单动卡盘的四个卡爪是独立移动的,在安装工件时需进行仔细找正。一般用划线盘按工件外圆表面或内孔找正,也常按预先在工件上划的线找正(图 7-16a)。用划线盘找正工件,安装精度一般可达 0.02~0.05mm。如果零件的安装精度要求很高,自定心卡盘不能满足要求时,也往往用单动卡盘安装,用百分表找正(图 7-16b),安装精度可达 0.01mm。

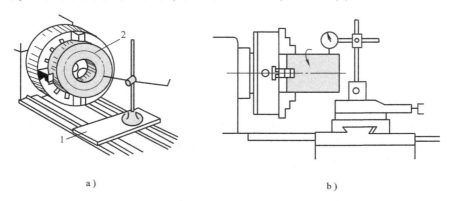

a)　　　　　　　　　　　　　　　　　b)

图 7-16　用单动卡盘安装时的找正

a) 用划线盘找正　b) 用百分表找正

1—木板　2—孔的加工界线

划线找正工件的方法如下:

1) 使划针靠近工件上划出的加工界线。

2）慢慢转动单动卡盘，先找正端面，在离划针针尖最近的工件端面上用小锤轻轻敲击，直到各处距离相等。

3）转动单动卡盘，找正中心，将离开划针针尖最远处的一个卡爪松开，拧紧其对应卡爪，反复调整几次，直到找正为止。

7.3.3 用顶尖安装工件

在车床上加工较长或工序较多的轴类工件时，常采用两顶尖安装（图7-17），工件装夹在前、后顶尖之间，旋转的主轴通过拨盘（拨盘安装在主轴上）带动夹紧在轴端上的卡箍而使工件转动。前顶尖装在主轴上，和主轴一起旋转。

常用的顶尖有固定顶尖和回转顶尖两种，其形状结构如图7-18所示。前顶尖随主轴和工件一起旋转，故用固定顶尖。后顶尖常采用回转顶尖，是为了防止后顶尖与工件中心孔之间由于摩擦发热烧损或研坏顶尖和工件。由于回转顶尖的精度不如固定顶尖高，故一般用于轴的粗加工和半精加工。轴的精度要求高时，后顶尖也应使用固定顶尖，但要合理选择切削速度和加润滑油。

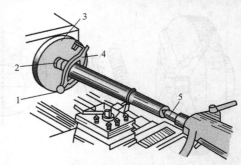

图 7-17　用两顶尖安装工件
1—夹紧螺钉　2—前顶尖　3—拨盘
4—卡箍　5—后顶尖

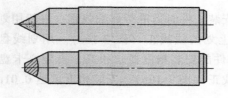
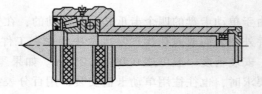

a)　　　　b)

图 7-18　顶尖
a）固定顶尖　b）回转顶尖

用顶尖安装轴类工件的步骤如下：

（1）在轴的两端钻中心孔　中心孔的形状如图7-19所示，有普通中心孔和双锥面中心孔。中心孔的60°锥面是和顶尖的锥面相配合的，前面的小圆柱孔是为了不使顶尖尖端接触工件，保证顶尖与锥面能紧密接触，同时还可贮存润滑油。双锥面中心孔的120°锥面称为保护锥面，用于防止60°锥面被破坏，也便于在顶尖上加工轴的端面。

中心孔多用中心钻在车床或钻床上钻出，加工之前一般先把轴的端面车平。

（2）安装并校正顶尖　顶尖是依靠其尾部锥面与主轴或尾座套筒的锥孔配合而装紧的。安装时要先擦净锥孔和顶尖，然后用力推紧，否则装不牢或装不正。校正时将尾座移向主轴箱，检查前后两个顶尖的轴线是否重合，如图7-20所示。如果不重合，则必须将尾座体做横向调节，使之符合要求。

对于精度要求较高的轴，只凭目测观察来对准顶尖是不能满足要求的，要边加工，边测

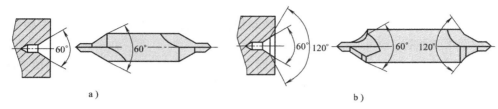

图 7-19 中心孔与中心钻

a）加工普通中心孔 b）加工双锥面中心孔

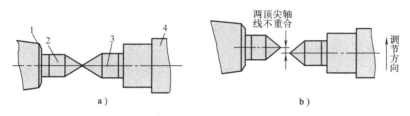

图 7-20 校正顶尖

a）两顶尖轴线必须重合 b）横向调节尾座体使顶尖轴线重合

1—主轴 2—前顶尖 3—后顶尖 4—尾座

量，边调整。若两顶尖轴线不重合，安装在顶尖上的工件轴线与车刀进给方向不平行，加工后的工件会出现锥度（图 7-21）。用此法可以加工长锥面轴。

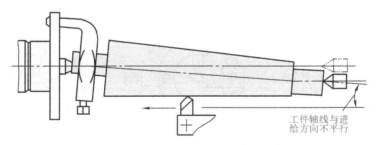

图 7-21 两顶尖轴线不重合车出锥体

（3）安装工件的步骤

1）在工件一端安装卡箍，先用手稍微拧紧卡箍螺钉。若卡箍夹在已加工表面上，则应垫以开缝的小套或薄铜片等以免夹伤工件。在轴的另一端中心孔里涂上润滑油，若用回转顶尖，就不必涂润滑油了。

2）将工件置于顶尖间（图 7-22），根据工件长短调整尾座位置，保证能让刀架移到车削行程最右端，同时又要尽量使尾座套筒伸出最短，然后将尾座固定。

3）转动尾座手轮，调节工件在顶尖间的松紧度，使之既能自由旋转，又不会有轴向松动，然后锁紧

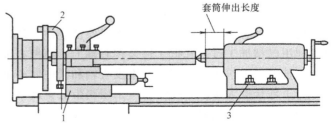

图 7-22 在顶尖上安装工件

1—刀架 2—卡箍 3—尾座固定螺钉

尾座套筒。

4）将刀架移到车削行程最左端，用手转动拨盘及卡箍，检查是否会与刀架等碰撞。

5）拧紧卡箍螺钉。

用顶尖安装轴类工件，由于两端都是锥面定位，其定位的准确度比较高，即使多次装卸与掉头，工件的轴线始终是两端锥孔中心的连线，保持了轴的中心线位置不变。因而，能保证在多次安装中所加工出的各个外圆面有较高的同轴度。

7.3.4　中心架与跟刀架的使用

细长轴在车削时，由于刚度差，加工过程中容易产生振动，常会出现两头细中间粗的腰鼓形，因此，需要用中心架（图7-23a）或跟刀架（图7-23b、c）作为附加支承。

中心架固定于床身上。支承工件前先在工件上车出一小段光滑表面，然后调整中心架的三个支承爪与其接触。因为中心架是被压紧在床身上，所以床鞍不能越过它，因此加工长杆件时，先加工一端，然后掉头安装再加工另一端。中心架一般多用于加工阶梯轴，在长杆件端部进行钻孔、镗孔或攻螺纹。对不能通过机床主轴孔的大直径长轴车端面时，也经常使用中心架。

跟刀架主要用来车削细长的光轴，与整个刀架一起移动。两个支承爪安装在车刀的对面，用以抵住工件。车削时，在工件头上先车好一段外圆，然后使支承爪与其接触，并调整到松紧适宜。工作时支承处要加油润滑。

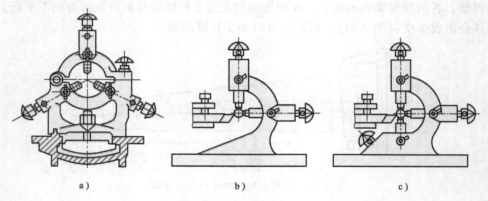

图7-23　中心架与跟刀架

a）中心架　b）二爪跟刀架　c）三爪跟刀架

7.3.5　心轴安装工件

盘套类零件在自定心卡盘上加工时，其外圆、孔和端面等无法在一次安装中全部完成。如果把工件掉头安装再加工，往往无法保证零件上外圆、孔、端面之间的位置精度要求。这时可利用已精加工过的孔把工件装在心轴上，再把心轴安装在前后顶尖之间来加工外圆和端面。心轴的种类很多，常用的有锥度心轴和圆柱体心轴。

当工件长度大于其孔径时，可采用稍带有锥度（1∶2000~1∶5000）的心轴，工件压入后靠摩擦力与心轴固紧。这种心轴装卸方便，对中准确，但不能承受较大的切削力，多用于精加工盘套类零件，如图7-24a所示。

当工件长度比孔径小时，应采用带螺母压紧的圆柱心轴，如图7-24b所示。工件左端紧靠心轴的台阶，由螺母及垫圈将工件压紧在心轴上。为了保证内外圆同心，孔与心轴之间的配合间隙应尽可能小，否则定心精度将降低。

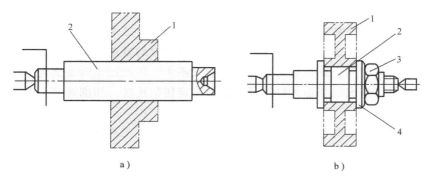

a) b)

图 7-24 用心轴安装工件

a) 锥度心轴 b) 圆柱心轴

1—工件 2—心轴 3—螺母 4—垫片

7.3.6 用花盘安装工件

当需车削大而扁且形状不规则的零件，或要求零件的一个面与安装面平行或要求孔、外圆的轴线与安装面垂直时，可以把工件直接压在花盘上加工。花盘是安装在车床主轴上的一个铸铁圆盘，其端面上分布许多长 T 形槽用以穿压紧螺栓，如图 7-25 所示。

当车削加工的孔或外圆与装夹基准面平行时，配以弯板装夹即可加工（图 7-26）。用花盘或花盘加弯板装夹工件时，应调整平衡铁进行平衡，以防止加工时因工件及弯板的重心偏离旋转中心而引起振动。同时，转速不能选得太高。

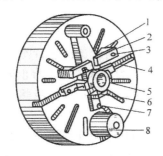

图 7-25 在花盘上安装零件

1—垫铁 2—压板 3—螺钉 4—螺钉槽 5—工件

6—角铁 7—紧定螺钉 8—平衡铁

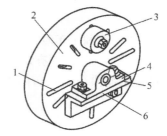

图 7-26 在花盘弯板上安装零件

1—螺钉孔槽 2—花盘 3—平衡铁 4—工件

5—安装基面 6—弯板

7.4 车削基本工作

7.4.1 概述

在车床上加工一个零件，往往需要经过许多车削步骤才能完成。为了提高生产效率，保证加工质量，生产中把车削加工分为粗车和精车（零件精度要求高还需要磨削时，车削分粗车和半精车）。

1. 粗车

粗车的目的是尽快地从工件上切去大部分加工余量，使工件接近于最后的形状和尺寸。粗车要给精车留有合适的加工余量，而精度和表面粗糙度的要求都很低。实践证明，加大背吃刀量不仅使生产率提高，而且对车刀寿命影响又不大。因此粗车时要优先选用较大的背吃刀量，其次根据具体情况适当加大进给量，最后确定切削速度。切削速度一般选用中等或中等偏低的数值。

选择粗车的切削用量时，还要看加工时的具体情况，如工件安装是否牢固等。若工件夹持的长度较短或表面凹凸不平，则切削用量不宜过大。

2. 精车

粗车给精车（或半精车）留的加工余量一般为 0.5~2mm，加大背吃刀量对精车来说并不重要。精车的目的是要保证零件的尺寸精度和表面粗糙度的要求。

精车的公差等级一般为 IT8~IT7，其尺寸精度主要依靠准确地度量、准确地进刻度并加以试切来保证，因此操作时要细心、认真。精车时表面粗糙度 Ra 的数值一般为 1.6~0.8μm，在工艺上除了选择合适的车刀角度外，合理选择切削用量，使用切削液等措施都有助于降低表面粗糙度值。

无论粗车还是精车，车削时首先要对刀，即确定刀具与工件最外处的接触点，以此作为车削的起点。对刀必须在开车之后进行，否则不但对刀不准确，还容易损坏刀具。

3. 车削的工作步骤

1）安装车刀。

2）检查毛坯尺寸是否合格，表面是否有缺陷。

3）检查车床是否正常，操纵手柄是否灵活。

4）装夹工件。

5）试切。半精车和精车时，为了保证工件的尺寸精度，完全靠刻度盘确定背吃刀量是不够的。因为刻度盘和丝杠都有误差，往往不能满足半精车和精车的要求。为了防止进错刻度而造成废品，也需要采用试切的方法。现以车外圆为例，说明试切的方法与步骤，如图7-27 所示。

图 7-27a~e 所示是试切的一个循环，如果尺寸合格，就以该背吃刀量车削整个表面；如果尺寸还大，就按图中 7-27f 重新进行试切，直到尺寸合格才能继续车下去。试切是精车的关键一环，务必充分注意。

6）切削。在试切的基础上，获得合格的尺寸后，就可以扳动自动进给手柄使之自动进给。每当车刀纵向进给到距末端 3~5mm 时，应改自动进给为手动进给，以避免起刀超长或车刀切削卡盘爪。如此循环直到加工表面合格，即可在车削到要求尺寸时停止进给，退出车刀，然后停车（注意：不能先停车后退刀，否则会造成车刀崩刃）。

7）检验。加工好的零件要进行测量检验，以确保零件的质量。

4. 车削时的注意事项

1）粗车前，必须检查车床各部分的间隙，并做适当调整，以充分发挥车床的有效负荷能力。床鞍、中小滑板的塞铁，必须进行检查调整，以防止产生松动。此外，摩擦离合器及

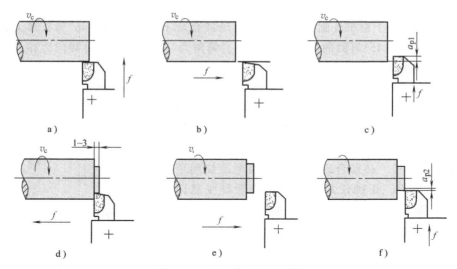

图 7-27 试切的方法与步骤

a）开车对刀，使车刀与工件表面轻微接触　b）向右退出车刀　c）横向进刀 a_{p1}

d）切削 1~3mm　e）退出车刀，进行测量　f）如果尺寸不到，再进刀 a_{p2}

V 带的松紧也要适当调整，以免在车削时发生"闷车"（由于负荷过大而使主轴停止转动）的现象。

2）粗车时，工件必须装夹牢固（一般应有限位支承），顶尖要顶紧，在切削过程中应随时检查，以防止工件窜动。

3）车削时，必须及时清除切屑，不要堆积过多，以免发生工伤事故。清除切屑必须停车进行。

4）车削时发现车刀磨损时，应及时刃磨。否则刃口太钝，切削力剧烈增加，会造成"闷车"和损坏车刀等严重后果。

7.4.2 车外圆

车外圆是车削加工中最基本、最常见的工作。其主要形式如图 7-28 所示。

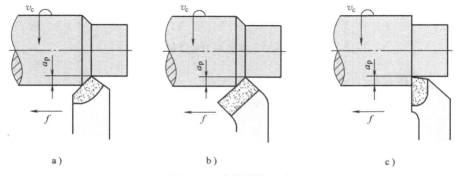

图 7-28 车外圆的形式

a）用直头车刀　b）用 45°弯头车刀　c）用 90°偏刀

1. 车刀的选择

直头车刀主要用于粗车外圆和车削没有台阶或台阶不大的外圆；45°弯头车刀用于车外圆、端面、倒角和有45°斜面的外圆；偏刀的主偏角为90°，车外圆时背向力很小，用来车削有垂直台阶的外圆和细长轴。

2. 车外圆注意事项

1）粗车铸、锻件毛坯时，为保护刀尖，应先车端面或倒角（图7-29），且背吃刀量应大于工件硬皮厚度，然后纵向进给车外圆。

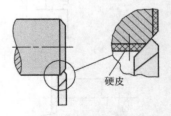

图 7-29　粗车铸、锻件毛坯

2）精车外圆时，必须合理选择刀具角度及切削用量，用油石打磨切削刃，正确使用切削液。特别要注意试切，以保证尺寸精度。

7.4.3　车端面和台阶

端面和台阶一般都是用来支承其他零件的表面，以确定其他零件轴向位置的，因此端面和台阶面一般都必须垂直于零件的轴心线。

1. 端面车刀的选择

1）用右偏刀由外向中心车端面，副切削刃切削。车到中心时，凸台突然车掉，因此刀头易损坏；背吃刀量大时，易扎刀，如图7-30a所示。

2）用右偏刀由中心向外车端面，主切削刃切削，切削条件较好，不会出现如图7-30a所示的问题，如图7-30b所示。

3）用左偏刀由外向中心车端面，主切削刃切削，如图7-30c所示。

4）用弯头刀由外向中心车端面，主切削刃切削，凸台逐渐车掉，切削条件较好，加工质量较高，如图7-30d所示。

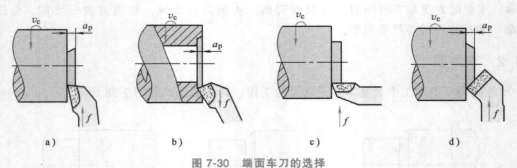

图 7-30　端面车刀的选择

2. 车端面操作要领

1）安装工件时，要对其外圆及端面找正。

2）安装车刀时，车刀的刀尖应对准工件中心，以免车出的端面中心留有凸台。

3）端面的直径从外到中心是变化的，切削速度也在改变，不易车出较小的表面粗糙度值，因此工件转速可比车外圆时选得高一些。为降低端面的表面粗糙度值，可由中心向外车削。

4）车直径较大的端面时，为使车刀能准确地横向进给而无纵向松动，应将床鞍紧固在床身上，用小刀架调整背吃刀量。

3. 车台阶操作要领

1）车台阶应使用偏刀。

2）车低台阶（<5mm）时，应使车刀主切削刃垂直于工件的轴线，台阶可一次车出（图7-31a）。

3）车高台阶（≥5mm）时，应使车刀主切削刃与工件轴线约成95°角，分层进行车削（图7-31b）。最后一次纵向进给后，车刀横向退出，车出90°台阶。

4）为使台阶长度符合要求，可用钢直尺直接在工件上确定台阶位置，并用刀尖刻出线痕，以此作为加工界线（图7-31c）；也可用卡钳从钢直尺上量取尺寸，直接在工件上划出线痕（图7-31d）。上述方法都不够准确，因此，划线痕应留出一定的余量。

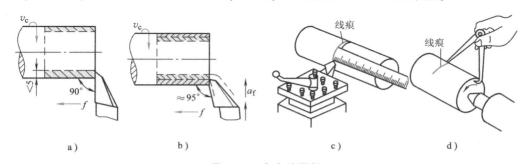

图7-31　车台阶要领
a）车低台阶　b）车高台阶　c）用刀尖划线　d）用卡钳划线

7.4.4　孔加工

车床上可以用钻头、车刀、扩孔钻、铰刀进行钻孔、车孔、扩孔和铰孔。下面仅介绍钻孔和车孔。

圆柱孔的加工特点：其一，孔加工是在工件内部进行的，观察切削情况很困难，尤其是小孔径的加工更困难。其二，刀体尺寸由于受孔径的限制，不能做得太粗，又不能太短，因此刀体刚度很差，特别是加工孔径小、长度长的孔时，更为突出。其三，排屑和冷却困难。其四，当工件壁厚较薄时，加工时容易变形。其五，圆柱孔的测量比外圆困难。

1. 钻孔

在实体材料上加工精度要求较高的孔时，首先必须用钻头钻出孔，然后进行车孔。钻孔的精度一般可达IT11~IT10，表面粗糙度Ra值可达12.5μm。

（1）麻花钻的装夹方法　麻花钻的柄部有直柄和锥柄两种。直柄麻花钻可用钻夹头装夹，再利用钻夹头的锥柄插入车床尾座套筒内。锥柄麻花钻可直接插入车床尾座套筒内，或用锥形套过渡。

在装夹钻头或锥形套前，必须把钻头锥柄、尾座套筒和锥形套擦干净，否则会由于锥面接触不良，使钻头在尾座锥孔内打滑旋转。同时，特别要注意钻头轴心线与工件轴心线要一致，否则钻头很容易折断。

（2）钻孔步骤和方法

1）车平端面。为了便于钻头定心，防止钻偏，应先将工件端面车平，并最好在孔端面中心处加工出一小坑。

2）装夹钻头。

3）调整尾座位置，使钻头能达到进给所需长度，还应使套筒伸出距离较短。

4）开车钻削。把钻头引向工件端面时，不可用力过大，以防止损坏工件和折断钻头。同时，切削速度不应过大，避免钻头剧烈磨损，通常取 $v = 0.3 \sim 0.6 \text{m/s}$。开始钻削时，进给宜慢，以便使钻头准确地钻入工件，然后加大进给。孔将钻通时，必须降低进给速度，以防折断钻头。孔钻通后，先退出钻头，然后停车。钻削过程中，须经常退出钻头排屑。钻削碳素钢时，必须加切削液。

2. 车孔

铸孔、锻孔或用钻头钻出来的孔，为了达到要求的精度和表面粗糙度要求，还需要车孔。车孔可以作为孔的粗、精加工，加工范围很广。车孔的精度一般可达到 IT6 ~ IT7，表面粗糙度 Ra 值可达 $3.2 \sim 1.6 \mu\text{m}$，精细车削可达 $0.8 \mu\text{m}$ 以上。

1）车刀的选择如图 7-32 所示。

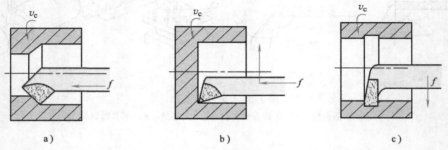

图 7-32　车刀的选择

a）通孔车刀　b）不通孔车刀　c）切槽车刀

2）车刀的安装。刀尖必须与工件中心线等高或稍高一些，这样就可防止由于切削力而把刀尖扎进工件里去。车刀伸出长度应尽可能短。安装不通孔车刀时，还要注意保证主偏角大于 90°，否则内孔底平面就车不平。车刀安装好后，在开车车孔以前，应先在毛坯孔内走一遍，以防车孔时由于车刀刀体装得歪斜而使刀体碰到已加工的内孔表面。

3）车刀操作的要领。首先，由于刀体刚度较差，切削条件不好，因此切削用量应比车外圆时小。其次，粗车时，应先试切，调整背吃刀量，然后自动或手动进给。调整背吃刀量时，必须注意使车刀横向进给方向与车外圆时相反。再次，精车时，背吃刀量和进给量应更小。调整背吃刀量时应利用刻度盘，并用游标卡尺检查工件孔径。当快车到孔径最后尺寸时，应以很小的背吃刀量重复车削几次，以消除孔的锥度。

由于车刀刚度较差，容易产生变形与振动，车孔时往往需要较小的进给量和背吃刀量，进行多次进给，因此生产率较低。但车刀制造简单，大直径和非标准直径的孔加工都可使用，通用性强。

7.4.5　切断与切槽

1. 切槽刀与切断刀

切槽刀前端为主切削刃，两侧为副切削刃。切断刀的刀尖形状与切槽刀相似，但其主切削刃较窄，刀头较长。切槽与切断都是以横向进给为主，如图 7-33 所示。

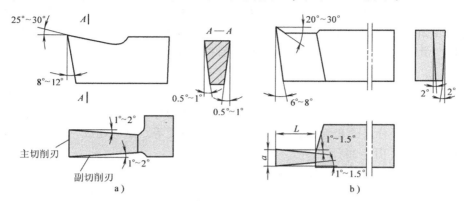

图 7-33 切槽刀与切断刀

a）切槽刀 b）高速钢切断刀

2. 切槽、切断操作要领

1）切断处应靠近卡盘，以免引起工件振动。

2）安装切断刀时，刀尖要对准工件中心，刀体不能伸出太长。

3）切削速度应低些，主轴和刀架各部分配合间隙要小。

4）手动进给要均匀，快切断时，应放慢进给速度，以防刀头折断。

切槽操作如图 7-34 所示。

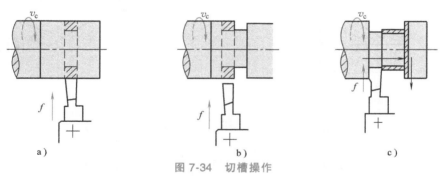

图 7-34 切槽操作

a）切窄槽，主切削刃等于槽宽 b）切宽槽，主切削刃宽度小于槽宽，分几次横向进给

c）切出槽宽后，横向进给，精车槽底

7.4.6 车锥面

由于圆锥面之间配合紧密，拆卸方便，而且多次拆卸后能保持精确的定心作用，所以应用较广泛。车锥面的方法有四种：转动小刀架法、偏移尾座法、靠模法和宽刀法。这里主要介绍较常用的前面两种方法。

1. 转动小刀架法

如图 7-35 所示，转动小刀架，使小刀架导轨与主轴轴线成 α 角，再紧固其转盘，摇手柄进给车出锥面。该法适于车削内、外任意角度的短圆锥面，而且操作简单。但只能手动进给，劳动强度较大。

2. 偏移尾座法

如图 7-21 所示，将工件置于前、后顶尖之间，调整尾座横向位置，使工件轴线与纵向进给方向成 α 角，自动进给车出圆锥面。由于尾座偏移量较小，中心孔与顶尖在尾座偏移后配合变坏，故该法适于车削小锥度（α<8°）的长锥面。

7.4.7 滚花

各种工具和机器零件的手握部分，为了便于握持和增加美观，常常在表面上滚出各种不同的花纹。如外径千分尺的套管，铰杠扳手以及螺纹量规等。这些花纹一般是在车床上用滚花刀滚压而形成的（图 7-36）。

滚花花纹有直纹、斜纹和网纹三种（图 7-37），滚花刀也分直纹滚花刀、斜纹滚花刀和网纹滚花刀。滚花是用滚花刀来挤压工件，使其表面产生塑性变形而形成花纹的。滚花的径向挤压力很大，因此加工时，工件的转速要低些。一般还要充分供给切削液，以免研坏滚花刀和防止细屑滞塞在滚花刀上而产生乱纹。

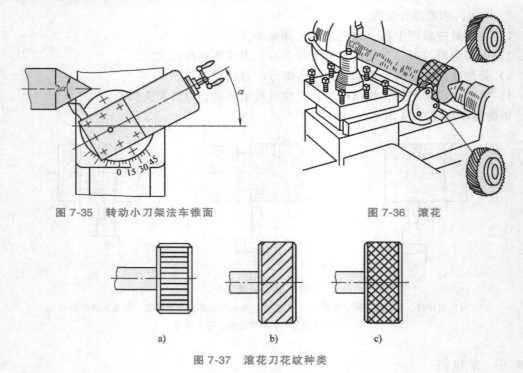

图 7-35　转动小刀架法车锥面　　　　　图 7-36　滚花

a)　　　　　　　b)　　　　　　　c)

图 7-37　滚花刀花纹种类

7.5　车削回转成形面及螺纹

7.5.1　车成形面

有些零件如手柄、手轮、圆球等，它们的表面不是平面，而是由曲面组成，这类零件的表面称为成形面（也叫特形面）。本节介绍三种加工成形面的方法。

1. 用普通车刀车成形面

如图 7-38 所示，此法属手控成形。首先用外圆车刀，把工件粗车出几个台阶（图 7-38a），然后双手操纵中、小滑板手柄，控制粗车刀同时做纵向、横向进给，得到大致的成形轮廓，再用精车刀按同样的方法完成成形面的精加工（图 7-38b），最后用样板检验成形面是否合格（图 7-38c）。这种方法对工人操作技术要求较高，生产效率低，多用于单件、小批量生产。

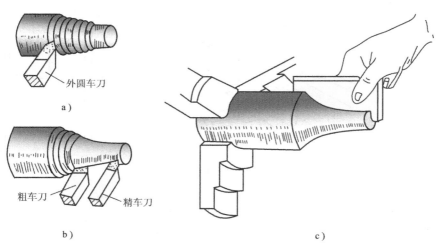

图 7-38　用普通车刀车成形面

a）粗车台阶　b）车成形轮廓　c）用样板检验

2. 用靠模车成形面

如图 7-39 所示，用靠模法加工手柄的成形面。此时刀架的滑板已经与纵向、横向进给机构脱开，其前端的拉杆上装有滚柱。当床鞍纵向进给时，滚柱即在靠模的曲线槽内移动，从而使刀尖也随着作曲线移动，同时用小刀架控制背吃刀量，即可车出手柄的成形面。这种方法加工成形面，操作简单，生产率较高，多用于成批生产。当靠模的槽为直槽时，将靠模扳转一定角度，即可用于车削锥面。

3. 用样板刀车成形面

如图 7-40 所示，此法要求切削刃形状与工件表面相吻合，装夹刀具时刃口要与工件轴线等高。刃磨时只磨前面，加工精度取决于刀具。车床只做横向进给，只限于短工件，生产效率高，可用于成批生产。

7.5.2　车螺纹

在机械制造业中，带螺纹的零件应用很广泛。例如，车床的主轴与卡盘的连接、方刀架上螺钉对刀具的紧固、丝杠与螺母的传动等。螺纹的种类，有米制螺纹与英制螺纹，按牙型分有三角形螺纹、梯形螺纹、矩形螺纹等。其中以普通米制三角形螺纹应用最广。

1. 螺纹车刀及安装

螺纹牙型角 α 要靠螺纹车刀切削部分的正确形状来保证，因此三角形螺纹车刀的刀尖角应等于牙型角 α，精车时螺纹车刀的前角 $\gamma_o = 0°$，以保证牙型角正确，否则将产生形状误差。粗车螺纹或螺纹精度要求不高时，其前角 $\gamma_o = 5° \sim 20°$。车削普通螺纹时螺纹车刀的角度如图 7-41 所示。刀具安装时，要保证刀尖与工件轴线等高，刀尖中分角线与工件轴线垂直，以保证车出的螺纹牙型两边对称。

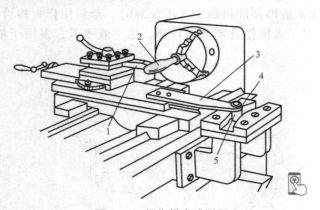

图 7-39　用靠模车成形面
1—车刀　2—成形面　3—拉杆　4—靠模　5—滚柱

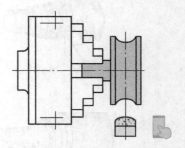

图 7-40　用样板刀车成形面

2. 机床调整

根据工件螺距的大小，查找车床上螺距铭牌，选定进给箱手柄位置或更换交换齿轮，然后脱开光杠进给机构，改由丝杠传动，以选取较低的主轴转速，使之顺利切削及有充分的时间退刀。为了使刀具移动均匀、平稳，还需对中滑板导轨间隙和小刀架丝杠与螺母的间隙进行调整。

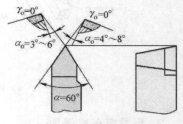

图 7-41　螺纹车刀的角度

3. 车螺纹操作步骤

以外螺纹为例，车螺纹的操作步骤如下：

1）开车，使车刀与工件轻微接触，记下刻度盘读数以备后面调整背吃刀量，向右退出车刀，如图 7-42a 所示。

2）合上开合螺母，在工件表面上车出一条螺旋线，横向退出车刀，停车，如图 7-42b 所示。

3）开反车使车刀退到工件右端，停车，用钢直尺测量螺距大致尺寸，如图 7-42c 所示。

4）利用刻度盘调整背吃刀量，开车切削，如图 7-42d 所示。

5）车刀将至行程终了时，应做好退刀停车准备，先快速退出车刀，然后停车，开反车退回刀架，如图 7-42e 所示。

6）再次横向进给背吃刀量，继续切削，其切削过程的路线如图 7-42f 所示。

车内螺纹的方法及步骤与车外螺纹差不多。先车出螺纹内孔，再车螺纹。对于公称直径较小的内螺纹，也可以在车床上用丝锥攻出。

4. 车螺纹的进刀方法

车削螺纹时，进刀有两种方法（图 7-43）。

（1）直进法　用中滑板横向进刀，两切削刃和刀尖同时参加切削。直进法操作方便，能保证螺纹牙型精度；但车刀受力大，散热差，排屑困难，刀尖容易磨损。此法适用于车削脆性材料，以及车削小螺距螺纹或最后精车螺纹。

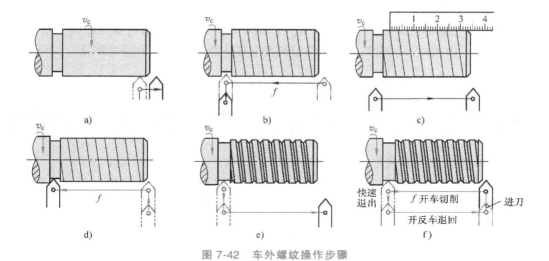

图 7-42 车外螺纹操作步骤

（2）斜进法　用中滑板横向进刀和小滑板纵向进刀相配合，使车刀基本上只有一个切削刃参加切削，车刀受力小，散热、排屑有改善，可提高生产率；但螺纹牙型的一边表面粗糙度值高，所以在最后一刀时要留余量，用直进法进刀，使牙型两边都修光。此法适用于车削塑性材料和粗车大螺距的螺纹。

5. 三角形螺纹的测量

三角形螺纹测量常用的量具是螺纹环规和螺纹塞规（图7-44），它由通规和止规两件组成一副，用来测量牙型角和螺距，螺纹工件只有在通规可通过、止规不能通过时为合格。

6. 防止乱扣的措施

车螺纹时，需经过多次进给才能切成。在多次切削中，必须保证车刀总是落在已切出的螺纹槽内，否则就叫"乱扣"。如果乱扣，工件即成废品。为了避免乱扣现象，需注意以下几点：

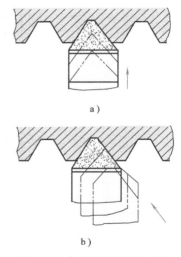

图 7-43　车螺纹时的进刀方法
a）直进法　b）斜进法

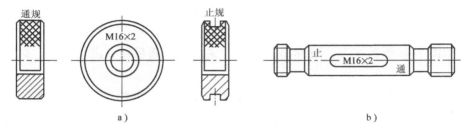

图 7-44　螺纹量规
a）螺纹环规　b）螺纹塞规

1）调整中、小刀架导轨上的斜铁，保证合适的配合间隙，使刀架移动均匀、平稳。

2）由顶尖上取下工件测量时，不得松开卡箍。重新安装工件时，必须使卡箍与拨盘

（或卡盘）保持原来的相对位置。

3）若需在切削中途换刀，则应重新对刀，使车刀仍落入已车出的螺纹槽内。由于传动系统存在间隙，因此对刀时应先使车刀沿切削方向走一段距离，停车后再对刀。

 复习思考题

7-1　C6140 车床中各代号表示什么含义？

7-2　根据图 7-45 所示传动系统图：（1）请列出传动链；（2）主轴 V 上有几种转速？（3）主轴 V 的最高转速为多少？（4）主轴 V 的最低转速为多少？

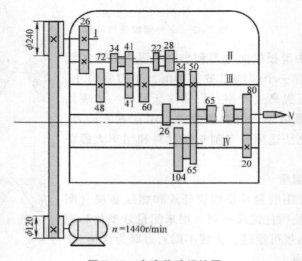

图 7-45　车床传动系统图

7-3　车削时工件和刀具需做哪些运动？切削用量包括哪些内容？用什么单位表示？

7-4　光杠、丝杠的作用是什么？车外圆用丝杠带动刀架，车螺纹用光杠带动刀架一般不行，为什么？

7-5　加工 45 钢和 HT150 铸件时应该选用哪类硬质合金车刀？对于粗车和精车各用什么牌号？为什么？

7-6　如图 7-46 所示车刀，请标出其前面、主后面、副后面、主切削刃、副切削刃和刀尖。

7-7　车床上安装工件的方法有哪些？各适用于加工哪些种类、哪些技术要求的零件？

7-8　卧式车床能加工哪些表面？分别用什么刀具？所达到的精度和表面粗糙度值一般为多少？

7-9　何谓成形面？车床上加工成形面有几种方法？各适用于什么情况？

7-10　车螺纹时在什么情况下会出现"乱扣"？如何防止"乱扣"？

7-11　简述车削如图 7-47 所示后顶尖的加工步骤、装夹方法及所用工具。

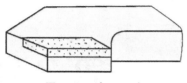

图 7-46 车刀刀头

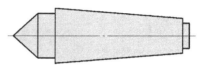

图 7-47 后顶尖

7-12 如图 7-48 所示的台阶轴，在单件或小批生产时，如何安排其加工工序？在大批生产时，其工序又应如何安排？

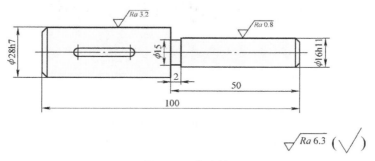

图 7-48 台阶轴

第8章

铣削、刨削和磨削加工

学习要点及要求

1. 训练内容及要求

1) 掌握铣削加工的基本知识、铣床的种类、用途和型号。

2) 掌握铣削加工方法、所用的刀具、加工精度和粗糙度范围。

3) 了解铣床常用附件——分度头、转台、立铣头的功用。

4) 了解常用齿形加工方法，铣齿、滚齿、插齿的加工特点，切削运动及齿轮加工机床的构造。

5) 掌握牛头刨床的组成、传动原理，熟悉牛头刨床的调整方法。

6) 了解刨刀的结构特点和装夹方法。熟悉工件在平口钳上的装夹及校正方法。

7) 掌握在牛头刨床上刨水平面、垂直面、斜面、沟槽及成形表面的操作方法。

8) 了解龙门刨床、插床的特点及适用范围。

9) 掌握磨削加工基本知识，如磨削特点、磨削运动、砂轮的选用、常用磨床附件及磨床工作范围等。

10) 了解磨床种类、结构特点和型号。

11) 初步掌握磨削加工方法和操作。

2. 训练示范讲解

（1）铣削加工

1) 铣削加工及特点。

2) 讲解铣床的型号、结构特点、加工范围及铣床的使用操作。

3) 示范讲解铣刀和工件安装方法，沟槽及平面的铣削方法。

4) 讲解立铣头、分度头和回转工作台的结构，工作原理及操作方法。

5) 讲解齿轮加工方法及特点，滚齿机、插齿机的组成及作用，示范讲解滚齿和插齿加工。

（2）刨削加工

1) 刨削加工及特点。

2) 讲解牛头刨床的组成，各部分的作用，刨削运动，刨床的调整及其操纵。

3) 讲解工件及刀具的安装，刨削加工的方法及步骤。

4) 讲解龙门刨床和插床的加工范围和运动特点。

（3）磨削加工

1）磨削的特点及发展近况。

2）平面磨床的主要组成及功用。

3）砂轮的组成、类型规格及选用。

4）常见磨床类型、结构特点及适用范围。

3. 训练实践操作

1）练习铣床调整和操作，并在立铣床上铣削平面。

2）结合实习工件做沟槽铣削加工练习。

3）利用分度头做多面体或齿轮简单分度铣削加工练习。

4）熟悉调整牛头刨床，在平口钳上安装并校正工件。

5）学生要选择并安装刨刀，并在牛头刨床上刨削平面。

6）学生做刨垂直面、斜面、沟槽和曲面的操作练习。

7）平面磨床的调整和操作练习。

8）在外圆磨床上磨削轴类零件练习。

4. 训练安全注意事项

（1）铣削加工实习操作应注意的安全事项

1）铣削前检查刀具、工件装夹是否牢固可靠，运转方向与工作台进给方向是否正确。

2）使用扳手时，用力方向应避开铣刀，以免扳手打滑时造成伤害。

3）开车时，不许用手摸铣刀、测量工件及清除切屑等，铣刀未完全停止旋转前，不得用手制动，以免损伤手指。

4）使用快速进给，当工件快接近刀具时，必须事先停止快速进给，学生一般情况下不用快速进给。

5）变速、换刀、换工件或测量工件时，都必须停机。

6）清除切屑要用毛刷，不可用手抓，用嘴吹。操作时不要站立在切屑流出方向，以免切屑伤人。

（2）刨削加工实习操作应注意的安全事项

1）开车前检查刀具、工件、夹具装夹是否牢固可靠，应清除机床上工具和其他物品，以免在机床开动时产生意外事故。

2）开车前检查所有手柄、开关、控制旋钮是否处于正确位置。

3）加工工件前先手动或空车检查行程长度和位置是否正确，工件与机床各部位、刀具等处是否有相碰的地方。特别是使用快速调整时更应注意。

4）开车时应站在工作台侧面，严禁站在行程前后方或离运动部件（如牛头刨床的走刀机构）太近。

5）机床运转时不得装卸工件、调整机床、刀具、测量工件和擅离工作岗位。

6）工件在工作台上要轻放、轻起；吊起前，应将夹紧螺钉全部松开。

7）工作结束后，关闭机床电动机和切断电源，所有手柄和控制旋钮都扳到空挡位置，然后清理切屑，打扫场地，并将机床擦拭干净，加好润滑油。

（3）磨削加工实习操作应注意的安全事项

1）磨削前，应仔细检查砂轮有无裂纹，固定砂轮的螺母是否拧紧，查清没有上述问题后，经过2min空转试验，才能开始磨削。

2）更换砂轮时，必须进行砂轮平衡试验。

3）磨削工件时不能吃刀过大，以防工件烧伤，砂轮破裂，造成严重事故。

4）机床必须设有砂轮罩，开车时不可站在正面，以防砂轮破裂伤人。

5）使用磁性吸盘时，必须检查吸盘是否可靠，工件未被吸牢时不准开车，以防工件飞出伤人。

6）必须调整、紧固换向挡铁的位置，以防工作台行程过头造成事故。

7）用金刚石修整砂轮时，进给速度要平稳，不要站在正面操作，以防迷眼。

8）更换工件或操作者要离开磨床时，必须停机；磨床运转过程中，严禁用手触摸工件或砂轮。

5. 训练教学案例

1）精度要求不高的齿轮，采用什么方法可以加工出来？举出常见的三种方法。

2）直槽、T形槽、V形槽、燕尾槽、垂直面、小平面、斜面采用什么方法加工？

3）汽车半轴选择40Cr，感应淬火后52HRC，表面粗糙度$Ra0.4\mu m$，应该选择什么方法加工才能满足要求？

8.1 铣削加工

铣削加工是指在铣床上用铣刀的旋转和工件的移动来加工工件，铣刀的旋转是主运动，工件的移动是进给运动。铣刀是多齿刀具，切削过程中同时参加工作的切削刃数多，可采用较大的切削用量，因此，铣削的生产率较高。铣削时，铣刀上的每个刀齿都是间歇地进行切削，刀齿与工件接触时间短，散热条件好，有利于延长铣刀使用寿命。但由于铣刀刀齿的不断切入、切出，铣削力不断变化，因而铣削容易产生振动。同时，因为铣削加工范围广，铣刀形状复杂，所以铣刀的制造和刃磨比较困难。

铣削加工的精度比较高，一般经济加工的尺寸公差为IT9～IT8，表面粗糙度Ra值为$12.5～1.6\mu m$。必要时，铣削加工精度可高达IT5，表面粗糙度Ra值可达$0.20\mu m$。

铣削加工的对象主要是平面（斜面、台阶）、沟槽（T形槽、燕尾槽、键槽）、成形面（圆弧、齿轮、螺旋槽）、切断等，如图8-1所示。

铣削加工的切削用量由铣削速度v_c、进给量f、背吃刀量a_p（铣削深度）和侧吃刀量a_e（铣削宽度）组成，如图8-2所示。

铣削用量选择的原则是：粗加工时为了保证必要的刀具寿命，应优先采用较大的侧吃刀量或背吃刀量，其次是加大进给量，最后才是根据刀具寿命的要求选择适宜的切削速度。这样选择是因为切削速度对刀具寿命影响最大，进给量次之，侧吃刀量或背吃刀量影响最小。精加工时为减小工艺系统的弹性变形，必须采用较小的进给量，同时为了抑制积屑瘤的产生。对于硬质合金铣刀应采用较高的切削速度，对高速工具钢铣刀应采用较低的切削速度，

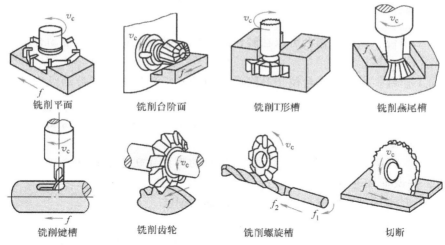

铣削平面　　　铣削台阶面　　　铣削T形槽　　　铣削燕尾槽

铣削键槽　　　铣削齿轮　　　铣削螺旋槽　　　切断

图 8-1　铣削加工范围

如铣削过程中不产生积屑瘤时，也应采用较大的切削速度。

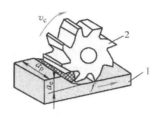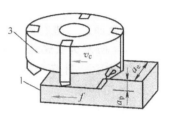

图 8-2　铣削运动与铣削用量
1—工件　2—圆柱铣刀　3—面铣刀

8.1.1　常用铣床简介

铣床种类很多，常用的有卧式万能铣床和立式铣床，除此外还有工具铣床、龙门铣床、仿形铣床及专用铣床等。

1. 卧式万能铣床

卧式万能铣床是铣床中应用最多的一种，它的主轴是水平的。铣床纵向工作台和横向工作台之间的转台可以使纵向工作台在水平面内绕垂直轴做±45°的转动，这是卧式万能铣床有别于其他卧式铣床的特点。

（1）铣床的型号　图 8-3 所示为 X6132 卧式万能铣床。在型号 X6132 中，X 为铣床，"6" 为卧式升降台铣床，"1" 为万能升降台铣床，"32" 为工作台宽度的 1/10，即工作台宽度为 320mm。

（2）铣床的组成及其作用

1）床身。床身用来固定和支承铣床上所有的部件。电动机、主轴变速机构、主轴等安装在它的内部。

2）横梁。横梁上可安装吊架，用来支承刀杆外伸的一端，以加强刀杆的刚度。横梁可沿床身的水平导轨移动，以调整其伸出的长度。

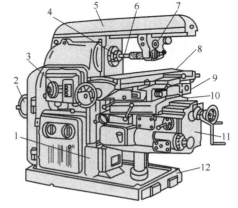

图 8-3　X6132 卧式万能铣床
1—床身　2—电动机　3—主轴变速机构　4—主轴
5—横梁　6—刀杆　7—吊架　8—纵向工作台
9—转台　10—横向工作台　11—升降台　12—底座

3）主轴。主轴是空心轴，前端有 7∶24 的精密锥孔，其作用是安装铣刀刀杆并带动铣刀旋转。

4）纵向工作台。纵向工作台可以在转台的导轨上做纵向移动，以带动台面上的工件做纵向进给。

5）横向工作台。横向工作台位于升降台上面的水平导轨上，可带动纵向工作台一起做横向进给。

6）转台。转台的唯一作用是能将纵向工作台在水平面内扳转一个角度（正、反最大均可转过 45°），以便铣削螺旋槽等。

7）升降台。升降台可以使整个工作台沿床身的垂直导轨上下移动，以调整工作台面到铣刀的距离，并做垂直进给。

8）底座。底座用以支撑床身和升降台，内盛切削液。

2. 立式铣床

立式铣床与卧式铣床的区别在于其主轴垂直于工作台。有的立式铣床其主轴还可相对于工作台偏转一定的角度。它可利用立铣刀和面铣刀进行铣削加工，是生产中加工平面及沟槽效率较高的一种机床。立式铣床由于操作时观察、检查和调整铣刀位置比较方便，又便于安装硬质合金面铣刀进行高速切削，生产率高，故应用很广。

图 8-4 所示为 X5032 立式铣床的外形图。在型号 X5032 中，X 为铣床，"5" 为立式铣床，"0" 为立式升降台铣床，"32" 为工作台宽度的 1/10，即工作台宽度为 320mm。

3. 龙门铣床

龙门铣床是一种大型铣床，如图 8-5 所示。铣削动力头安装在龙门横梁或立柱导轨的刀架上，一般有三至四个铣削动力头。在横梁上的垂直刀架可左右移动，在立柱上的侧刀架做上下移动。每个刀架都能沿主轴进行轴向调整，并可按生产需要旋转一定角度，其工作台带动工件做纵向进给运动。可以用铣削动力头带动的刀具同时铣削，所以生产率很高。

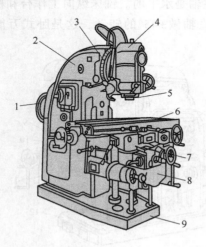

图 8-4　X5032 立式铣床

1—电动机　2—床身　3—主轴头架旋转刻度
4—主轴头架　5—主轴　6—工作台
7—横向工作台　8—升降台　9—底座

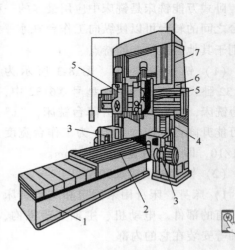

图 8-5　龙门铣床

1—床身　2—工作台　3—侧铣头　4—操作箱
5—立铣头　6—横梁　7—立柱

这种机床适用于铣削平面、垂直面、倾斜面、导轨面，特别是长度大的工件表面加工。由于生产率较高，适用于成批大量生产的粗精加工。

8.1.2　铣刀、铣床附件及作用

1. 铣刀的种类及用途

铣刀的种类很多，其名称主要根据铣刀某一方面的特征或用途来确定。铣刀的分类方法也很多，常用的有：

（1）按铣刀切削部分的材料分类　分为高速工具钢铣刀、硬质合金铣刀。前者较常用，后者多用于端面的高速铣削。

（2）按铣刀的结构形式分类　分为整体铣刀、镶齿铣刀、可转位式铣刀。整体铣刀较常用。近年来正推广可转位式铣刀，其刀片用机械夹紧在刀体上，可转位、可更换，节省了材料和刃磨时间。

（3）按铣刀的形状分类　分为：

1）镶齿面铣刀。如图 8-6a 所示，通常刀体上装有硬质合金刀片，刀杆伸出部分短、刚度好，常用于高速平面铣削。

2）立铣刀。如图 8-6b 所示，这是一种带柄铣刀，有直柄和锥柄两种。用于加工端面、斜面、沟槽和台阶面等。

3）圆柱铣刀。如图 8-7a 所示，刀齿分布在圆周上，又分为直齿、螺旋齿两种。螺旋齿铣刀在工作时是每个刀齿逐渐进入或离开加工表面，切削比较平稳。圆柱铣刀专门用于加工平面。

4）圆盘铣刀。如图 8-7b、c 所示，三面刃铣刀主要用于加工不同宽度的直角沟槽及小平面、台阶面等。

5）角度铣刀。如图 8-7e、f 所示，用于加工各种角度的沟槽及斜面等。它分为单角铣刀和双角铣刀。

6）键槽铣刀。如图 8-6c 所示，专门用于加工封闭式键槽。

7）T 形槽铣刀。如图 8-6d 所示，专门用于加工 T 形槽。

8）燕尾槽铣刀。如图 8-6e 所示，专门用于加工燕尾槽。

9）切断铣刀。如图 8-7c 所示，专门用于切断工件，这种铣刀宽度一般在 6mm 以下。

10）成形铣刀。如图 8-7d、g、h 所示，用于加工成形面，如凹半圆、凸半圆、齿轮、

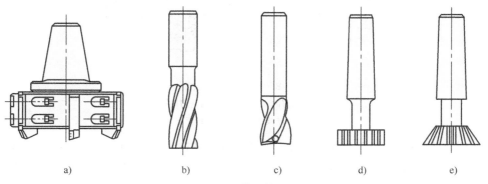

a)　　　　b)　　　　c)　　　　d)　　　　e)

图 8-6　带柄铣刀

a）镶齿面铣刀　b）立铣刀　c）键槽铣刀　d）T 形槽铣刀　e）燕尾槽铣刀

凸轮、链轮等。

（4）按铣刀的安装方法分　可分为带柄铣刀和带孔铣刀两大类，如图 8-6 和图 8-7 所示。带柄铣刀多用于立式铣床上，带孔铣刀多用于卧式铣床上。

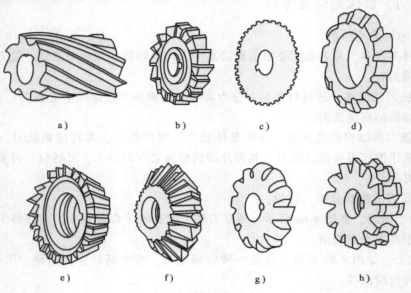

图 8-7　带孔铣刀

a）圆柱铣刀　b）三面刃铣刀　c）锯片铣刀　d）模数铣刀　e）单角铣刀
f）双角铣刀　g）凹圆弧铣刀　h）凸圆弧铣刀

2. 铣刀安装

（1）带柄铣刀安装　锥柄铣刀的安装如图 8-8 所示，根据铣刀锥柄的大小，选择合适的锥套，然后用拉杆把铣刀及锥套一起拉紧在主轴上。直柄立铣刀的安装，这类铣刀多为小直径铣刀，一般不超过 $\phi20\text{mm}$，多用弹簧夹头进行安装。铣刀的柱柄插入弹簧套的孔中，用螺母压弹簧套的端面，使弹簧套的外锥面受压而孔径缩小，即可将铣刀抱紧。弹簧套上有三个开口，故受力时能收缩。弹簧套有多种孔径，以适应各种尺寸的铣刀。

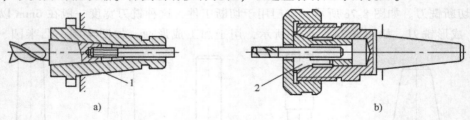

图 8-8　带柄铣刀的安装

a）锥柄铣刀的安装　b）直柄铣刀的安装
1—过渡锥套　2—弹簧套

（2）带孔铣刀安装　带孔铣刀中的圆柱形、圆盘形铣刀，多用长刀杆安装，如图 8-9 所示。用长刀杆安装带孔铣刀时需注意：第一，铣刀应尽可能地靠近主轴或吊架，以保证铣刀有足够的刚度；第二，套筒的端面与铣刀的端面必须擦干净，以减小铣刀的轴向圆跳动；第三，拧紧刀杆的压紧螺母时，必须先装上吊架，以防刀杆受力变弯。带孔铣刀中的面铣刀，

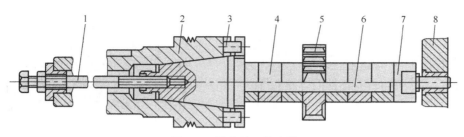

图 8-9　圆盘铣刀的安装

1—拉杆　2—主轴　3—端面键　4—套筒　5—铣刀　6—刀杆　7—压紧螺母　8—吊架

多用短刀杆安装（图 8-10）。

　　3. 铣床附件

　　在铣床上铣削时，为了适应不同零件的加工，常常采用各种附件，如压板、角铁、V 形块、机用虎钳、回转工作台、立铣头、分度头以及组合夹具等。这些附件的应用，扩大了铣削的加工范围。

　　（1）机用虎钳　其构造简单，夹紧牢靠（图 8-11）。尺寸规格以钳口宽度表示，通常在 100～200mm 之间。它底部有两个定位键与工作台中间的 T 形槽配合定位，然后再用两只 T 形螺栓紧固在铣床工作台上。可用于对小型件和形状规则件的夹紧。

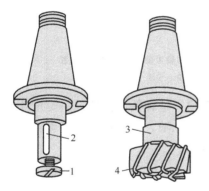

图 8-10　面铣刀的安装

1—螺钉　2—键　3—垫套　4—铣刀

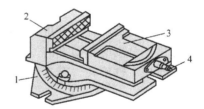

图 8-11　机用虎钳

1—底座　2—固定钳口　3—活动钳口　4—螺杆

　　（2）回转工作台　回转工作台（图 8-12）中有一对蜗杆副，摇动手轮带动蜗杆轴转动，再通过内部蜗轮使回转台旋转。回转台中央有一圆锥孔，便于工件定位，并与回转台同轴转动。另外，为了确定回转台转动的位置，回转台的外圆柱面上带有刻度。此回转工作台可用于圆弧表面或圆弧曲线外形、沟槽的加工以及分度零件的加工。在回转工作台上加工圆弧槽的情况如图 8-12b 所示。

　　（3）万能铣头　它的结构及加工斜面的情况如图 8-13 所示。万能铣头可根据需要把铣刀轴调整到任意角度，以加工各种角度的倾斜表面，也可在一次装夹中，进行不同角度的铣削。

　　（4）万能分度头

　　1）分度头的组成及作用。分度头是一种用来进行分度的装置，由底座、转动体、分度盘、主轴及顶尖等组成，如图 8-14 所示。主轴装在转动体内，并可随转动体在垂直平面内转动成水平、垂直或倾斜位置。例如，在铣六方、齿轮、花键等工件时，要求工件在铣完一

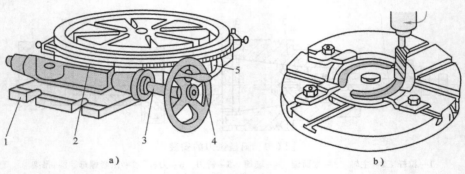

a)　　　　　　　　　　　　　　　b)

图 8-12　回转工作台

a）回转工作台　b）在回转工作台上加工圆弧槽

1—底座　2—回转台　3—蜗杆　4—手轮　5—螺钉

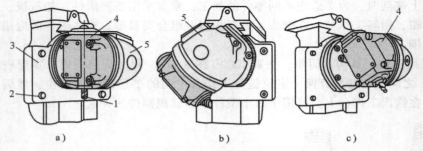

a)　　　　　　　　b)　　　　　　　　c)

图 8-13　万能铣头

a）铣刀为垂直位置　b）铣刀轴可左右旋转为倾斜位置　c）铣刀轴可前后旋转为倾斜位置

1—铣刀　2—紧固螺栓　3—底座　4—壳体2　5—壳体1

个面或一条槽之后转过一个角度，再铣下一个面或下一条槽，这种使工件转过一定角度的操作即为分度。分度时摇动手柄，通过蜗杆、蜗轮带动分度头主轴，再通过主轴带动安装在主轴上的卡盘使工件旋转。图 8-15 所示为分度头传动示意图。

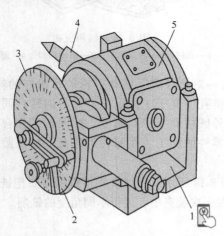

图 8-14　万能分度头结构

1—底座　2—扇形叉　3—分度盘
4—主轴　5—转动体

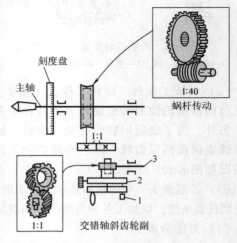

图 8-15　分度头传动示意图

1—定位销　2—分度环　3—交换齿轮轴

2）简单分度法。如图 8-15 所示，蜗杆蜗轮的传动比为 1：40，即当与蜗杆同轴的手柄转过一圈时，单头蜗杆前进一个齿距，并带动与它相啮合的蜗轮转动一个齿。这样当手柄连续转动 40 圈后，蜗轮正好转过一整圈，由于主轴与蜗轮相连，故主轴带动工件也转过一整圈。如使工件 Z 等分分度，每分度一次，工件（主轴）应转动 1/Z 转，则由下式可求得分度头手柄转数 n 为

$$n \times \frac{1}{40} = \frac{1}{Z}$$

$$n = \frac{40}{Z}$$

这种分度方法称为简单分度。

例：欲铣一六面体，每铣完一个面后工件转过 1/6 转，按上述公式手柄转数

$$n = \frac{40}{6} = 6\frac{2}{3}$$

即手柄要转动 6 整圈再加 2/3 圈，此处 2/3 圈一般是通过分度盘来控制的。国产分度头一般备有两块分度盘，分度盘两面上有许多数目不同的等分孔，它们的孔距是相等的，只要在上面找到 3 的倍数孔（如 30、33、36…），任选一个即可进行 2/3 圈的分度。当然这是最普通的分度法。此外，还有直接分度法、差动分度法和角度分度法等。

3）利用分度头铣螺旋槽。在铣削中经常会遇到铣螺旋槽的工作，如斜齿轮的齿槽、麻花钻的螺旋槽、立铣刀及螺旋圆柱铣刀的沟槽等，在万能卧式铣床上利用分度头就能完成这些工作。

8.1.3　铣削基本方法

铣削加工方法很多，本节只介绍常见的几种铣削加工方法。

1. 铣削的工艺过程

1）准备工作。熟悉零件图和工艺文件，检查工件毛坯，测量其尺寸及加工余量，准备所用的工具。

2）安装工件。选择合适的装夹方式，将工件正确且牢固地装夹好，并进行必要的检查。

3）选用刀具并装夹找正。

4）调整机床。包括机床工作台位置、铣削用量、自动进给挡铁等的调整。

5）开动机床进行加工。在铣削过程中，应避免中途停车或停止进给运动，否则由于切削力的突然变化，影响工件的加工质量。

2. 铣平面

根据工件形状及设备条件，可在立式铣床上用面铣刀或在卧式铣床上用圆柱铣刀来铣平面。

（1）用面铣刀铣平面　目前铣削平面多采用镶硬质合金刀头的面铣刀在立式铣床或卧式铣床上进行。由于面铣刀铣削时切削厚度变化小，同时进行切削的刀齿较多，因此切削较平稳。而且面铣刀的柱面刃承受着主要的切削工作，而端面刃又有刮光作用，因此表面粗糙度值较小。

（2）用圆柱铣刀铣平面　圆柱铣刀的切削刃分布在圆周上，因此简称周铣法。根据铣刀旋转方向与工作台移动方向的关系，又可分为逆铣和顺铣两种铣削方式，如图8-16所示。

铣刀旋转方向与工件进给方向相反的铣削称为逆铣，方向相同的称为顺铣。逆铣时，每个刀齿的切削厚度是从零增大到最大值。由于铣刀刃口处总有圆弧存在，而不是

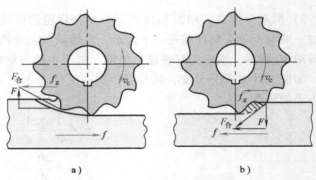

图 8-16　逆铣和顺铣
a）逆铣　b）顺铣

绝对尖锐的，所以在刀齿接触工件初期，不能切入工件，而是在工件表面上挤压、滑行，使刀齿与工件之间的摩擦加大，加速了刀具磨损，同时也使表面质量下降。顺铣时，每个刀齿的切削厚度是从最大值减小到零，从而避免了上述缺点。逆铣时，铣削力上抬工件，而顺铣时，铣削力将工件压向工作台，减小了工件振动的可能性，尤其铣削薄而长的工件时，更为有利。

如果铣床丝杠和其上螺母间有间隙，顺铣时过大的切削力可引起工作台在进给运动中产生窜动，使铣削过程产生振动和造成进给量不均匀，严重时将会损坏铣刀，造成工件报废，因此采用顺铣时要求机床有间隙调整装置。否则，在一般情况下多采用逆铣法。

3. 铣斜面

斜面是工件常见的结构，斜面铣削方法也很多，常见的有以下几种：

（1）用倾斜垫铁铣斜面　在零件设计基准的下面垫一块倾斜的垫铁，则铣出的平面就与设计基准面成倾斜位置。改变倾斜垫铁的角度，即可加工不同角度的斜面（图8-17a）。

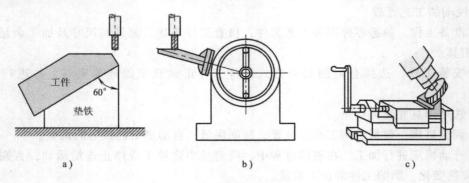

图 8-17　铣斜面
a）用倾斜垫铁铣斜面　b）用分度头铣斜面　c）用万能铣头铣斜面

（2）用分度头铣斜面　在一些圆柱形和特殊形状的零件上加工斜面时，可利用分度头将工件转成所需位置而铣出斜面（图8-17b）。

（3）用万能铣头铣斜面　由于万能铣头能方便地改变刀轴的空间位置，因此可以转动铣头以使刀具相对工件倾斜一个角度来铣斜面（图8-17c），当加工零件的批量较大时，则常采用专用夹具铣斜面。

4. 铣沟槽

铣床能加工的沟槽种类很多，如直槽、键槽、特形沟槽等。特形沟槽如角度槽、V形槽、T形槽、燕尾槽等。根据沟槽在工件上的位置又分为敞开式、封闭式、半封闭式三种。

根据沟槽的形式和种类，加工时首先要选择相应的铣刀。通常敞开式直槽用圆盘铣刀；封闭式直槽用立铣刀或键槽铣刀；半封闭直槽则需根据封闭端形式，采用不同的铣刀进行加工。对特形沟槽采用相应的特形铣刀。

（1）铣键槽　敞开式键槽在卧式铣床上加工，所用的圆盘铣刀的宽度应根据键槽的宽度而定。安装时，圆盘铣刀的中心平面应和轴的中心对准（图8-18），横向调整工作台使 $A=B$。铣刀对准后，将机床床鞍紧固。铣削时应先试铣，检验槽宽合格后，再铣出全长。

封闭式键槽是在立式铣床上加工。若采用立铣刀，因其中央无切削刃，不能向下进刀，故需在键槽端部先钻一个落刀孔，然后再进行铣削；若用键槽铣刀，端部有切削刃，可以直接向下进刀，但进给量应小些。

（2）铣T形槽　其加工方法分两步，首先加工出直槽，然后在立式铣床上用T形铣刀铣削T形槽（图8-19）。因T形铣刀工作时排屑困难，切削用量应小些，同时使用切削液。

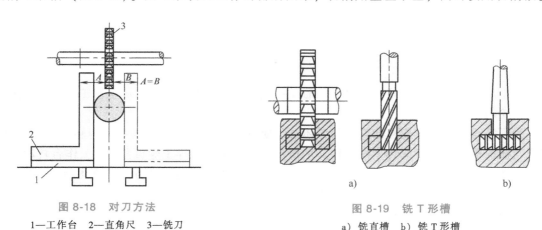

图8-18　对刀方法

1—工作台　2—直角尺　3—铣刀

图8-19　铣T形槽

a）铣直槽　b）铣T形槽

（3）铣螺旋槽　在加工麻花钻、斜齿轮、螺旋铣刀的螺旋槽时，刀具做旋转运动，工件安装在尾座与分度头之间，一方面随工作台做匀速直线运动，同时又随分度头做匀速旋转运动（图8-20）。根据螺旋线的形成原理，要铣削出一定导程的螺旋槽，必须保证当纵向移动距离等于螺旋槽的一个导程时，工件恰好转动一圈。这一点可通过丝杠和分度头之间的交换齿轮来实现。

根据图8-20所示的传动系统，工件纵向移动一个导程 P_h，丝杠转 P_h/P 转，经过交换齿轮及分度头使工件转一圈，其关系式为

$$\frac{P_h}{P} \times \frac{z_1 z_3}{z_2 z_4} \frac{a}{b} \frac{d}{c} \frac{1}{40} = 1$$

即

$$\frac{P_h}{P} \times \frac{z_1 z_3}{z_2 z_4} \times 1 \times 1 \times \frac{1}{40} = 1$$

整理上式得

$$i = \frac{z_1 z_3}{z_2 z_4} = \frac{40P}{P_h}$$

式中　z_1、z_3——交换齿轮主动轮齿数；
　　　z_2、z_4——交换齿轮从动轮齿数；
　　　P——纵向丝杠螺距（mm）；
　　　P_h——工件导程（mm）。

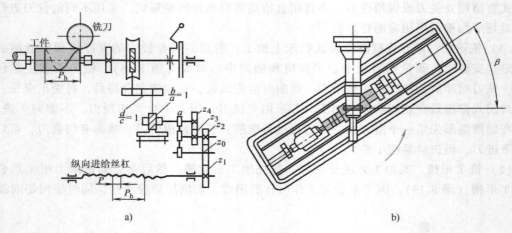

图 8-20　铣螺旋槽
a）工作台和分度头的传动系统　b）铣右螺旋槽

在生产实践中，一般只要算出工件的导程或交换齿轮的速比，即可从铣工手册中查出各交换齿轮的齿数。

为了获得规定的螺旋槽截面形状，还必须使铣床纵向工作台在水平面内转过一个角度，使螺旋槽的槽向与铣刀旋转平面一致。工作台转过的角度应等于螺旋角 β。工作台转动的方向应由螺旋槽的方向来确定。铣右螺旋槽时，工作台转向为逆时针方向（图 8-20）；铣左旋螺旋槽时，与铣右旋螺旋槽转动方向相反。

螺旋角 β 可由下式求得

$$\beta = \arctan\left(\frac{\pi D}{P_h}\right)$$

式中　D——工件直径（mm）；
　　　P_h——螺旋槽导程（mm）。

8.1.4　齿轮齿形加工

齿轮是机器、仪器中使用广泛的重要传动件。齿轮种类很多，齿形形状也各有不同，应用最广泛的是渐开线齿轮。齿轮齿形加工常分为无屑加工（如冷挤、精密锻造、轧制等）和有屑加工（铣齿、插齿、滚齿等）。有屑加工应用更广泛，按其加工原理可分为成形法和展成法两种。成形法是用轮廓与被切齿轮齿槽轮廓相同或相近的刀具直接切出齿形的加工方法，铣齿、刨齿、拉齿属于此种方法。展成法是利用齿轮刀具与被切齿轮的啮合运动而切出齿形的加工方法，滚齿、插齿、剃齿等属于展成法加工。

1. 铣齿

铣齿加工一般是在普通铣床上由分度头分度，采用与齿轮齿槽形状相同的成形盘状铣刀和指形齿轮铣刀，直接切削出齿轮齿形的方法，属于成形法，如图 8-21 所示。加工模数 >8mm 的齿轮用指形齿轮铣刀，加工模数 <8mm 的齿轮用盘状铣刀。铣削时，铣刀装在铣床主轴的刀杆上做旋转运动。工件用分度头顶尖（或卡盘）和尾座顶尖装夹，一起固定在铣床工作台上。工作台带动工件及分度头做直线运动。每当铣完一个齿槽后，借助分度头将工件转过一个齿并重新铣削另一个齿槽，这样依次铣完所有的齿槽（图 8-22）。

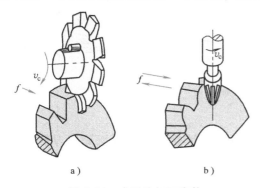

图 8-21 成形法加工齿轮

a）盘状铣刀加工齿轮 b）指形齿轮铣刀加工齿轮

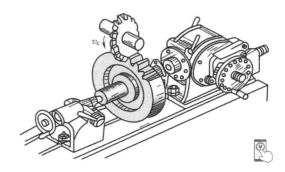

图 8-22 铣齿加工

铣齿的工艺特点：

1）用普通铣床加工，设备简单，刀具成本低。

2）每切一个齿槽都要重复一次切入、退刀和分度，因此辅助时间长，生产效率较低。

3）铣齿的精度低，最高精度为 9 级，齿面表面粗糙度 $Ra = 6.3 \sim 3.2 \mu m$。

用铣刀铣齿时，铣刀的齿形与被加工齿轮的齿形相同，但齿轮的齿形与模数、压力角和齿数有关，为了能准确地加工出模数和压力角相同而齿数不同的齿轮，就要求每一种齿数的齿轮要对应有一把铣刀，这显然是不经济的。因此，在实际工作中，通常把相同模数和压力角的齿轮按其齿数（由 12 到 135 以上）分成 8 组（更精确地分成 15 组），见表 8-1。每一组只用一把铣刀来加工就可以了。

表 8-1 齿轮铣刀刀号

刀号	1	2	3	4	5	6	7	8
加工齿数范围	12～13	14～16	17～20	21～25	26～34	35～54	55～134	135 以上及齿条

为了保证加工出的齿轮在啮合时不会根切而卡住，各号铣刀的齿形均按这一组内最小齿数的齿形设计制造。所以，用此号刀具加工同组内其他齿数齿轮时，其齿形是近似的。

由于上述特点，铣齿加工适用于单件、小批生产，常用来制造一些转速低、精度要求不高的齿轮。

2. 滚齿

图 8-23 所示为滚齿加工原理图。滚齿时，齿轮刀具为滚刀，其外形像一个蜗杆，它在垂直于螺旋槽方向开出槽以形成切削刃（图 8-23a），其法向剖面具有齿条形状，因此当滚刀连续旋转时，滚刀的刀齿可以看成是一个无限长的齿条在移动（图 8-23b），同时切削刃由上而下完成切削任务，只要齿条（滚刀）和齿坯（被加工工件）之间能严格保持齿轮与齿条的啮合运动关系，滚刀就可在齿坯上切出渐开线齿形，每齿加工量如图 8-23c 中所示的

1~12。滚齿加工精度一般为 8~7 级，表面粗糙度值 Ra 为 3.2~1.6μm。

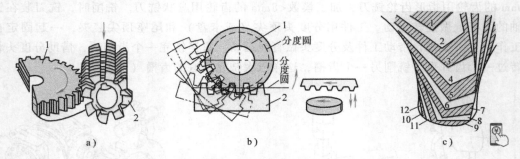

图 8-23　滚齿加工原理

1—齿坯　2—滚刀

滚齿加工是在滚齿机上完成的。滚齿机的外形如图 8-24 所示，滚刀安装在刀杆 2 上，工件装夹在心轴 1 上，滚齿时滚齿机有以下几个运动：

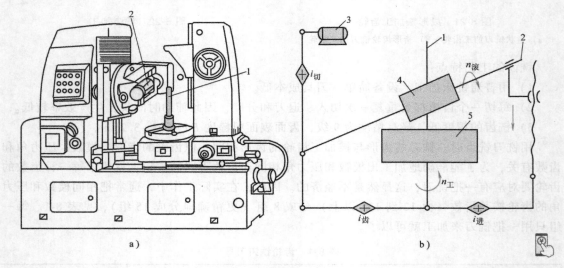

图 8-24　滚齿机

a）滚齿机外形　b）滚齿机传动示意图

1—心轴　2—刀杆　3—电动机　4—滚刀　5—工件

（1）切削运动　也称主运动，即滚刀的旋转运动（$n_滚$），其切削速度由变速齿轮的传动比 $i_切$ 来实现（图 8-24）。

（2）分齿运动　即工件的旋转运动，其运动的速度必须和滚刀的旋转速度保持着齿轮与齿条的啮合关系。对于单头滚刀，当滚刀每转 1 转时，被切齿坯需转过一个齿轮的相应角度，即 $1/z$ 转（z 为被加工齿轮的齿数），其运动关系由分齿齿轮的传动比 $i_齿$ 来实现（图8-24）。

（3）垂直进给运动　即滚刀沿工件轴线的垂直移动，这是保证切出整个齿宽所必需的运动，如图 8-24 中所示垂直向下箭头。它的运动是由进给齿轮的传动比 $i_进$ 再通过与滚刀架相连的丝杠螺母来实现的。

3. 插齿

图 8-25 所示为插齿加工原理图。它是利用一对轴线相互平行的圆柱齿轮的啮合原理进行加工的。插齿刀的外形像一个齿轮，在每一个齿上磨出前角和后角以形成切削刃，切削时刀具做上下往复运动，从工件上切除切屑。为了保证切出渐开线形状的齿形，在刀具上下做往复运动的同时，还要强制地使刀具和被加工齿轮之间保持着一对渐开线齿轮的啮合传动关系。插齿加工精度一般为 8～7 级，表面粗糙度 $Ra = 1.6\mu m$。

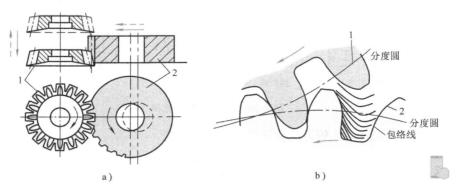

图 8-25　插齿加工原理
1—插齿刀　2—被切齿轮

插齿加工是在插齿机上进行的。加工直齿圆柱齿轮时，插齿机必须有以下几个运动：

（1）切削运动　即主运动，它由插齿刀的往复运动来实现。通过改变机床上不同齿轮的搭配可获得不同的切削速度。

（2）周向进给运动　又称圆周进给运动，它控制插齿刀转动的速度。

（3）分齿运动　它是完成渐开线啮合原理的展成运动，应保证工件转过一齿时刀具也相应转过一齿，以使插齿刀的切削刃包络成齿形的轮廓，如图 8-25b 所示。

假定插齿刀齿数为 z_0，被切齿轮齿数为 z_w，插齿刀的转速为 n_0，被切齿轮转速为 n_w（r/min），则它们之间应保证如下的传动关系，即

$$\frac{n_w}{n_0} = \frac{z_0}{z_w}$$

（4）径向进给运动　插齿时，插齿刀不能一开始就切至齿轮全深，需要逐步切入，故在分齿运动的同时，插齿刀需沿工件的半径方向做进给运动。径向进给由专用凸轮来控制。

（5）让刀运动　为了避免插齿刀在回程中与工件的齿面发生摩擦，由工作台带动工件做让刀运动，当插齿刀工作行程开始前，工件又做恢复原位的运动。

8.2　刨削加工

刨削加工是指在刨床上用刨刀对工件进行切削加工的过程。主要用来加工各种平面（水平面、垂直平面、斜面）、各种沟槽（直槽、T 形槽、V 形槽、燕尾槽）及成形面等，刨削的加工范围如图 8-26 所示。

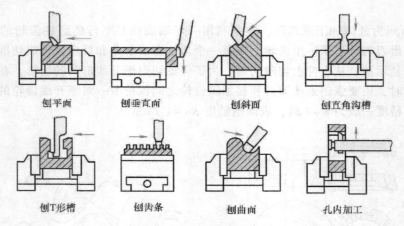

刨平面	刨垂直面	刨斜面	刨直角沟槽
刨T形槽	刨齿条	刨曲面	孔内加工

图 8-26　刨削的加工范围

在牛头刨床上刨削时，刨刀的直线往复运动为主运动，工件的间歇移动为进给运动。刨削用量由刨削速度 v_c、进给量 f、刨削深度 a_p 组成，如图 8-27 所示。

刨削加工具有如下特点：

（1）生产率较低　为了减小刨刀与工件间的冲击及主运动部件反向时的惯性力，刨削加工选取的切削速度较低。回程时不切削，加之牛头刨床只用一把刀具切削，因此，刨削较铣削生产率低。但刨削狭长平面或在龙门刨床上进行多件或多刀刨削时，能获得较高的生产率。

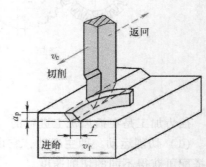

图 8-27　牛头刨床的切削用量

（2）加工精度较低　由于切削运动是间断进行的，其冲击、振动大，因而其加工精度较车削低，尺寸公差等级一般可达 IT11～IT8，表面粗糙度值 Ra 为 3.2～1.6μm。但加工薄板零件时，能获得较好的平直度。

（3）适应性较强　刨床及刨刀制造简单、经济，刀具刃磨方便。工件及刀具不需要复杂夹具装夹，适应各种工件的单件及小批量加工。刨削加工利用各种刨刀可加工平面、沟槽及成形表面等。

8.2.1　常见的刨削机床

1. 牛头刨床

刨削机床种类很多，按其用途、性能及结构可分为若干组、系。其中牛头刨床应用最广，主要适用于刨削长度不超过 1000mm 的中小零件。

（1）牛头刨床的编号　以 B6065 型牛头刨床为例，型号中的 B 表示刨床和插床类机床的类别代号，"60" 表示刨床组中的牛头刨床的组型代号，"65" 表示刨削工件最大长度的1/10，即 650mm。

（2）牛头刨床的组成　牛头刨床主要由床身、底座、滑枕、刀架、横梁、工作台等组成，如图 8-28 所示。主要组成部分的名称和作用如下：

1）床身和底座。床身安装在底座上，用来安装和支承机床部件。其顶面导轨供滑枕做往复运动用，侧面导轨供工作台升降用，床身的内部有传动机构。

2）滑枕。其前端有刀架，滑枕带动刀架沿床身水平导轨做直线往复运动。

3）刀架。如图8-29所示，刀架用于安装刨刀，实现纵向或斜向进给运动。摇动刀架上手柄可使滑板沿转盘上的导轨带动刨刀做上下移动。将转盘上的螺母松开，转盘扳动一定角度后，刀架就可以实现斜向进给。滑板上的刀座还可偏转，当刨刀返程时，抬刀板绕 A 轴自由上抬，以减小刀具与工件间的摩擦。

4）横梁与工作台。横梁用来带动工作台沿床身垂直导轨做升降运动，内部还装有工作台的进给丝杠。工作台是用来安装工件的，通过进给机构可使其沿横梁做横向运动。

（3）牛头刨床的传动机构及调整　牛头刨床的传动机构有摇臂机构、齿轮变速机构、进给棘轮机构等。

1）摇臂机构。摇臂机构是牛头刨床的主运动机构，其作用是把电动机的旋转运动变为滑枕的往复直线运动，以带动刨刀进行刨削。如图8-30所示，传动齿轮4带动摆杆齿轮5转动，固定在摆杆齿轮上的滑块8可在摆杆7的槽内滑动并带动摆臂绕下支点10前后摆动，于是带动滑枕1做往复直线运动。

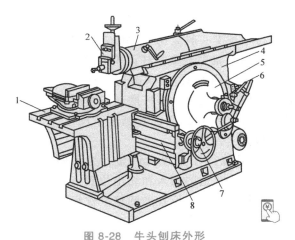

图 8-28　牛头刨床外形

1—工作台　2—刀架　3—滑枕　4—床身　5—摆杆机构
6—变速机构　7—进刀机构　8—横梁

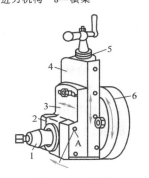

图 8-29　刀架

1—刀夹　2—抬刀板　3—刀座
4—滑板　5—刻度盘　6—转盘

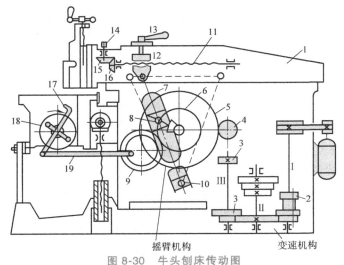

图 8-30　牛头刨床传动图

1—滑枕　2、3—滑动齿轮　4—传动齿轮　5—摆杆齿轮　6、9—齿轮　7—摆杆　8—滑块　10—下支点　11—丝杠
12—螺母　13—手柄　14—转动轴　15、16—锥齿轮　17—摇杆　18—棘轮　19—连杆

① 滑枕行程长度调整。刨削时，滑枕行程长度一般应比工件加工长度长 30~40mm，通过改变摆杆齿轮上的滑块的偏心距（图8-31），来改变滑枕行程长度。偏心距越大，摆杆摆动的角度就越大，滑枕行程长度也就越长；反之，则越短。

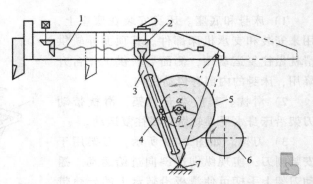

图 8-31　牛头刨床的曲柄摇杆机构工作原理图
1—丝杠　2—螺母　3—摆杆　4—滑块　5—摆杆齿轮
6—小齿轮　7—支架

② 滑枕行程位置的调整。为了使刨刀有一个合适的切入和切出位置，刨削前应根据工件的位置来调整滑枕行程的位置，调整的方法是先使滑枕停留在极右的位置，松开锁紧手柄，用扳手转动方头轴，通过一对锥齿轮，使丝杠带动滑枕移动到合适的位置。

2）齿轮变速机构。它由 2、3 两组滑动齿轮（图8-30）组成，通过变速手柄改变Ⅰ、Ⅱ轴上齿轮的位置，使轴Ⅱ获得 3×2＝6 的六种转速，使滑枕变速。这种变速属于有级变速，是通过几组滑动齿轮的不同组合来改变传动比的。

3）进给棘轮机构。依靠进给机构（棘轮机构），工作台可在水平方向做自动间歇进给。如图8-32所示，齿轮1与图8-30中所示摆杆齿轮5同轴旋转，齿轮1带动齿轮2转动，使固定于偏心槽内的连杆3摆动棘爪4，并拨动棘轮5使同轴丝杠6转一个角度，实现工作台横向进给。

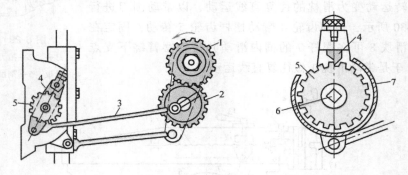

图 8-32　牛头刨床进给机构
1、2—齿轮　3—连杆　4—棘爪　5—棘轮　6—丝杠　7—棘轮护盖

刨削时，应根据工件的加工要求调整进给量和进给方向。

① 横向进给量的调整。进给量是指滑枕往复一次时，工作台的水平移动量。进给量的大小取决于滑枕往复一次时棘爪能拨动的棘轮齿数。调整如图8-32中所示棘轮护盖7的位置，可改变棘爪拨过的棘轮齿数，即可调整横向进给量的大小。

② 横向进给方向的变换。进给方向即工作台水平移动方向。将图8-32中所示棘爪4转动180°，即可使棘爪的斜面与原来反向，棘爪拨动棘轮的方向相反，使工作台移动换向。

2. 龙门刨床

图8-33所示为 B2010A 双柱龙门刨床。B2010A 型号中，B 表示刨削类机床，"20" 表

示龙门刨床，"10"表示最大刨削宽度为1000mm，A表示经过一次重大改型。龙门刨床的主运动是工作台（工件）的往复直线运动，进给运动是刀架（刀具）的移动。

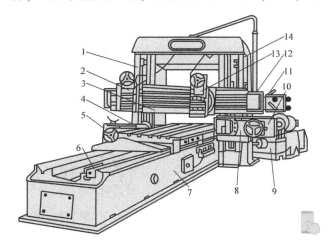

图 8-33 双柱龙门刨床

1—左立柱 2—左垂直刀架 3—横梁 4—工作台 5—左侧刀架进给箱 6—液压安全器 7—床身 8—右侧刀架
9—工作台减速箱 10—右侧刀架进给箱 11—垂直刀架进给箱 12—悬挂按钮站 13—右垂直刀架 14—右立柱

两个垂直刀架可在横梁上做横向进给运动，以刨削水平面；两个侧刀架可沿立柱做垂直进给运动，以刨削垂直面。各个刀架均可扳转一定的角度以刨削斜面。横梁可沿立柱导轨升降，以适应不同高度的工件。

龙门刨床的刚度好，功率大，适合于大型零件上的窄长表面加工或多件同时刨削，故也可用于批量生产。

3. 插床

插床（图8-34）实际上是一种立式刨床，滑枕在垂直方向上做往复直线运动（为主运动）。工件安装在工作台上，可做纵向、横向和圆周间歇进给运动。

插床主要用于单件、小批生产中，加工零件的内表面（如方孔、多边形孔、键槽等）。B5020型号中，B表示刨削类机床，"50"表示插床，"20"表示最大插削长度为200mm。

4. 拉床

在拉床上用拉刀加工工件称为拉削（图8-35）。从切削性质上看，拉削近似刨削。拉刀的切削部分由一系列高度依次增加的刀齿组成。拉刀相对工件做直线移动（主运动）时，拉刀的每一个刀齿依次从工件上切下一层薄的切屑（进给运动）。当全部刀齿通过工件后，即完成工件的加工。

拉削的生产率很高，加工质量较好，加工精度可达IT9~IT7，表面粗糙度 Ra 值一般为1.6~0.8μm。在拉床上可加工各种孔（图8-36）、键槽或其他槽、平

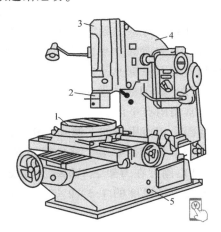

图 8-34 插床外形图

1—工作台 2—刀架 3—滑枕
4—床身 5—底座

面、成形表面等。

拉床结构简单、操作简便，但拉刀结构复杂（图8-37），价格昂贵，且一把拉刀只能加工一种尺寸的表面，故拉削主要用于大批量生产。

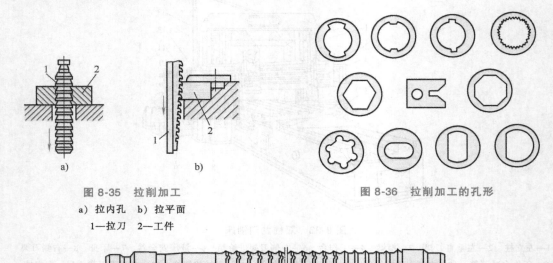

图 8-35　拉削加工
a）拉内孔　b）拉平面
1—拉刀　2—工件

图 8-36　拉削加工的孔形

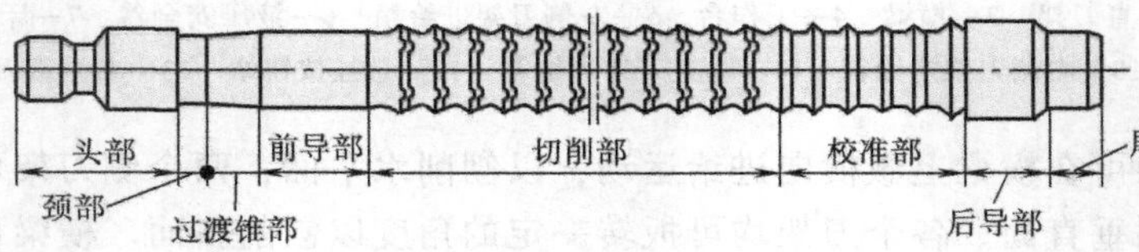

图 8-37　圆孔拉刀

8.2.2　刨刀及刨削基本加工方法

1. 刨刀

（1）刨刀的结构特点　刨刀的结构和几何形状与车刀相似，但因刨削为断续切削，冲击力较大，所以其刀杆的横截面面积要比车刀大（1.25～1.5倍）。另外，在加工带有硬皮的工件表面时，为避免刨刀扎入工件，刨刀刀杆常做成弯头的，当刀具碰到工件表面上的硬点时，刀尖能绕 O 点向后上方产生弹起，使刀尖高出工件而不扎刀，如图8-38a所示；而直头刨刀的刀尖绕 O 点的转动变形低于工件表面，会出现扎刀现象，如图8-38b所示。

（2）刨刀的种类及应用　刨刀的种类很多，按加工形式和用途不同，有各种不同的刨刀，常用的有平面刨刀、偏刀、切刀、角度偏刀等。平面刨刀用来加工平面；偏刀用来加工垂直面；切刀用来加工槽或切断工件；角度偏刀用来加工斜面及燕尾槽，如图8-39所示。

（3）刨刀的安装　其步骤如下：

1）刨刀在刀架上不宜伸出过长，以免在加工时发生振动和折断。直头刨刀的伸出长度一般为刀杆厚度的1.5～2倍。弯头刨刀可以适当伸出稍长些，一般以弯曲部分不碰刀座为宜。

2）装卸刨刀时，必须一手扶住刨刀，另一手使用扳手，用力方向应自上而下，否则容易将抬刀板掀起，碰伤或夹伤手指。

3）刨平面或切断时，刀架和刀座的中心线都应处在垂直于水平工作台的位置上。即刀

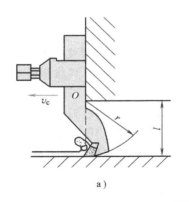 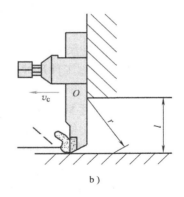

图 8-38 刨刀

a）弯头刨刀 b）直头刨刀

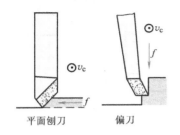 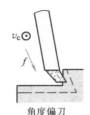 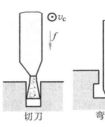 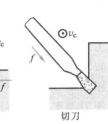

平面刨刀 偏刀 角度偏刀 切刀 弯切刀 切刀

图 8-39 常见刨刀及应用

架后面的刻度盘必须准确地对准零刻线。在刨削垂直面和斜面时，刀座可偏转 10°～15°，以使刨刀在返回行程时离开加工表面，减少刀具磨损和避免擦伤已加工表面。

4）安装修光刀或平头宽刃精刨刀时，要用透光法找正修光刀或平头宽刃精刨刀的水平位置，夹紧刨刀后，需再次用透光法检查切削刃的水平位置准确与否。刨刀在刨平面和刨垂直面时的安装如图 8-40 所示。

2. 刨水平面

刨水平面是最基本的刨削加工方法，常可以按以下顺序完成：

（1）熟悉工作图 明确加工要求，包括尺寸公差、表面粗糙度要求、几何公差等。根据以上要求检查毛坯余量。

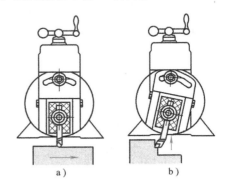

图 8-40 刨刀在刨平面和刨垂直面时的安装

a）刨平面 b）刨垂直面

（2）刀具选择及安装 平面刨削分粗刨、精刨两种。刨刀也根据刨削特点选用粗刨刀或精刨刀。其安装要求刀架和刀座在中间垂直位置上，如图 8-40a 所示。

（3）工件装夹 根据工件的形状尺寸、装夹精度要求及生产批量选择不同的装夹方法。较小的工件可用预装在牛头刨床上经过校正的机用虎钳装夹；较大的工件可直接装夹在牛头刨床的工作台上，用压板、压紧螺栓、V 形块或角铁装夹；大型工件需在龙门刨床上装夹加工。对于批量生产的工件，可根据工件某一工序的具体情况设计专用夹具装夹。

在机用虎钳或工作台上装夹，有的先在工件上划上加工线，然后根据工件装夹精度要求用划针、百分表等按线找正、装夹。

（4）调整机床　根据工件尺寸把工作台升降到适当位置。调整滑枕行程长度和行程位置。

（5）选择切削用量　根据工件尺寸、技术要求及工件材料、刀具材料等确定背吃刀量、进给量及切削速度。

（6）对刀试切　调整各手柄位置，移动工作台使工件一侧靠近刀具，转动刀架和手轮，使刀尖接近工件，开动机床，使滑枕带动刨刀做直线往复运动。用手动进行试切时，将刀架手轮手动进给0.5~1mm后，停车测量尺寸，根据测量结果，调整背吃刀量，再使工作台带动工件做水平自动进给进行正式刨削平面。

（7）刨削完毕　停车进行检验，尺寸合格后再卸下工件。

3. 刨垂直面

刨垂直面要采用偏刨刀。偏刨刀的安装方法如图8-40b所示。工件安装要注意加工面与工作台垂直，加工面还应与切削方向平行。可用划线法找正工件，如图8-41所示。

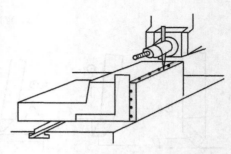

图8-41　用划线法找正工件刨垂直面

4. 刨斜面

刨削斜面的方法很多。如采用正夹斜刨时，必须使刀架转盘扳转一定的角度，使用偏刨刀或者角度偏刀，转动刀架手柄进行进给。这种方法既可用来刨削左侧斜面，也可用来刨削右侧斜面，常用此法加工V形槽、T形槽及有一定倾斜角度的斜面，如图8-42所示。如采用斜夹正刨时，可将工件按预定的角度倾斜夹在机用虎钳或夹具内，按一般刨削水平面的方法刨削即可。当工件上的斜面很窄而加工要求较高时，可采用样板刨刀进行刨削，这种方法注意切削速度和进给量要小，刀具角度应刃磨正确，其生产率高，加工质量好。

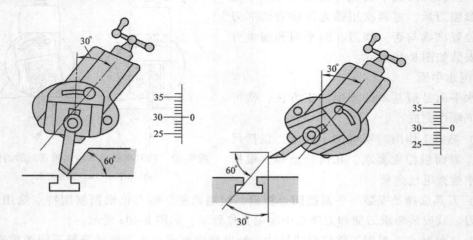

图8-42　正夹斜刨法刨斜面

5. 刨各种槽及长方形垫铁

（1）刨燕尾槽　刨燕尾槽实际上是刨平面、刨直角槽、刨内斜面的综合运用。其加工步骤如图 8-43 所示。

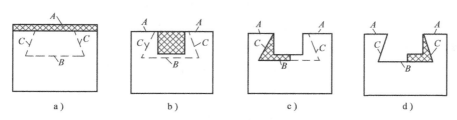

图 8-43 燕尾槽的刨削步骤

1）用切刀刨顶面及直角槽（图 8-43a、b）。

2）用左角度偏刀刨左侧斜面 C 及槽底面 B 左边一部分（图 8-43c）。

3）用右角度偏刀刨右侧斜面 C 及槽底面 B 剩余部分（图 8-43d）。

4）在燕尾槽的内角和外角的夹角处切槽和倒角。

（2）刨 T 形槽 在加工完带 T 形槽零件的各外部形状后，应在其两端部划出 T 形槽外形线。刨 T 形槽部分可看成是在水平面上切出直角槽，又在垂直面上切出直角槽的综合加工。其加工步骤如图 8-44 所示。

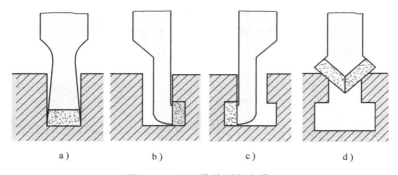

图 8-44 T 形槽的刨削步骤

1）安装并找正工件，用切槽刀以垂直进给刨出直角槽（图 8-44a）。

2）用弯切刀刨一侧凹槽（图 8-44b）。

3）换方向相反的弯切刀，刨另一侧凹槽（图 8-44c）。

4）用两主偏角均为 45°的角度刨刀进行倒角，要使槽口两侧倒角大小一致（图 8-44d）。

（3）刨六面体工件 其加工步骤如下：

1）检查平口钳本身的精度并合理安装在工作台上。

2）加工要求较高时，粗、精刨要分开。先粗刨四面，每面留 0.5mm 左右精刨余量。精刨时使用精刨刀。

3）正确选择加工基准面。以较为平整和较大的毛坯平面作为粗基准，加工出一个比较光滑平整的平面，如图 8-45a 中所示的平面 A，后续加工就以该平面作为精基准进行装夹和测量。

4）将已加工好的平面 A 紧贴固定钳口，在活动钳口与工件之间用圆棒夹紧，刨相邻平面 B（图 8-45b），刨平面 B 与平面 A 的垂直度可由机用虎钳本身保证。活动钳口用圆棒夹紧，目的是减小活动钳口与工件 C 面的接触面积，保证基准面 A 能可靠地与固定钳口贴紧，而不致受平面 C 本身误差的影响。

5）将工件的已加工平面 B 紧贴机用虎钳底面，按上述相同装夹方法将基准面紧贴于固定钳口，刨削平面 D（图 8-45c）。如此平面 D 就一定与平面 B 相互平行，与平面 A 也相互垂直。

6）按图 8-45d 所示方法装夹工件，刨平面 C。

7）六面体另外两个面的刨削也是以平面 A 紧贴固定钳口，用同样方法装夹后进行。

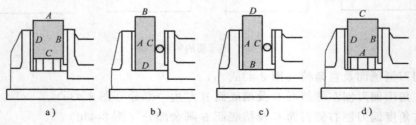

图 8-45　六方体刨削步骤

8.3　磨削加工

磨削加工是指用磨料（砂轮）来切除材料的加工方法，是零件精加工的主要方法。砂轮是由磨料和粘结剂做成的，是磨削的主要工具。根据零件表面不同，它可分为外圆、内圆、平面及成形面磨削等。图 8-46 所示为常见的几种磨削方法。

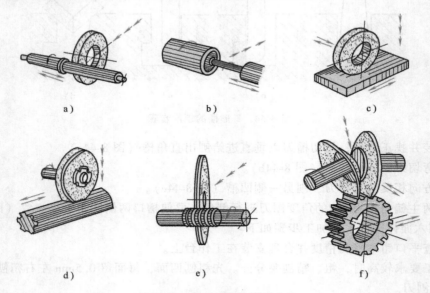

图 8-46　常见的几种磨削方法
a）外圆磨削　b）内圆磨削　c）平面磨削　d）花键磨削　e）螺纹磨削　f）齿形磨削

磨削加工时，一般有一个主运动和三个进给运动。这四个运动参数即为磨削用量，即磨削速度 v_c、圆周进给速度 v_w、轴向进给量 f_a、径向进给量 f_r，如图 8-47 所示。磨削用量的选择是否适当，对工件的加工精度、表面粗糙度和生产效率产生直接影响。

虽然从本质上来说，磨削加工是一种切削加工，但与通常的切削加工相比却有以下特点：

（1）磨削属多刃、微刃切削　砂轮上每一个磨粒相当于一个切削刃，而且切削刃的形状及分布处于随机状态，每个磨粒的切削角度、切削条件均不相同。

（2）加工精度高　磨削的切削厚度极薄，每个磨粒的切削厚度可小到数微米，故磨削的精度可达 IT7～IT5，表面粗糙度 Ra 值一般为 0.8～0.2μm。

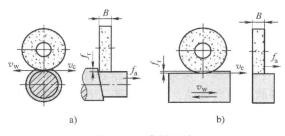

图 8-47　磨削运动

a）外圆磨削　b）平面磨削

（3）磨削速度大　一般砂轮的圆周速度达 2000～3000m/min，目前的高速磨削砂轮线速度已到达 60～250m/s。故磨削时温度很高，磨削区的瞬时高温可达 800～1000℃，因此磨削时必须使用切削液。

（4）加工范围广　磨粒硬度很高，因此磨削不但可以加工碳钢、铸铁等常用金属材料，还能加工一般刀具难以加工的高硬度、高脆性材料，如淬火钢、硬质合金等。但磨削不适宜加工硬度低而塑性大的非铁金属材料。

随着 20 世纪 90 年代数控磨床出现及普及，磨削加工中心及高速高智能磨削机床的出现，磨削加工将进一步发展普及。

8.3.1　磨床

1. 磨床的种类及型号

M1432B 型是综合 M131W 型和 M1432A 型的优点进行改进的，是一种手动操纵、电气、液压控制的万能外圆磨床，如图 8-48 所示。

该机床床身刚度及热变形都优于 M1432A，工作台的润滑为小孔节流卸荷形式。砂轮架主轴加粗，电动机功率加大。砂轮架油池温升小，磨削率高。

机床工作台的纵向移动、砂轮架的快速进退、砂轮自动周期进给等均由操作按钮、电气、液压控制。机床具有工作台手动机构，砂轮架手动横向进给机构和液压脚踏尾座顶尖后退装置。

图 8-49 所示为 M2110C 内圆磨床。它主要是用来磨削内圆柱面的，最大磨削直径是 100mm。

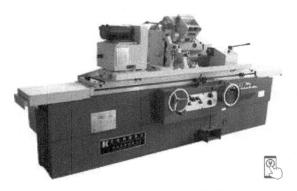

图 8-48　M1432B 万能外圆磨床

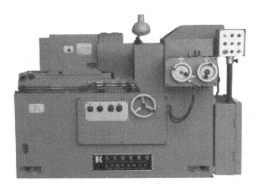

图 8-49　M2110C 内圆磨床

图 8-50 所示为 M7120D 平面磨床。它主要是用来磨削工件的平面的，磨床工作台宽度为 200mm。

图 8-50　M7120D 平面磨床

2. 万能外圆磨床的组成及作用

（1）床身　床身用来支承和连接各部件。上部装有纵向导轨和横向导轨，用来安装工作台和砂轮架。工作台可沿床身纵向导轨移动，砂轮架可沿横向导轨移动。床身内部装有液压传动系统。

（2）工作台　工作台安装在床身的纵向导轨上，由上、下工作台两部分组成。上工作台可绕下工作台的心轴在水平面内调整某一角度来磨削锥面。它由液压驱动，沿着床身的纵向导轨做直线往复运动，使工件实现纵向进给。工作台可以手动，也可自动换向。自动换向由安置在工作台前侧面 T 形槽内的两个换向挡块进行操纵。

（3）头架　它用于安装工件，其主轴由电动机经变速机构带动做旋转运动，以实现圆周进给运动；主轴前端可以安装顶尖拨盘或卡盘，以便装夹工件。头架还可以在水平面内偏转一定的角度。

（4）砂轮架　它用来安装砂轮，并由单独电动机驱动。砂轮架安装在床身的横向导轨上，可通过手动或液压传动实现横向运动。

（5）内圆磨头　它装有主轴，主轴上可安装内圆磨削砂轮，由单独电动机带动，用来磨削工件的内圆表面。内圆磨头可绕砂轮架上的销轴翻转，使用时翻下，不用时翻向砂轮架上方。

（6）尾座　它可在工作台上纵向移动。尾座的套筒内有顶尖，用来支承工件的另一端。扳动杠杆，套筒可伸出或缩进，以便装卸工件。

3. 磨床液压传动

磨床是精密加工机床，不仅要求精度高、刚性好、热变形小，而且要求振动小、传动平稳。所以，磨床工作台的往复运动采用无级变速液压传动，如图 8-51 所示。

（1）液压传动的组成　液压传动的主要组成部分有：

1）液压泵——动力元件。它是能量转换装置，作用是将电动机输入的机械能转换为液体的压力能。

2）液压缸——执行机构。它也是一种能量转换装置，作用是把液压泵输入的液体压力能转换为工作部件的机械能。

3）各种阀类件——控制元件。其作用是控制和调节油液的压力、速度及流动方向，满足工作需要。

4）油池、油管、过滤器、压力表等。它们为辅助装置，作用是创造必要条件，以保证液压系统正常工作。

（2）液压传动原理　现以图 8-51 所示的万能外圆磨床液压传动示意图为例，简单地介绍液压传动原理。

1）工作台向左移动时。高压油：液压泵→单向阀→换向阀→液压缸右腔。低压油：液压缸左腔→换向阀→油箱。

2）工作台向右移动时。高压油：液压泵→单向阀→换向阀→液压缸左腔。低压油：液压缸右腔→换向阀→油箱。

操纵手柄由工作台一侧的挡块推动。工作台的行程长度可调整挡块的位置和距离。节流阀用来控制工作台的速度，过量的油可由溢流阀排入油箱。当止通阀旋转 90°时，高压油全部流回油箱，工作台停止运动。

4. 磨外圆

在安装工件和调整机床后，可按下列步骤磨外圆：

1）开动磨床，使砂轮和工件转动。将砂轮慢慢靠近工件，直至与工件稍微接触，开放切削液。

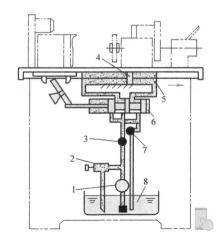

图 8-51　万能外圆磨床液压传动原理示意图

1—液压泵　2—溢流阀　3—单向阀　4—活塞
5—液压缸　6—换向阀　7—节流阀　8—油箱

2）调整背吃刀量后，使工作台纵向进给，进行一次试磨。磨完全长后用外径千分尺检查有无锥度。如有锥度，须转动工作台加以调整。

3）进行粗磨。粗磨时，工件每往复一次，背吃刀量为 0.01～0.025mm。磨削过程中因产生大量的热量，因此须有充分的切削液冷却，以免工件表面被"烧伤"。

4）进行精磨。精磨前往往要修整砂轮。每次背吃刀量为 0.005～0.015mm。精磨至最后尺寸时，停止砂轮的横向进给，继续使工作台纵向进给几次，直到不发生火花为止。

5）检验工件尺寸及表面粗糙度。由于在磨削过程中工件的温度有所提高，因此测量时应考虑膨胀对尺寸的影响。

8.3.2　砂轮

1. 砂轮的组成

砂轮是磨削的切削工具。它是由许多细小而坚硬的磨粒用结合剂粘结而成的多孔物体。磨粒、结合剂和空隙是构成砂轮的三要素（图 8-52）。

磨粒直接担负着切削工作。磨削时，它要在高温下经受剧烈的摩擦及挤压作用。所以磨粒必须具有很高的硬度、耐热性以及一定的韧性，还要具有锋利的切削刃口。磨粒磨钝后，磨削力也随之增大，致使磨粒破碎或脱落，重新露出锋利的刃口，此特性称为"自锐性"。自锐性使磨削在一定时间内能正常进行，但超过一定工作时间后，应进行人工修整，以免磨削力增大引起振动、噪声及损伤工件表面。常用的磨料有两类：

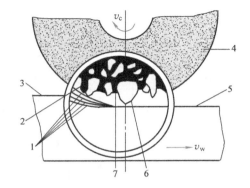

图 8-52　砂轮及磨削示意图

1—切削表面　2—空隙　3—待加工表面　4—砂轮
5—已加工表面　6—磨粒　7—结合剂

1）刚玉类。主要成分是 Al_2O_3，其韧性好，适用于磨削钢料及一般刀具。

2）碳化硅类。碳化硅类的硬度比刚玉类高，磨粒锋利，导热性好，适用于磨削铸铁及硬质合金刀具等脆性材料。

磨粒的大小用粒度表示，粒度号数越大，颗粒越小。一般情况下，粗加工及磨削软材料时选用粗磨粒，精加工及磨削脆性材料时选用细磨粒。一般磨削的常用粒度为 36~100 号。

磨粒用结合剂可以粘结成各种形状和尺寸的砂轮（图 8-53），以适应不同表面形状与尺寸的加工。常用的为陶瓷结合剂。磨粒粘结越牢，砂轮的硬度越高。

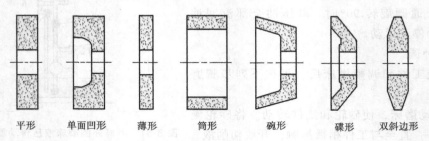

| 平形 | 单面凹形 | 薄形 | 筒形 | 碗形 | 碟形 | 双斜边形 |

图 8-53 砂轮的形状

按 GB/T 2484—2006 规定，砂轮标注顺序如下：砂轮形状、尺寸、磨料、粒度、硬度、组织、结合剂和最高线速度。例如：砂轮 1-300×40×127-A/F80L4B-35m/s，"1"表示平形砂轮；"300"表示外径，"40"表示厚度，"127"表示孔径；A 表示磨料为棕刚玉，F80 表示粒度为 80 号，L 表示硬度为中级，"4"表示组织（磨粒率54%），B 表示结合剂为树脂；"35m/s"表示最高工作速度。

2. 砂轮的选用

选用砂轮时，应综合考虑工件的形状、材料性质及磨床条件等各种因素，具体可参照表 8-2 的推荐加以选择。在考虑尺寸大小时，应尽可能把外径选得大些，以提高砂轮的圆周速度，有利于提高磨削生产率、降低表面粗糙度值；磨内圆时，砂轮的外径取工件孔径的 2/3 左右，有利于提高磨具的刚度。但应特别注意的是不能使砂轮工作时的线速度超过所标注的数值。

表 8-2 砂轮的选用

磨削条件	粒度		硬度		组织		结合剂			磨削条件	粒度		硬度		组织		结合剂		
	粗	细	软	硬	松	紧	V	B	R		粗	细	软	硬	松	紧	V	B	R
外圆磨削				●			●			磨削软金属	●					●	●		
内圆磨削			●				●			磨韧性、延展性大的材料	●					●	●		
平面磨削			●				●			磨硬脆材料		●	●						
无心磨削				●						磨削薄壁工件	●		●				●		
荒磨、打磨毛刺	●			●			●	●		干磨	●		●				●		
精密磨削		●		●		●	●			湿磨		●		●			●		
高精密磨削		●		●	●		●			成形磨削		●		●		●	●		
超精密磨削		●	●		●		●			磨热敏性材料			●						
镜面磨削		●	●		●		●	●		刀具刃磨		●						●	
高速磨削		●		●			●			钢材切断		●		●				●	●

3. 砂轮的检查、安装与修正

因为砂轮在高速运转的情况下工作，所以安装前要通过敲击响声来检查砂轮是否有裂纹，以防高速旋转时砂轮破裂。为了使砂轮平稳地工作，对于直径大于125mm的砂轮都要进行平衡试验。

砂轮安装方法如图8-54所示。大砂轮通过台阶法兰盘装夹（图8-54a）；不太大的砂轮用法兰盘直接装在主轴上（图8-54b）；小砂轮用螺钉紧固在主轴上（图8-54c）；更小的砂轮可粘固在轴上（图8-54d）。

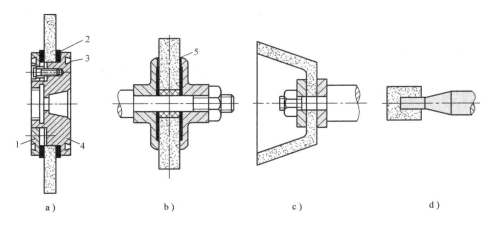

a)　　　　　　b)　　　　　　c)　　　　　　d)

图8-54　砂轮的安装方法

1—法兰盘　2—厚弹性垫板　3—平衡块槽　4—台阶法兰盘　5—弹性垫板

砂轮工作一定时间后，磨粒逐渐变钝，砂轮工作表面空隙被堵塞；砂轮的正确几何形状被破坏。这时必须进行修整，将砂轮表面一层变钝了的磨粒切去，以恢复砂轮的切削能力及正确的几何形状（图8-55）。

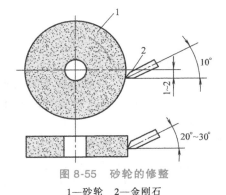

图8-55　砂轮的修整

1—砂轮　2—金刚石

8.3.3　磨削加工方法

1. 磨外圆

（1）工件的安装　在外圆磨床上，工件一般用前、后顶尖装夹和自定心卡盘或单动卡盘装夹以及卡盘和顶尖装夹。外圆磨削最常用的装夹方法是用前、后顶尖装夹工件，其特点是迅速方便，加工精度高。

1）顶尖安装。在装夹时利用工件两端的中心孔，把工件支承在前、后顶尖上，工件由头架的拨盘和拨杆经夹头带动旋转。磨床采用的顶尖都不随工件一起转动，并且尾座顶尖是靠弹簧推紧力顶紧工件的，这样可以获得较高的加工精度。

由于中心孔的几何形状将直接影响工件的加工质量，因此磨削前应对工件的中心孔进行修研。特别是对经过热处理的工件，必须仔细修研中心孔，以消除中心孔的变形和表面氧化皮等。

2）卡盘安装。端面上没有中心孔的短工件可用自定心卡盘或单动卡盘装夹，装夹方法与车削装夹方法基本相同。

3）心轴安装。盘套类工件常以内圆定位磨削外圆，此时必须采用心轴来装夹工件。心轴可安装在顶尖间，有时也可以直接安装在头架主轴的锥孔里。

（2）磨削方法　磨削方法有以下两种：

1）纵磨法。一般都采用纵磨法，如图 8-56a 所示。工件旋转做圆周进给运动和纵向进给往复运动，砂轮除做高速旋转运动外，还在工件每纵向行程终了时进行横向进给。常选用的圆周速度为 30～35m/s，工件周向进给量为 10～30m/min，纵向进给量为工件每转移动砂轮宽度的 0.2～0.8 倍，横向进给量为工件每往复移动 0.005～0.04mm。这种磨削方法加工质量高，但效率较低。

2）横磨法。磨削粗、短轴的外圆和磨削长度小于砂轮宽度的工件时，常采用横磨法，如图 8-56b 所示。横磨法磨削时，工件不需做纵向进给运动，砂轮做高速旋转运动和连续或断续地做横向进给运动。

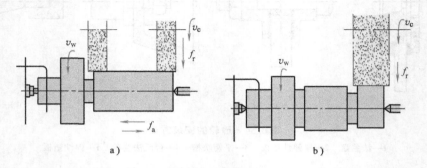

图 8-56　外圆磨削方法
a）纵磨法　b）横磨法

2. 平面磨削

（1）工件安装　目前磁性夹具普遍用于平面磨削，但在轴承、双端面、卡爪磨床上也常采用。磁性夹具用于送料及夹持工件。磁性夹具的特点是装卸工件迅速，操作方便，通用性好。磁性夹具有两类：一类叫电磁吸盘，另一类叫永磁吸盘。电磁吸盘用来装夹各种导磁材料工件，如钢、铸铁类等。

工件的夹持是通过面板吸附于电磁吸盘上的，当线圈中通有直流电时，面板与盘体形成磁极产生磁通，此时将工件放在面板上，一端紧靠定位面，使磁通成封闭回路，将工件吸住。工件加工完后，只要将电磁吸盘励磁线圈的电源切断，即可卸下工件。

（2）磨削方式　平面磨削时，砂轮高速旋转为主运动；工件随工作台做往复直线进给运动或圆周进给运动（图 8-57）。按砂轮工作的表面可分为周磨和端磨。

1）周磨是用砂轮的圆周面磨削平面，如图 8-57a、b 所示。周磨平面时，砂轮与工件的接触面积很小，排屑和冷却条件均较好，所以工件不易产生热变形。而且因砂轮圆周表面的磨粒磨损较均匀，故加工质量较高。此法适用于精磨。

2）端磨是用砂轮的端面磨削工件平面，如图 8-57c、d 所示。端磨平面时，砂轮与工件接触面积大，切削液不易浇注到磨削区内，所以工件热变形大，而且因砂轮端面各点的圆周速度不同，端面磨损不均匀，所以加工精度较低。但其磨削效率较高，适用于粗磨。

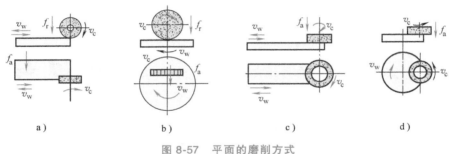

a) b) c) d)

图 8-57 平面的磨削方式

复习思考题

8-1 X6132 型卧式万能铣床主要由哪几部分组成？各部分的主要作用是什么？

8-2 铣床的主运动是什么？进给运动是什么？

8-3 铣床的主要附件有哪几种？其主要作用是什么？

8-4 铣削 35 个齿的齿轮，每铣完一齿，分度头手柄应转多少圈才能铣下一齿？

8-5 铣床升降台刻度盘每小格的数值为 0.05mm，有一工件铣削一刀后还大 1.75mm，问铣床工作台应上升多少格？

8-6 在铣床上铣 14 等分零件，应如何分度？分度手柄应转多少转？用分度盘的哪个孔圈？每次转过多少？（已知分度盘孔圈的孔数分别为 24、25、28、30、37、38、39、41、43）

8-7 刨削时，刀具和工件需做哪些运动？与车削相比，刨削运动有何特点？

8-8 牛头刨床主要由哪几部分组成？各有何功用？刨削前，机床需做哪些调整？如何调整？

8-9 牛头刨床和龙门刨床在应用上有何不同？

8-10 插床和拉床主要用来加工什么表面？

8-11 牛头刨床能加工哪些表面？

8-12 磨削加工的特点是什么？

8-13 磨外圆时，工件和砂轮需做哪些运动？磨削用量如何表示？

8-14 平面磨床由哪几部分组成？各有何作用？

8-15 磨床为什么要采用液压传动？磨床工作台的往复运动如何实现？

8-16 如何选用砂轮？砂轮为什么要进行修整？如何修整？

第9章

钳　工

学习要点及要求 III

1. 钳工训练内容及要求

1) 了解钳工工作特点、车间概况及在机器制造和设备维修中的地位。

2) 掌握钳工的各种基本操作，根据零件图能独立加工简单零件。

3) 初步建立机器生产工艺过程的概念，从读图、零件加工到机器装配、调试，有较完整的认识。

4) 熟悉并能独立地选用划线、锯削、锉削、钻孔、攻螺纹、錾削、刮削、套螺纹等加工的工具、量具、夹具和其他附件，并且能进行简单加工。

5) 安排一定时间，自行设计、绘图、安排加工工艺、制造一个工件，提高学生的创新思维能力。

2. 钳工训练示范讲解

1) 钳工在机器制造中的地位与作用、工作的主要内容。钳工是手持工具对工件进行加工的方法。其基本操作规程有划线、錾削、锯削、钻孔、铰孔、攻螺纹、套螺纹、刮削及研磨等，这些操作多数是在台虎钳或钳工工作台上进行的。钳工的工作还包括对机器的装配和修理。钳工的应用范围如下：

① 加工前的准备工作，如清理毛坯，在工件上划线等。

② 在单件或小批生产中，制造一般的零件。

③ 加工精密零件，如锉样板、刮削或研磨机器和量具的配合表面等。

④ 装配、调整和修理机器等。

钳工工具简单，操作灵活，可以完成用机械加工不方便或难以完成的工作。因此尽管钳工操作的劳动强度大，技术水平要求高，生产效率低，但在机械制造和修配工作中仍占有重要地位。

2) 示范讲解划线的作用，基准的选择，工具的使用，划线方法与步骤。

3) 锯削所用工具、锯条的选择与安装，起锯和锯削方法。

4) 锉削应用范围和锉刀的选用、锉削的正确操作，粗锉法和推锉法。

5) 介绍錾削、刮削的加工特点、应用范围及所用工具。

6) 介绍钻床及结构特点、钻头与工件的装夹与拆卸、主轴转数的调整。

7) 讲解攻螺纹与套螺纹的工艺特点和所用工具，介绍工件抛光基本操作。

8）讲解装配工作的作用、特点及要求，拆装的方法与步骤，零件的结构及作用，配合的概念，工具的使用。讲解设备维修的基本知识。

3. 钳工训练实践操作

1）简单零件的划线练习。

2）钳工的基本技能操作练习训练，包括锉削、锯削、錾削、钻孔、攻螺纹、套螺纹、刮研。

3）钳工加工小锤头或其他零件（按图样要求）。

4）机器的装配与拆卸，如机床的变速箱等。

4. 钳工训练安全注意事项

1）钳工工具、量具应放在工作台上的适当位置，以免掉下损坏。

2）使用台虎钳夹持工件时，要注意夹牢，手柄要靠端头，手柄上严禁加套管或用锤子敲击，以免台虎钳超负荷而损坏。

3）不准使用顶部带飞刺的錾子。錾削时，要注意控制切屑的飞溅方向，以免伤人。

4）不准使用不带木柄的锉刀，以免伤手；不准把锉刀当锤子和撬棍用。

5）使用锤子禁止有油污，不准用卷边，或缺角的锤子工作。打锤时不要戴手套。

6）钻孔时，不得用手接触主轴和钻头，不得戴手套操作，注意衣袖、头发不要被卷入。

7）錾削、锉削、锯削和钻孔的切屑均不得用嘴吹或用手抹，应用刷子扫掉。

8）装拆零件、部件要扶好，托稳或夹牢，以免跌落受损或伤人。

5. 训练教学案例

图 9-1 所示为小锤头图样。

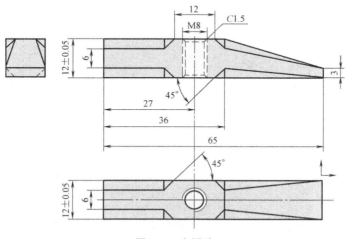

图 9-1　小锤头

1）根据图 9-1 锤头图样，分析制作该锤头需要哪些钳工操作？

2）制作过程中需要注意哪些问题？

3）装配时，零部件之间的连接有可拆卸和不可拆卸连接，请分别举出两例。

随着切削加工技术的迅速发展，为了减轻工人的劳动强度，提高生产率和产品质量，钳工工具及其工艺也在不断地进步，并且不断地实现机械化和半机械化。

9.1 划线

根据图样要求，在毛坯或半成品上划出加工的界线，这种操作称为划线。

9.1.1 划线的作用及种类

1. 划线的作用

1）确定工件各表面的加工余量，确定孔的位置，使机械加工有明确的尺寸界线。

2）通过划线能及时发现和处理不合格的毛坯，避免加工以后造成损失。

3）采用借料划线可以使误差不大的毛坯得到补救，以提高毛坯的合格率。

4）便于复杂工件在机床上安装，可以按划线找正定位，以便进行机械加工。

划线是机械加工的重要工序之一，广泛地应用于单件和小批量生产中。

2. 划线的种类

划线按工件形状不同可分为两种：

（1）平面划线 它是在工件的一个表面上划线，即能明确表示加工界线，称为平面划线，如图9-2所示。如在板料、条料表面划线，在法兰盘端面上划钻孔加工线等都属于平面划线。

（2）立体划线 它是在工件的几个表面上即在长、宽、高三个方向上划线，如图9-3所示。这种划线比较复杂，如支架、箱体等表面的加工线都属于立体划线。

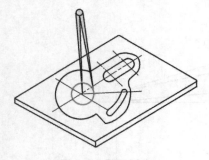

图9-2 平面划线

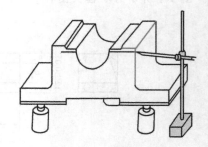

图9-3 立体划线

9.1.2 划线的工具及使用

1. 基准工具

划线的基准工具是平板，又称平台。它用铸铁制成，并经时效处理。其作为工作表面的上平面经过精刨或刮削，非常平直、光洁，是划线的基准平面。

小型划线平板一般放在钳工工作台上，中型、大型平板应用支架安置。平板安置要牢固，工作表面应处于水平状态以便稳定地支承工件。

2. 支承工具

常用的支承工具有方箱、V形铁、千斤顶、角铁和垫铁等。

（1）方箱 它是一个用铸铁制成的空心立方体。其上部有 V 形槽和夹紧装置。V 形槽用来安装轴、套筒等圆形工件，以便找中心或中心线。夹紧装置可把工件夹牢在方箱上，通过翻转方箱，便可在工件表面上划出互相垂直的线来。

（2）V 形铁 它是用来安放圆形工件（轴、套筒等）的工具。使用时将圆形工件放在 V 形槽内，使它的轴线与平台平行，便于用划线盘对它找出中心或中心线。

（3）千斤顶 在较大的工件上划线，不适合用方箱和 V 形铁装夹时，一般采用三个千斤顶来支承工件，其高度可以调整，便于找正。

（4）角铁 它由铸铁制成，有两个经过精加工互相垂直的平面。角铁常与夹头、压板配合起来使用，以夹持工件进行划线。

（5）垫铁 有平垫铁和斜垫铁两种，每副有二或三块，主要用来支持垫平和升高工件。

3. 划线工具

（1）划针 它是在工件上直接划出加工线条的工具。

（2）划卡 它是单脚规，主要用来确定轴和孔的中心位置。

（3）划线盘 划线盘是在工件上进行立体划线和找正工件位置时常用的工具（图 9-4a）。使用时，根据需要调节划针的高度，并在平板上移动划线盘，即可在工件表面上划出与平板平行的线，用弯头端对工件的安放位置进行找正。用划线盘在刨床、车床上找正工件的位置也较方便。

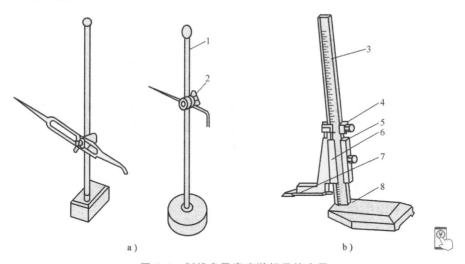

图 9-4 划线盘及高度游标尺的应用

a）划线盘 b）高度游标尺

1—支杆 2—划针夹头 3—尺身 4—微动装置 5—尺框 6—游标 7—划线量爪 8—底座

（4）划规 它是平面划线的主要工具，主要用于划圆或圆弧、等分线段或角度，以及量取尺寸。

（5）样冲 它是在工件所划线上冲小眼用的工具。样冲冲眼的目的是使所划的线模糊后仍能找到原线的位置。样冲眼也可作为划圆弧和钻孔时的定位孔用。

（6）高度游标尺 高度游标尺是高度尺和划线盘的组合（图 9-4b）。它是精密工具，不允许用它划毛坯，只能在半成品（光坯）上划线。

4. 量具

划线时常用的量具有钢直尺、高度尺、直角尺、高度游标尺等。

9.1.3 划线前的准备工作

（1）工件清理　铸件上的浇道、冒口、粘在表面上的型砂均要清除。铸件上的飞翅、氧化皮（需划线的表面上）要去掉。对中小毛坯件可用滚筒、喷砂或酸洗来清理。对半成品，划线前要把飞翅修掉，油污擦净，否则涂色不牢划出的线条不准确、不清晰。

（2）工件涂色　为了使划线清晰，工件划线处都应涂色。铸件和锻件毛坯上涂石灰水，也可涂以粉笔。钢、铸铁半成品（光坯）上，一般涂蓝油，也可以用硫酸铜溶液。铝、铜等非铁金属光坯上，一般涂蓝油，也有涂墨汁的。

（3）找孔的中心　首先要填中心塞块，以便于用划规划圆。常用的中心塞块是木块。木块钉上铜皮或白铁皮，塞块要塞得紧，保证打样冲眼时不会松动。

9.1.4 划线基准的选择

在划线时，用来确定工件几何形状各部分相对位置的面或线，就是划线基准。

1. 划线基准选择原则

1）以设计基准为划线基准。

2）当工件上有已加工表面时，应尽可能以此作为划线基准。这样，易保证待加工表面与已加工表面的尺寸精度和位置精度。

3）对于具有不加工表面的工件，一般应选不加工表面为划线基准。这样能保证加工表面与不加工表面的相对位置要求。

4）对于某些重要的表面，为使其获得较好的性能，常选该重要表面作为划线基准，如选导轨面作为机床床身的划线基准，可保证其得到硬度及耐磨性较好的铸件表层表面。

5）当各个表面均需加工时，应选余量小的表面作为划线基准。这样可保证各表面都有足够的余量。

实际操作中，如工件为毛坯，常选重要孔的中心线作为划线基准；当毛坯上没有重要孔时，则应选较大的平面作为划线基准。

2. 常用的划线基准

常用的划线基准有以下三种类型：

1）两个互相垂直的平面为基准（图9-5a）。

2）以一个平面和一个中心平面为基准（图9-5b）。

3）以两个互相垂直的中心平面为基准（图9-5c）。

由于划线时在工件的每一个方向都要有一个基准，因此，平面划线一般应选用两个划线基准，立体划线一般应选用三个划线基准。

9.1.5 划线的方法与步骤

根据零件的形状不同，其划线方法、步骤也不相同。相同的零件，也可以采用不同的划线方法。平面划线与几何作图相似。立体划线的方法有直接翻转法和用角铁划线法两种。

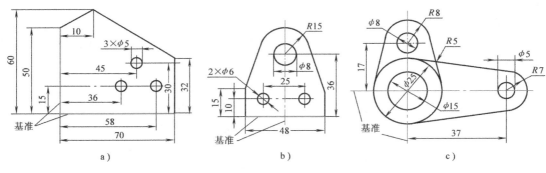

a)　　　　　　　　　　b)　　　　　　　　　　c)

图 9-5　划线基准类型

a）互相垂直的平面为基准　b）平面与中心平面为基准　c）互相垂直的中心平面为基准

1. 划线的步骤

1）看清图样及其尺寸，详细了解需要划线的部位，明确工件及其划线的有关部分的作用和要求，了解有关加工工艺。

2）确定加工基准，初步检查毛坯误差情况。

3）正确安放工件和选用划线工具。

4）对工件进行涂色，准备划线。

5）详细检查划线的准确性及是否有漏划的线条，在线条上打样冲眼。

2. 立体划线方法

用直接翻转法对毛坯件进行立体划线，它的优点是能够对零件进行全面检查，并能在任意平面上划线；其缺点是工作效率低，劳动强度大，调整找正困难。现以轴承座（图 9-6）为例进行划线，其步骤如下：

（1）确定划线基准　首先研究图样，检查毛坯是否合格，确定划线基准和安装方法。该轴承座需要划线的部位有两个端面、底面、φ40mm 内孔、两个 φ10mm 的螺钉孔。轴承座内孔是重要的表面，划线基准应选在孔的中心上，这样能保证孔壁均匀。此零件需划线的尺寸分布在三个方向上，有三条基准线。因此，零件需要安放三次，才能完成划线。

（2）清理毛坯　去掉毛坯疤痕和飞翅等，在划线部分涂上颜色（铸件和锻件用大白浆，已加工面用硫酸铜溶液），用铅块或木块堵孔，以确定孔的中心位置。

（3）找正和划线　用三个千斤顶支承轴承座底面，根据孔中心及上表面，调整千斤顶高度，用划线盘找正，将两端孔中心初步调到同一高度，并使底面尽量达到水平位置，如图 9-6a 所示。

以 R40mm 外轮廓线为找正基准找出中心，兼顾轴承座内孔 φ40mm 四周是否有足够的加工余量，如果偏心过大，要适当借料，划出基准线 Ⅰ—Ⅰ 及轴承座底面四周的加工线，如图 9-6b 所示。

将工件翻转 90°，用三个千斤顶支承并用直角尺找正，使轴承孔两端中心处于同一高度，同时用直角尺将底面加工线调整到垂直位置，划出与底面加工线垂直的另一基准线 Ⅱ—Ⅱ。然后再划两螺孔的一条中心线，如图 9-6c 所示。

将工件再翻转 90°，以螺钉孔中心为基准，用直角尺在两个方向找正、划线。试划螺钉孔的中心线Ⅲ—Ⅲ，如有偏差则调整螺钉孔中心位置，直到均匀为止，如图9-6d所示。然后再划出两大端的加工线。

（4）检查划线与打样冲眼　最后用划规划出轴承孔及螺孔圆周的尺寸线，检查所划线是否正确，并打样冲眼，便于定位，如图9-6e所示。

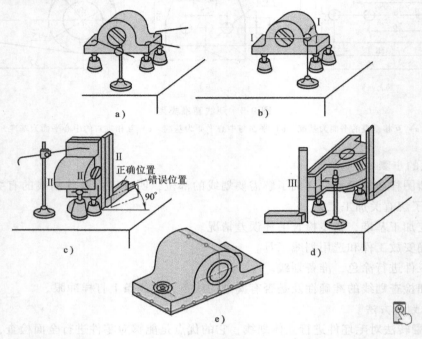

图9-6　轴承座的划线

3. 划线操作中应注意的问题

1）工件支承要稳定，防止滑倒或移动。

2）在一次支承中，应把需要划出的平行线全部划出，以免再次支承、找正、补划，造成误差。

3）要正确使用划线工具，防止产生误差。

🔍 9.2　锯削与锉削

9.2.1　锯削

锯削是用手锯锯断金属材料或进行切槽的操作。

1. 手锯的构造

手锯由锯弓和锯条组成。锯弓用来夹持和拉紧锯条。锯弓分为固定式和可调式两种。锯条一般由碳素工具钢制成，常用的锯条约长300mm、宽12mm、厚0.8mm。

锯条锯齿的形状如图9-7所示。锯削时，会产生较多的锯屑，所以锯齿间应有较大的容屑空间。齿距大的锯条称为粗齿锯条，齿距小的称为细齿锯条。一般在25mm长度内有14～18个齿的为粗齿锯条，有24～32个齿的为细齿锯条。锯条齿距的粗细应根据材料的软硬和材料的厚薄来选择。

1）锯削软材料或厚材料时应选用粗齿锯条。因为锯削软材料时，锯屑多，要求有较大的容屑空间，如铜、铝、低碳钢、中碳钢、铸铁等。

2）锯削硬材料或薄材料时应选用细齿锯条。因为锯削硬材料时，锯齿不易切入，锯屑量少，不需要大的容屑空间，同时切削的齿数多，材料容易被切除，如硬钢、管子、薄板料、薄角铁等。

注意：在锯削厚度为 3mm 以下的薄板时，还应使锯条对工件倾斜一定的角度，以免使锯齿崩断。

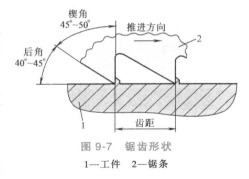

图 9-7 锯齿形状
1—工件 2—锯条

2. 锯削操作

1）锯条安装时，手锯是在向前推动时进行切削的，应注意安装方向，不得装反。

2）工件夹持时不要伸出钳口太长，以免锯削时产生振动。

3）起锯时右手稳推手柄，起锯角度应稍小于 15°，否则易碰落锯齿，再以左手拇指靠住锯条以引其切入。锯弓往复行程要短，用力要轻，速度要慢，锯条要与工件垂直，锯出锯口后，逐渐将锯弓改成水平状态。

在锯削时，锯弓不得左右摆动，前推时均匀加压，返回时从工件上轻轻滑过。锯削速度不宜过快，一般每分钟往复 20～40 次。锯削时要用锯条的全长，以免锯条中间迅速磨钝。锯钢料时应加机油润滑。

当快锯断时，锯削速度应减慢，压力应减小，以免碰伤手臂。

3. 锯削各种工件的方法

（1）锯削棒料 当断面要求较高时，应从起锯开始至结束，始终保持同一方向锯削；当断面要求不高时，可分别从几个方向锯削（即锯到一定深度后转过一定角度再锯），最后一次锯断。

（2）锯削管子 为避免夹扁或夹坏管子表面，薄壁管子应夹持在两 V 形木衬垫之间。锯削时可视对断面要求不同，采用由一个方向锯到结束或从几个方向锯削的方法。

（3）深缝锯削 若锯缝的深度达到锯弓的高度时，锯弓就会碰到工件，因此，须将锯条退出，转过 90°，横装在锯弓上，再按原锯缝锯削。此时应注意调整工件的高度，使锯削部位不至于离钳口过高或过低，否则将会因工件的振动而降低锯削质量或损坏锯条。

9.2.2 锉削

锉削是指用锉刀对工件表面进行切削加工，锉掉多余金属的操作方法。它多用于錾削和锯削后对零件进行精加工，其尺寸精度高达 0.01mm 左右，表面粗糙度 Ra 值可达 0.8μm。

锉削的应用范围很广，可以锉削内孔、沟槽和各种形状复杂的表面。在现代化生产中，大多数工件表面已经或将被机械加工所代替，但仍有一些不便于用机械加工的场合需要锉削来完成。所以锉削在零件加工和装配修理中，仍有一定的应用。

1. 锉刀

锉刀是锉削的主要工具。它由碳素工具钢 T13 或 T12 制成，经热处理后切削部分硬度达60～64HRC。

锉刀由锉身（即工作部分）和锉柄两部分组成，其各部分名称如图 9-8 所示。其规格以锉刀工作部分长度表示。常用规格有 100mm、150mm、200mm、300mm 等几种。锉齿的形状如图 9-9 所示。

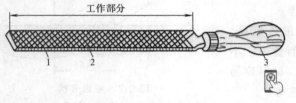

图 9-8　锉刀各部分名称
1—锉边　2—锉面　3—锉柄

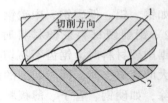

图 9-9　锉齿的形状
1—锉刀　2—工件

锉刀的齿纹分单纹和双纹两种。双纹锉刀的齿刃是间断的，即在全宽齿刃上有许多分屑槽，使锉屑易碎断，锉刀不易被锉屑堵塞，锉削时也比较省力。

锉刀的粗细是按锉刀齿纹的齿距大小来划分的，可分为粗齿锉刀、中齿锉刀、细齿锉刀和油光锉刀。粗齿锉刀齿距为 0.8~2.3mm，中齿锉刀齿距为 0.42~0.77mm，细齿锉刀齿距为 0.25~0.33mm，油光锉刀齿距为 0.16~0.20mm。通常粗齿锉刀的齿间距大，不易堵塞，适于加工余量大、精度要求不高或软材料（如铜和铝等金属）的表面；中齿锉刀适于半精加工；细齿锉刀适于加工余量小、精度要求高和表面粗糙度值要求低的表面，如锉钢和铸铁等；油光锉刀适于精加工，用于修光表面。

锉刀的种类有：钳工锉、整形锉（俗称什锦锉）和特种锉。钳工锉按其截面形状的不同，可分为扁锉、方锉、圆锉、半圆锉、三角锉等，如图 9-10 所示。适于锉削不同形状的工件。

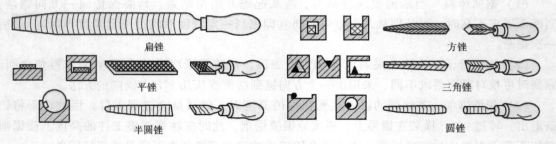

扁锉

方锉

平锉

三角锉

半圆锉

圆锉

图 9-10　锉刀类型及应用

整形锉适于修整工件上细小部位和加工精密工件，如样板、模具等，一般由 5~12 个组成一组。

特种锉适用于加工工件上的特殊表面。

2. 锉刀的使用方法

（1）锉刀的握法（图 9-11）　使用较大锉刀和中等锉刀时，主要由右手用力，左手使锉刀保持水平，并引导锉刀水平移动。

（2）锉削的姿势　锉刀开始前推时，身体应一同前进。当锉刀前推至约 2/3 时，身体停止前进，两臂则继续将锉刀前推到头。锉刀后退时，两手不加压力，身体逐渐恢复原位，将锉刀收回，如此往复做直线的锉削运动，如图 9-12 所示。

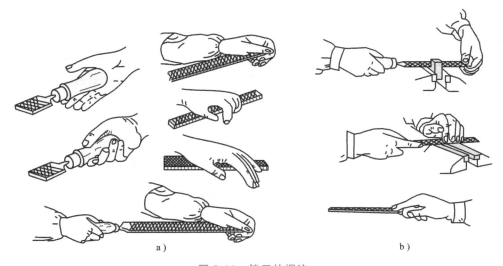

图 9-11 锉刀的握法

a) 较大锉刀的握法 b) 小锉刀的握法

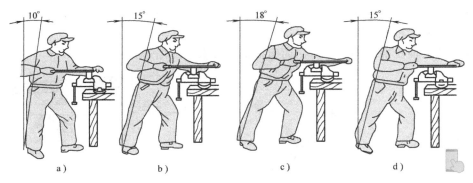

图 9-12 锉削时的步法与姿势

3. 各种表面的锉削方法及检验

（1）平面的锉削方法 锉削平面可采用交叉锉法、顺锉法或推锉法（图9-13）。

1）交叉锉法是使锉刀运动方向与工件夹持方向成 30°～40°，先沿一个方向锉一层，然

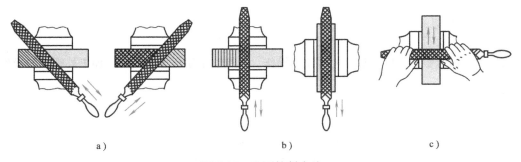

图 9-13 平面锉削方法

a) 交叉锉法 b) 顺锉法 c) 推锉法

后再转90°左右锉平，且锉纹交叉。此法切削效率高，锉刀容易掌握平稳，且可利用锉痕判断锉削面的凹凸情况，便于不断地修正锉削部位，把平面锉平。交叉锉法一般用于加工余量较大的工件。

2）顺锉法是锉刀运动方向始终不变（一般是沿工件夹持方向）的锉削方法。此法能使整个加工表面被均匀地锉削，锉纹痕迹整齐一致。当锉宽平面时，每次退回锉刀后应在横向做适当移动。此法一般用于最后的锉平或锉光。

3）推锉法是用双手对称地握持锉刀，用大拇指推锉刀进行锉削的方法。此法不是在锉齿切削方向上进行切削，加工效率不高，一般用于锉削狭长平面，或用顺锉法推进受阻碍，以及在加工余量较小、仅要求提高工件表面的平整程度和修正尺寸时采用。

由上可见，粗锉平面时，宜用交叉锉法；当平面基本锉平后，宜用细齿锉刀或油光锉刀以顺锉法锉削；当平面已锉平、余量很小时，宜用推锉法提高表面的平整程度和修正尺寸。

平面锉削后，其尺寸可用钢直尺或卡尺等检查；其平面度及直角要求可使用有关器具通过查看是否透过光线来检查。

（2）曲面的锉削方法　锉削外圆弧面一般用锉刀顺着圆弧面锉削的方法，锉刀在做前进运动的同时绕工件圆弧中心摆动。当加工余量较大时，可先采用横锉法去除余量（图9-14a），再采用滚锉法顺着圆弧精锉（图9-14b）。

锉削内圆弧面时，应使用圆锉或半圆锉，并使其完成向前运动、左右移动（约半个至一个锉刀直径）、绕锉刀中心线转动三个动作（图9-15）。

曲面形体的面轮廓度检查，可用曲面样板通过塞尺或用透光法进行。

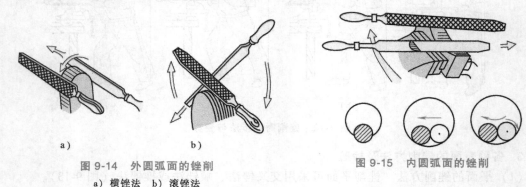

图9-14　外圆弧面的锉削
a）横锉法　b）滚锉法

图9-15　内圆弧面的锉削

9.3　攻螺纹和套螺纹

攻螺纹是用丝锥在孔壁上加工内螺纹的操作，套螺纹是用板牙在圆杆上加工外螺纹的操作。

9.3.1　攻螺纹

1. 丝锥和铰杠

丝锥是一种加工内螺纹的标准刀具，其构造如图9-16所示。

丝锥的方头用来装铰杠（机用丝锥用专门的辅助工具装夹在机床上），以传递力矩。丝锥的工作部分包括切削部分和校准部分。切削部分担负主要切削工作；校准部分起引导丝锥和校准螺纹牙型的作用。切削部分的牙型不完整且逐渐升高；校准部分具有完整的牙型，校准已切出的螺纹，并引导丝锥沿轴向移动。工作部分开有 3~4 个容屑槽，以形成切削刃，排除切屑。

通常 M6~M24 的丝锥由两支组成一套，M6 以下及 M24 以上的丝锥由三支组成一套，分别称为头锥、二锥和三锥，依次使用。这样可合理地分配丝锥上的切削力，提高丝锥的使用寿命。一套中的每一支丝锥，其切削部分的锥度大小不同。细牙丝锥不论大小都为一套两支。

铰杠是手工攻螺纹时转动丝锥的工具，有固定式和活动式（可调试）两种，常用的是活动式铰杠。

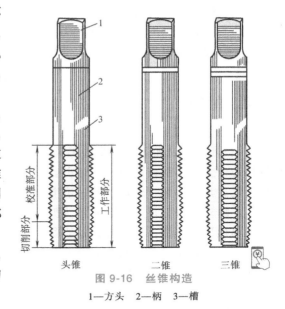

图 9-16 丝锥构造

1—方头 2—柄 3—槽

2. 攻螺纹方法

1）钻孔。攻螺纹前需要钻孔。用丝锥攻螺纹主要是切削金属，但也有挤压金属的作用。被挤压出来的材料嵌到丝锥的牙间，甚至接触到丝锥内径把丝锥挤住。工件是韧性材料时，这种现象比较明显，所以钻孔直径一定要大于螺孔规定的内径尺寸。

考虑到攻螺纹时丝锥牙对工件金属的挤压作用，也考虑到钻孔的扩张量，加工韧性金属（钢、黄铜等）时，钻头直径 $d_0 = d - 1.1P$；加工脆性材料（铸铁、青铜等）时，钻头直径 $d_0 = d - 1.2P$。P 为螺距（mm），d 为螺纹大径（mm）。

在不通孔里攻螺纹时，由于丝锥起切削作用的部分不能切削出完整的螺纹，所以钻孔深度至少要等于需要的螺纹长度加上丝锥切削部分的长度（这段长度大约等于螺纹大径 d 的 0.7 倍）。

2）用头锥攻螺纹。开始时，必须将丝锥铅垂地放在工件孔内（可用直角尺在互相垂直的两个方向检查），然后，用铰杠轻压旋入。当丝锥的切削部分已经切入工件，可只转动，不加压。每转一周应反转 1/4 周，以便断屑。

3）二攻和三攻。先把丝锥放入孔内，旋入几个牙后，再用铰杠转动。旋转铰杠时不需加压。

4）攻螺纹时，使用润滑油以减少摩擦，降低螺纹的表面粗糙度值，延长丝锥的使用寿命。对铸铁攻螺纹一般不用润滑油。

3. 攻螺纹注意事项

1）螺纹底孔的孔口要倒角（通孔螺纹两端均要倒角），以方便丝锥切入，并可防止孔口的螺纹牙崩裂或出现毛边。倒角尺寸一般为 $(1~1.5)P×45°$。

2）工件装夹必须正确，并尽量使螺孔轴线处于铅垂或水平位置，以方便攻螺纹时判断丝锥轴线是否与工件上的相应平面垂直。

3）加工塑性材料的螺孔时，要加注切削液进行冷却和润滑，以提高螺孔加工质量，延长丝锥使用寿命。

4）采用机动攻螺纹时，应使丝锥与螺纹孔同轴；丝锥的校准部分不能全部出头，以免反车退出丝锥时产生乱牙现象。

9.3.2 套螺纹

1. 板牙和板牙架

1）板牙。它是加工外螺纹的工具。其材料为合金工具钢或高速工具钢并经淬火硬化。其外形像一个圆螺母，有整体式、开缝式两种。图 9-17b 所示为开缝式可调板牙的结构，板牙螺孔的直径

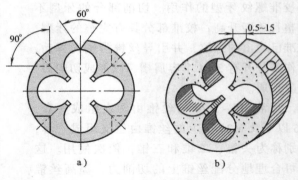

图 9-17　板牙
a）整体式　b）开缝式

可在 0.1~0.25mm 范围内做微量调整，孔两端有 60°的锥形角，是板牙的切削部分，中间是校准部分，也称定径部分，起修光作用。套 M12 以上的螺纹，可分两次逐渐套成，较为省力。

2）板牙架。它是夹持板牙并带动板牙转动的工具。

2. 套螺纹方法

（1）套螺纹前圆杆直径的确定　套螺纹前圆杆直径的大小一定要合适，如果直径太大，套螺纹困难；如果直径太小，套出的螺纹牙型不完整。圆杆直径可查有关手册或按下面经验公式计算。

$$圆杆直径\ d_0 = 外螺纹大径\ d - 0.13P$$

（2）圆杆端部倒角　圆杆端部必须倒角，以使板牙容易套入。

3. 套螺纹注意事项

1）套螺纹时，板牙端面需与圆杆轴线垂直，以免套出的螺纹一面深一面浅。

2）板牙开始切入工件时，转动要慢，压力要大；套入 3~4 牙后就只需转动，不必加压，否则会损坏螺纹和板牙。为了断屑和排屑，与攻螺纹一样，也应经常反转板牙。

3）由于套螺纹时切削力矩大，因此圆杆必须夹紧。

4）在钢件上套螺纹，应加注润滑油进行冷却、润滑，以提高螺纹的表面质量，延长板牙使用寿命。

9.4　孔加工

在各种机器上，孔的应用十分广泛，而孔加工主要是指在钻床上钻孔、扩孔、铰孔、锪孔、锪凸台及镗床上镗孔等。

9.4.1　钻床

钻床是一种最通用的孔加工机床。常用的钻床有台式钻床、立式钻床和摇臂钻床。

1. 台式钻床

台式钻床简称台钻，其结构如图 9-18 所示。这是一种放在台桌上使用的小型钻床，其

钻孔直径一般在 12mm 以下，最小可以加工小于 1mm 的孔。

台钻主要由机座（工作台）、立柱、主轴架、主轴等部分构成。机座（又称工作台，有的台钻另配有单独的工作台）是支承其他部分的（没有单独的工作台时，用它装夹工件）。立柱是支承主轴架的，也是调节主轴架高度的导轨。主轴架的前端是主轴，后端是电动机，电动机的转动由 V 带传动给主轴。主轴用来带动刀具转动，其下端有供安装工具用的锥孔，其转速可通过改变 V 带在带轮上的位置来调节。主轴的进给运动是靠手动完成的。

台钻结构简单、小巧灵活、使用方便，主要用于加工小型零件上的各种小孔，在仪表制造、钳工工作中应用广泛。

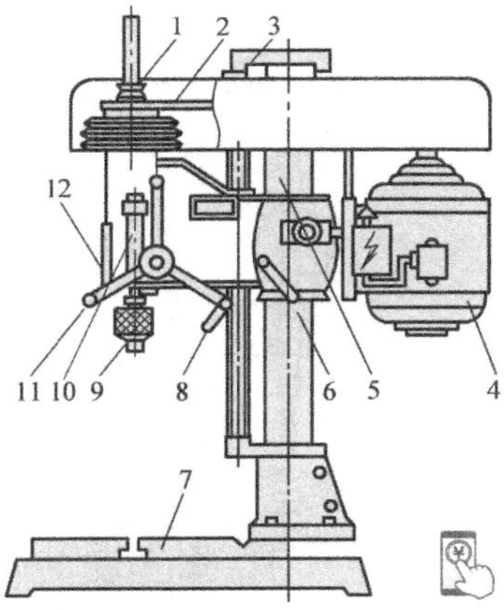

图 9-18 台式钻床

1—塔轮 2—V 带 3—丝杠架 4—电动机
5—立柱 6—锁紧手柄 7—工作台
8—升降手柄 9—钻夹头 10—主轴
11—进给手柄 12—头架

2. 立式钻床

立式钻床简称立钻，其构造如图 9-19 所示。立钻规格以最大钻孔直径表示，常用的有 25mm、35mm、40mm、50mm 等几种。

立钻由机座、工作台、主轴、进给箱、主轴箱、立柱等组成。电动机的转动经主轴箱传给主轴，使主轴带动刀具以所需的各种转速旋转。主轴向下进给既可手动，又可自动。为适应各种尺寸工件的加工需要，进给箱和工作台可沿立柱导轨上下移动。

立钻的加工孔径较台钻大，可自动进给。但立钻的主轴位置是固定的，因此，在加工完一个孔后，必须移动工件，才能再加工另一个孔，这就限制了被加工工件的尺寸。因此，立钻主要用于加工中小型工件上的孔。

3. 摇臂钻床

摇臂钻床的构造如图 9-20 所示。它由机座、工作台、立柱、摇臂、主轴箱、主轴等组成。其主轴箱装在摇臂上，可沿摇臂做横向移动。摇臂既可绕立柱旋转，同时也可沿立柱垂直移动。因此，使用时可以很方便地调整刀具的位置，而不需要移动工件。

摇臂钻床适用于加工笨重的大工件和多孔的工件，在单件和成批生产中，摇臂钻床得到了广泛的应用。

9.4.2 孔加工所用刀具和附件

1. 刀具

孔加工所用刀具主要有麻花钻、扩孔钻和铰刀。

（1）麻花钻 麻花钻是钻孔最常见的刀具，它由尾部、颈部和工作部分组成（图 9-21）。其尾部结构形式有直柄和锥柄两种。直柄一般用于直径小于 12mm 的钻头，其传递的转矩较小；锥柄用于直径大于 12mm 的钻头，它可传递较大的转矩。

工作部分由切削部分和导向部分构成。切削部分起主要切削作用，它包含两个对称的主切削刃。标准麻花钻的顶角为 $2\varphi = 116° \sim 118°$。钻头的顶部有横刃，横刃的存在使钻削时进给力增加。导向部分也是切削部分的后备部分，它有两条对称的螺旋槽和两条刃带。螺旋槽

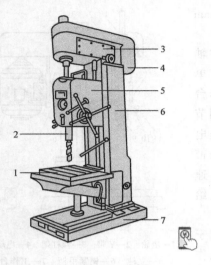

图 9-19 立式钻床

1—工作台 2—主轴 3—主轴箱
4—电动机 5—进给箱
6—立柱 7—机座

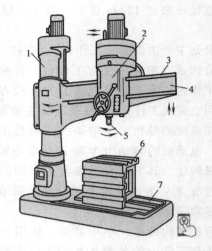

图 9-20 摇臂钻床

1—立柱 2—主轴箱 3—导轨
4—摇臂 5—主轴
6—工作台 7—机座

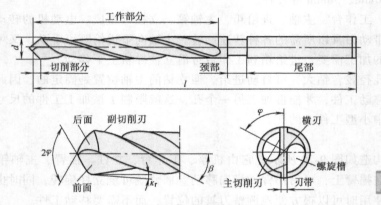

图 9-21 麻花钻的构造

的作用是形成切削刃和向孔外排屑。刃带的作用是减少钻头与孔壁的摩擦和导向。

（2）扩孔钻 扩孔是用扩孔钻对工件上已有的孔进行扩大和适当提高孔的加工精度及降低表面粗糙度值。扩孔钻的构造如图 9-22 所示。其形状与麻花钻相似，所不同的是扩孔钻有 3~4 个切削刃，没有横刃，容屑槽（螺旋槽）较小、较浅。显然，扩孔钻的钻体粗壮，刚性较好。

（3）铰刀 铰刀是对工件上已有的孔进行半精加工和精加工的一种刀具。其结构如图 9-23 所示。

铰刀有手用和机用两种。前者尾部为直柄，后者多为锥柄。

铰刀由尾部、颈部和工作部分三部分构成。其工作部分包括切削部分和校准部分。切削部分担负主要的切削工作，其形状为锥形；校准部分起导向、校准和挤光作用，其每个刀齿（一般为6~12 个）上均有一个窄刃带（为减少刃带与孔壁间的摩擦，其宽度一般为 0.1~0.4mm）。

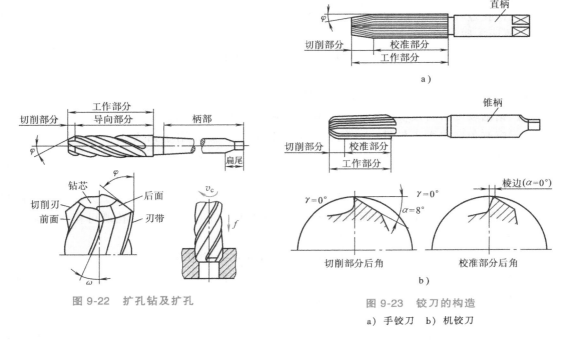

图 9-22 扩孔钻及扩孔

图 9-23 铰刀的构造
a) 手铰刀　b) 机铰刀

2. 附件

钻床上用于刀具装夹的附件主要有钻夹头、过渡套等。用于工件装夹的附件有台虎钳、压板螺钉、钻模等。

9.4.3 孔加工

1. 钻孔

钻孔是用钻头在实体材料上加工孔的方法。由于钻头刚性差及其结构上的其他缺陷,影响了钻孔的质量。钻孔的加工精度一般为 IT12 左右,表面粗糙度值 Ra 为 $50 \sim 12.5 \mu m$。

（1）钻孔前的准备工作

1）划线、打样冲眼。为避免钻孔时钻头偏离孔中心,应使钻头横刃预先落入样冲眼锥坑中。

2）安装工件。要使工件孔中心线与钻床工作台面垂直,需仔细找正。夹紧时,要使其均匀受力,安装要稳固。

3）选择和安装钻头。先根据孔径大小选择钻头,然后将选出的钻头安装到钻床主轴上;锥柄钻头可直接装在主轴的锥孔内（当锥柄尺寸较小时,可用过渡套安装）;直柄钻头用钻夹头安装。

4）选择切削用量与调整机床。切削用量主要取决于工件材料。此外,当用较大的钻头钻孔时,应使用较低的转速;当用小钻头钻孔时,则应使用较高的转速,且必须使用较小的进给量,以免钻头折断。

（2）钻孔操作

1）开始钻孔时,应使钻头慢慢地接触工件,一般试钻一个浅坑,检查钻孔中心是否符合要求，如有偏斜则应找正后再钻削。大批量生产时，常用钻模导向。

2）钻孔过程中，一般应不断将钻头提出孔外，以便排屑，防止钻头过热。加工韧性材料时，要加注切削液。

3）即将钻穿时，应降低进给速度，机动进给最好改用手动进给，以免折断钻头。

（3）注意事项

1）直径超过30mm的孔应分两次钻成。

2）钻削较硬材料及较深孔时，应不断将钻头提出孔外，并应使用切削液。

3）应避免在斜面上钻孔。一般在斜面上钻孔前，要先用小钻头或中心钻钻出一个浅孔，或用立铣刀铣出一个平面，或錾出一个平面，然后再钻孔。

2. 扩孔

扩孔是将已有的孔（铸出、锻出或钻出的孔）的直径扩大的一种加工方法。扩孔的加工精度一般可达IT10~IT9，表面粗糙度值 Ra 一般为6.3~3.2μm。扩孔既可作为孔加工的最后工序，也可作为铰孔前的准备工序。

（1）用扩孔钻扩孔　当加工余量小（0.5~4mm）时常用这种方法。

（2）用麻花钻扩孔　当钻孔直径较大时，可用这种方法。加工时，先用小钻头（直径为孔径的0.5~0.7倍）预钻孔，再用大钻头（直径与所要求的孔径相适应）扩孔。

3. 铰孔

铰孔是用铰刀对孔进行精加工的方法。铰孔加工的质量高，加工精度一般为IT8~IT7（手铰可达IT6），表面粗糙度值 Ra 可达1.6~0.4μm。铰孔方法有手铰和机铰两种。

铰孔时的注意事项如下：

1）要合理选择铰削用量（可查有关手册）。

2）铰刀在孔中绝对不能倒转，以免铰刀在孔壁间挤住切屑，造成孔壁划伤或切削刃崩裂。

3）机铰时，须将铰刀退出后才能停车，否则易把孔壁拉伤。

4）铰通孔时，铰刀校准部分不能全部伸出孔外，否则会划坏出口处。

5）铰钢件时，应经常清除切削刃上的切屑，并加注切削液，以提高孔的表面质量。

9.4.4　镗床及其工作

1. 镗床及镗孔刀具

镗床由床身、立柱、主轴箱、尾座和工作台等部分组成，如图9-24所示。

镗床的主轴能做旋转运动。安装工件的工作台可以实现纵向和横向进给运动。有的镗床工作台，还可以回转一定的角度。主轴箱在立柱导轨上升下降时，尾座上的镗杆支承也和主轴箱同时上下移动。尾座可沿床身导轨水平运动。

镗孔刀具实际是一把内孔车刀（单刃镗刀）。与车削加工相似，用单刃镗刀镗孔时，孔的尺寸是由操作者保证，与钻头、扩孔钻、铰刀等加工孔的尺寸是由刀具保证的不同，镗刀头装在镗刀杆上，操作者根据镗孔尺寸要求调节镗刀头在刀杆上径向的位置。单刃镗刀参加切削的切削刃少，因此生产率比扩孔和铰孔低。

2. 镗削加工

镗床主要用于加工各种复杂和大型工件上的孔，如变速箱、发动机气缸体等。这些零件上的孔往往要求相互平行或垂直，同时轴线间距离要求较高，在镗床上加工，可较容易地达到这些要求。镗孔精度可达 IT7，表面粗糙度值 Ra 为 $1.6 \sim 0.8\mu m$，有时可达 $0.8 \sim 0.2\mu m$。此外，镗床上还可加工端面、孔、螺纹、外圆等。

镗削短的同轴孔（图 9-25a）时，用较短的镗刀杆插在主轴锥孔内，从一个方向进行加工，工作台沿轴向做进给运动。镗削轴向距离较大的同轴孔（图 9-25b）时，用主轴锥孔和后立柱支承镗刀杆进行加工。刀头装在镗刀杆

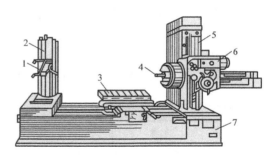

图 9-24 卧式镗床
1—镗杆支承 2—尾座 3—工作台 4—主轴
5—立柱 6—主轴箱 7—床身

上，镗刀杆做旋转运动，工作台做轴向进给运动。镗削轴向距离较大的同轴孔时，镗好一端的孔后，将工作台回转 180°，再镗削另一端的孔（图 9-25c）。这时，两孔的同轴度由于镗床回转工作台的定位精度较高可以得到保证。

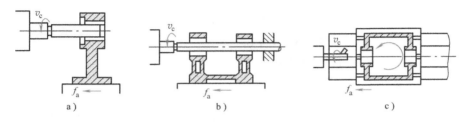

图 9-25 镗削同轴孔的方法

在镗互相垂直孔时，可先加工一个孔，然后将工作台旋转 90°，再加工另一个孔。利用回转工作台的定位精度来保证两孔的垂直度。

镗床上还可进行钻孔、扩孔和铰孔加工，刀具装在主轴锥孔中做旋转运动，同时做轴向进给运动或工作台沿刀具轴向做进给运动。

在镗床上可用装在主轴上的面铣刀加工端面。将刀具装在刀盘的刀架上可加工端面和外圆。加工端面时刀具旋转，并完成径向进给运动；加工外圆时，刀具只做旋转运动，工作台带着工件完成进给运动。

9.5 錾削与刮削

9.5.1 錾削

錾削是用锤子锤击錾子，对工件进行切削加工的操作。錾削可加工平面、沟槽、切断金属及清理铸、锻件上的飞翅和飞边等。每次錾削金属层的厚度为 $0.5 \sim 2mm$。

1. 錾子种类

常用的錾子有平錾、槽錾及油槽錾（图 9-26）。平錾用于錾削平面和錾断金属，它的刃宽一般为 $10 \sim 20mm$；槽錾用于錾槽，它的刃宽根据槽宽决定，一般为 $5mm$；油槽錾用于錾

油沟，它的錾刃磨成与油沟形状相符的圆弧形。

錾子多用碳素工具钢锻成，刃部经淬火和回火处理，最后刃磨而成。

2. 錾削应用

（1）錾平面　先用槽錾开槽（图9-27a），然后用平錾錾平（图9-27b）。

平錾

槽錾

油槽錾

图9-26　錾子种类

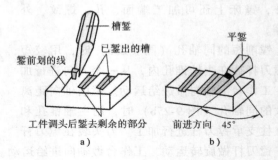

槽錾

已錾出的槽

錾前划的线

工件调头后錾去剩余的部分

平錾

前进方向　45°

a）　　　　b）

图9-27　錾平面
a）先开槽　b）錾成平面

（2）錾油槽　在工件上按划线錾油槽（图9-28）。

（3）錾断板料　对于小而薄的板料可在台虎钳上錾断。对于大的板料可在铁砧上錾断，工件下面的垫板用以保护錾刃。

9.5.2　刮削

刮削是工件表面经过车、铣、刨等机械加工之后，仍不能满足精度和表面粗糙度的要求时，而用刮刀在这些表面上刮去一层很薄的金属，以提高工件几何精度的操作。经

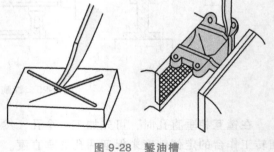

图9-28　錾油槽

过刮削后的表面粗糙度值很小，Ra可达$1.6\sim0.8\mu m$。

刮削的特点是切削量小、切削力大、产生热量小、装夹变形小等。通过刮削消除了加工表面的凹凸不平和扭曲的微观不平；刮削能提高工件间的配合精度，形成存油空隙，减少摩擦阻力。刮刀对工件有压光作用，可提高工件的表面质量和耐磨性。刮削还能使工件表面美观。刮削的缺点是生产率低、劳动强度大。因此，目前常用磨削等机械加工来代替。

1. 刮削工具

（1）刮刀　刮刀常用碳素工具钢（如T10、T12A等）制造。刮刀的种类很多，常用的有平面刮刀和曲面刮刀。平面刮刀主要用于刮削平面（如平板、导轨面等），也可用来刮花、刮削外曲面。使用时，平面刮刀做前后直线运动，往前推是切削，往回收是空行程。平面刮刀与所刮表面的角度要恰当，如图9-29a所示。曲面刮刀主要用于刮削内曲面。常用的曲面刮刀有三角刮刀、蛇头刮刀、柳叶刮刀等。图9-29b所示是用三角刮刀刮削轴瓦。

（2）校准工具　校准工具也称研具、检验工具，是用来研磨点和检验刮削面准确性的工具。常用的校准工具有检验平板、校准直尺、角度尺等。校准工具的工作面必须平直、光洁，且能保证刚度、不变形。

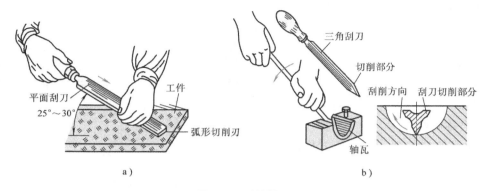

图 9-29 刮削加工

a) 刮削平面 b) 刮削曲面

2. 刮削质量的检验

用平板检查工件的方法如下：将工件擦净，并均匀地涂上一层很薄的红丹油（氧化铁红粉与全损耗系统用油的混合剂），然后将工件表面与擦净的平板稍加压力配研（图9-30a）。配研后，工件表面上的高点（与平板的贴合点）便因磨去红丹油而显示出亮点来（图9-30b）。这种显示高点的方法常称为研点子。

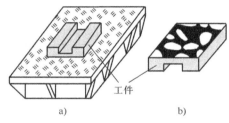

图 9-30 研点子

刮削质量是以 25mm×25mm 面积内均匀分布的高点数来衡量的。普通机床的导轨面要求 8 ~ 10 点。

3. 平面刮削方法

（1）粗刮 若工件表面存有机械加工的刀痕，应先用交叉刮法将表面全部粗刮一次，使表面较为平滑，以免研点子时划伤平板。刀痕刮除后，即可研点子，并按显出的高点逐点粗刮。当高点增加到 4 个点时，进行细刮。

（2）细刮 细刮时选用较短的刮刀，这种刮刀用力小，刀痕较短（3~5mm）。经过反复刮削后，高点数逐渐增多，直到最后达到要求为止。

🔧 9.6 装配和拆卸

1. 装配工艺过程

任何产品都是由许多零件组成的，但是一般较复杂的产品，很少直接由许多零件装配而成。往往以某一零件作为基准零件，把几个其他零件装在基准零件上构成组件，然后再把几个组件与零件装在另一基准零件上而构成部件（已成为独立的机构），最后将若干部件、组件与零件共同安装在产品的基准零件上总装成为机器。可以单独进行装配的机器组件及部件称为装配单元。

为了使整个产品的装配工作能按顺序进行，一般以装配工艺系统图说明机器产品的装配过程。而整个产品的装配工艺系统图，是以该产品的装配单元系统图为基础而绘制的。图9-31 所示为 C6140 主轴箱 Ⅱ 轴组件结构图。

装配前要做好准备工作。首先将构成组件的全部零件集中，并清洗干净。装配单元系统图绘制方法如下：

1）先画一条横线。

2）横线的左端画一个小长方格，代表基准零件。在长方格中要注明装配单元的编号、名称和数量。

3）横线的右端画一个小长方格，代表装配的成品。

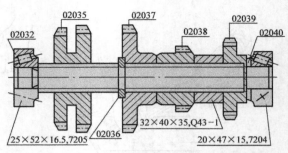

图 9-31　C6140 主轴箱 Ⅱ 轴组件结构图

4）横线自左至右表示装配的顺序，直接进入装配的零件画在横线的上面，直接进入装配的组件画在横线的下面。

按此法绘制的主轴箱 Ⅱ 轴组件装配单元系统图如图 9-32 所示。由图可见，装配单元系统图可以一目了然地表示出成品的装配过程，装配所需的零件名称、编号和数量，并可根据它划分装配工序。因此它可起到指导和组织装配工艺的作用。

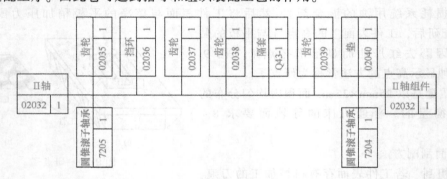

图 9-32　C6140 主轴箱 Ⅱ 轴组件装配单元系统图

2. 对装配工作的要求

1）装配时，应检查零件的形状和尺寸精度是否合格，检查有无变形、损坏等。并要注意零件上的各种标记，防止错装。

2）各种运动部件的接触表面，必须保证润滑，油路必须畅通。

3）固定连接的零、部件不允许有间隙。活动连接的零、部件能在正常的间隙下，灵活地按限定方向运动。

4）高速运动机构的外面，不得有凸出的螺钉头、销钉头等。各种管道和密封部件，装配后不允许有渗漏现象。

5）试车前，应检查各部件连接的可靠性和运动的灵活性，检查各种变速和换向机构的操纵是否灵活，手柄位置是否合适。试车从低速到高速逐步完成。根据试车情况，再进行调整，使其达到运转要求。注意尽量不要在运行中调整。

3. 滚动轴承的装配

滚动轴承的装配多数为较小的过盈配合。常用锤子或压力机压装。为了使轴承圈受到均匀压力，须用垫套加压。轴承压到轴上时，应通过垫套施力于内圈端面（图 9-33a）；轴承压到机体孔中时，则应施力于外圈端面（图9-33b）；若同时压到轴上和机体孔中时，则内外圈端面应同时加压（图9-33c）。

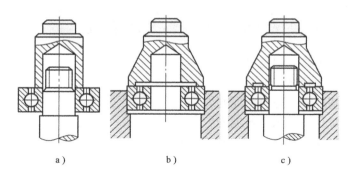

图 9-33　用垫套压装滚动轴承

如若轴承与轴为较大的过盈配合时，最好将轴承吊在80~90℃的热油中加热，然后趁热装入。

4. 螺钉、螺母的装配

在装配工作中经常碰到螺钉、螺母的装配，应注意以下几点：

1）螺纹配合应做到用手能自由旋入，过紧会咬坏螺纹，过松则受力后，螺纹易断裂。

2）螺钉、螺母端面应与螺纹轴线垂直，以便受力均匀。

3）零件与螺钉、螺母的贴合面应平整光洁，否则螺纹容易松动。为了提高贴合质量可加垫圈。

4）装配成组螺钉、螺母时，为了保证零件贴合面受力均匀，应按一定顺序来旋紧，如图9-34所示；并且不要一次完全旋紧，应按顺序分两次或三次旋紧，即第一次先旋紧到一半程度，然后再完全旋紧。

5. 机器的拆卸

1）机器拆卸工作，应按其结构的不同，预先考虑操作程序，以免先后倒置；不要贪图省事猛拆猛敲，造成零件的损伤变形。

2）拆卸的顺序与装配的顺序相反。一般应先拆外部附件，然后按总成、部件进行拆卸。在拆卸部件或组件时，应按从外部到内部、从上部到下部的顺序，依次拆卸组件或零件。

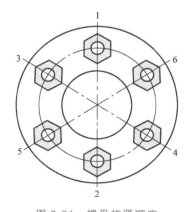

图 9-34　螺母旋紧顺序

3）拆卸时，使用的工具必须保证不会对零件造成损伤（尽可能使用专用工具，如各种顶拔器、呆扳手等）。严禁用硬锤子直接在零件的工作表面上敲击。

4）拆卸时，零件的回松方向（左、右螺旋）必须辨别清楚。

5）拆下的部件和零件必须有次序、有规则地放好，并按原来结构套在一起，配合件做上记号，以免搞乱。对丝杠、长轴类零件必须用绳索将其吊起，并且用布包好，以防弯曲变形和碰伤。

复习思考题

9-1　钳工的主要工作范围是哪些？

9-2　划线的作用是什么？

9-3　选择划线基准应遵守哪些原则？

9-4　选择锯条时，应考虑哪些因素？

9-5　锯齿崩落和锯条折断的原因有哪些？

9-6　锉刀的大小、粗细、形状应如何选择？

9-7　三个一套的丝锥，各丝锥的切削部分和校准部分有何不同？应怎样区分？

9-8　台钻、立钻和摇臂钻床的结构和用途有何不同？

9-9　扩孔为什么比钻孔的精度高？铰孔为什么又比扩孔精度高？

9-10　镗床的结构及镗孔加工的特点有哪些？镗刀与钻头有什么不同？

9-11　錾削的作用是什么？錾削可加工哪些表面？

9-12　刮削有什么特点和用途？

9-13　装配工作应注意哪些事项？

9-14　装配单元系统图如何绘制？

9-15　拆卸时，应注意哪些问题？

第 10 章

电　　工

1. 电工训练内容及要求

1) 能够读懂机床电路图，包括电气原理图和电气接线图。

2) 了解机床控制电路中各电器元件的名称和作用。

3) 掌握万用表、电流表、电压表等常用电工仪表的工作原理及主要用途。

4) 掌握安全用电常用的知识。

2. 电工训练示范讲解

1) 机床控制电路的组成及连接。使学生对照机床电路图，能够连接出实际的机床控制电路。

① 各电器元件的结构及作用。

② 接线图的合理布局。

2) 常用电工仪表的工作原理及应用。使学生了解常用电工仪表的工作原理及主要用途，并能够掌握其使用方法。

① 万用表的工作原理及使用。

② 电流表的工作原理及使用。

③ 电压表的工作原理及使用。

④ 电位差计的工作原理及使用。

3. 电工训练学生实践操作

1) 机床控制电路的识图、布线与连接。

2) 学会使用常用电工仪表。

4. 电工训练安全注意事项

1) 接线完毕后，必须经指导老师检查同意，方可接通电源进行实验。在改接线路之前，必须切断电源，不得带电操作。

2) 工程训练过程中，同组同学必须配合默契，否则容易造成触电事故。如一同学手持导线待接，而另一同学又去接通电源，这样很容易造成触电。

3) 在测量电压时，测试笔必须接在电压表的接线柱上，不得接在电源板的接线柱上。

4) 万一遇到触电事故时，首先应迅速切断电源，或用绝缘的器具迅速将电源线断开，使触电者脱离电源。不管触电者的反应如何，应尽力抢救并尽快送医院。

5）电气设备（如电动机等）在正常运行的情况下，外壳不带电。一旦这些设备的绝缘性能不好，有漏电现象时，外壳就会带电，这时，人体切不可接触外壳，否则会造成触电。

6）工程训练中注意培养良好科学作风，工具、材料摆放整齐，做到文明生产；操作中严格遵守操作规程，确保人身、设备安全。

5. 电工训练教学案例

图 10-1 所示为 C6140 卧式车床电气原理图。根据对 C6140 机床电路的全面分析，结合机床的机械动作原理及现场实际情况：

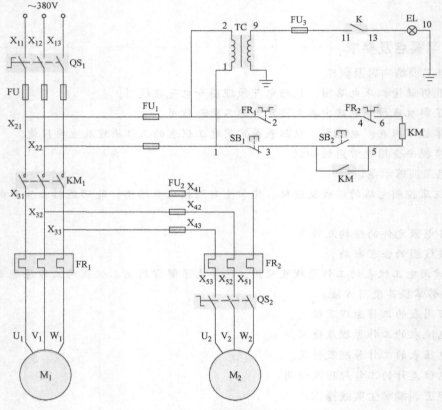

图 10-1　C6140 卧式车床电气原理图

1）一个电路图中出现了四种不同电压等级的电源。主电路 380V 交流电，控制电路 110V 交流电，照明回路 24V，信号灯电压 6V，分析各种电源电压的使用原则。

2）针对机床以下故障，分析各种故障出现的原因和故障的危害，并提出处理方法。①主轴电动机无法连续工作；②主轴电动机不转；③主轴电动机无法实现正反转。

电是机械设备的主要能源，机械专业工程技术人员除必须具备扎实的专业知识外，还必须掌握一些常用的电工技术，这对以后的工作乃至生活都具有重要的作用。本章的目的是，让学生熟悉常见的安全用电常识；对照机床电路图，能够连接出实际的机床控制电路；并学会使用常用的电工仪表。

10.1 安全用电

电是现代社会不可缺少的动力来源，工业生产和社会生活都离不开电，电对人类的进步和发展起着非常重要的作用。电的使用有其两面性，使用得当，能给使用者带来很大的益处；若使用不当，则会造成很大的危险。因此，掌握安全用电的基本知识非常重要。

10.1.1 触电危害

触电是指人体触及带电体后，电流对人体造成的伤害。它有两种类型，即电伤和电击。

1. 电伤

电伤是指电流的热效应、化学效应、机械效应及电流本身作用造成的人体伤害。电伤会在人体皮肤表面留下明显的伤痕，常见的有灼伤、电烙伤和皮肤金属化等现象。

2. 电击

电击是指电流通过人体内部，破坏人体内部组织，影响呼吸系统、心脏及神经系统的正常功能，严重的甚至危及生命。在触电事故中，电击和电伤常会同时发生。

影响触电危害程度的因素：

（1）电流大小对人体的影响　通过人体的电流越大，人体的生理反应就越明显，感应就越强烈，引起心室颤动所需的时间就越短，致命的危害就越大。

（2）电流的类型　工频交流电的危害性大于直流电，因为交流电主要是麻痹破坏神经系统，往往难以自主摆脱。一般认为 40~60Hz 的交流电对人体最危险。随着频率的增加，危险性将降低。当电源频率大于 2000Hz 时，所产生的损害明显减小，但高压高频电流对人体仍十分危险。

（3）电流的作用时间　人体触电，当通过电流的时间越长，越易造成心室颤动，生命危险性就越大。据统计，触电 1~5min 内急救，有 90% 的良好救助效果，10min 内则有 60% 的救生率，超过 15min 则生还的希望甚微。

（4）电流路径　电流通过人的头部可使人昏迷；通过脊髓可能导致瘫痪；通过心脏会造成心跳停止，血液循环中断；通过呼吸系统会造成窒息。因此，从左手到胸部是最危险的电流路径；从手到手、从手到脚也是很危险的电流路径；从脚到脚是危险性较小的电流路径。

（5）人体电阻　人体电阻是不确定的电阻，皮肤干燥时一般为 $100k\Omega$ 左右，而皮肤潮湿时则可降到 $1k\Omega$。人体不同，对电流的敏感程度也不一样，一般地说，儿童较成年人敏感，女性较男性敏感。患有心脏病者，触电后的死亡可能性就更大。

（6）安全电压　安全电压是指人体不戴任何防护设备时，触及带电体不受电击或电伤的电压。人体触电的本质是电流通过人体产生了有害效应。然而触电的形式通常都是人体的两部分同时触及了带电体，而且这两个带电体之间存在着电位差。因此，在电击防护措施中，要将流过人体的电流限制在无危险范围内，即将人体能触及的电压限制在安全的范围内。国家标准制定了安全电压系列，称为安全电压等级或额定值，这些额定值指的是交流有效值，分别为 42V、36V、24V、12V、6V 等几种。

10.1.2　常见的触电原因

人体触电主要原因有两种：直接触电和跨步电压触电。直接触电又可分为单相触电和两相触电。

1. 单相触电

单相触电是指人站在地上或其他接地体上，人的某一部位触及单相带电体而引起的触电，如图 10-2 所示。

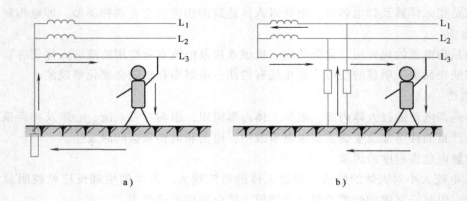

图 10-2　单相触电
a）中性点直接接地　b）中性点不直接接地

（1）中性点直接接地单相触电　如图 10-2a 所示，当人体接触其中一根相线时，人体承受 220V 的相电压，电流通过人体→大地→中性点接地体→中性点，形成闭合回路，触电后果比较严重。

（2）中性点不直接接地单相触电　如图 10-2b 所示，当人体接触一根相线时，触电电流经人体→大地→线路→对地绝缘电阻（空气）和分布电容形成两条闭合回路。如果线路绝缘良好，空气阻抗、容抗很大，人体承受的电流就比较小，一般不发生危险；如果绝缘性不好，则危险性就增大。

2. 两相触电

两相触电是指人体两处触及两相带电体而引起的触电，如图 10-3 所示。两相触电加在人体上的电压为线电压，由于触电电压为 380V，所以两相触电的危险性更大。

3. 跨步电压触电

当带电体接地时有电流向大地流散，在以接地点为圆心、半径 20m 的圆面积内形成分布电位。人站在接地点周围，两脚之间（以 0.8m 计算）的电位差称为跨步电压 U_k，如图 10-4 所示，由此引起的触电事故称为跨步电压触电。为了防止跨步电压触电，应离带电体着地点 20m 以外。

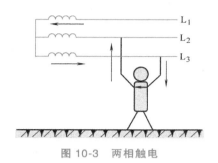

图 10-3 两相触电

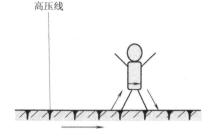

图 10-4 跨步电压触电

10.1.3 触电急救

一旦发生人身触电事故，要迅速处理，并正确施救。人触电后，往往出现心跳停止、呼吸中断、昏迷不醒等死亡征象，但是很可能是假死现象。救护者切勿放弃抢救，而应果断地以最快的速度和正确的方法就地施行抢救。有的触电者经过四五个小时的抢救，才能脱离险境。

1. 脱离电源

当人体触电以后，可能由于痉挛或失去知觉等原因而紧抓带电体，不能自行摆脱电源。此时抢救人员不要惊慌，要在保护自己不被触电的情况下使触电者脱离电源。

1）如果是因接触电器触电，应立即断开近处的电源，可就近拔掉插头，断开开关或打开保险盒。

2）如果是因碰到破损的电线触电，附近又找不到开关，可用干燥的木棒、竹竿、手杖等绝缘工具把电线挑开，挑开的电线要放置好，不要使人再触到。

3）如一时不能实行上述抢救方法，触电者又趴在电器上，可隔着干燥的衣物将触电者拉开。

4）在脱离电源过程中，如触电者在高处，要防止脱离电源后跌伤而造成二次受伤。

5）在使触电者脱离电源的过程中，抢救者要防止自身触电。

切断电源后应抓紧时间进行急救处理。如触电者尚未失去知觉，则应让其静卧，注意观察，并请医生前来进行诊治。如果心脏已停止跳动，呼吸停止，则应立即进行人工呼吸或用心脏按压法，使触电者恢复心跳和呼吸，切勿滥用药物或搬动、运送，并应立即请医务人员前来指导抢救。

2. 触电的急救方法

（1）人工呼吸法 当触电者呼吸停止，但心脏还在跳动时，可采取口对口（或口对鼻）式人工呼吸抢救。抢救时，救护者一只手捏紧触电者的鼻子，自己深呼吸后，将自己的嘴靠近触电者的嘴，进行口对口吹气，并注意触电者的胸部应略有起伏。吹气完毕准备换气时，救护者的口应立即离开触电者的口，同时放开捏鼻子的手，让触电者自动换气，并注意其胸部的复原情况。人工呼吸要长时间反复进行，一般每次吹气约两秒钟，呼气约三秒钟。如果触电者牙关紧闭时，可采用对鼻子进行吹气施行急救。

（2）心脏按压法 当触电者心脏已停止跳动，应采用此法急救。救护时，使触电者平躺，救护人员两手交叉相叠，压在伤员胸骨下端。掌根用力向下挤压，挤压后迅速完全放松，让触电者胸部自动恢复，如此反复进行心脏按压，挤压时使胸部下陷 3~4cm，以压迫心脏使其达到排血作用，每分钟挤压约 60 次。

当触电者呼吸和心跳均停止时，最好由两人同时用人工呼吸和心脏按压法进行抢救。急救必须连续进行，经过长时间的抢救，触电者面色开始好转，心脏与呼吸已经恢复，才能停止抢救。

10.1.4 安全用电防护措施

为了防止触电事故的发生，除了工作人员必须严格遵守操作规程，正确安装和使用电器设备或器材之外，还应该采取保护接地、保护接零和漏电保护装置等安全措施。

1. 保护接地
将电器设备在正常情况下不带电的金属外壳和埋入地下并与其周围土壤良好接触的金属接地体相连接，称为保护接地（图 10-5）。它适用于中性点不直接接地的低压电力系统。保护接地电阻一般不应大于 4Ω，最大不得大于 10Ω。

2. 保护接零
保护接零就是将电器设备在正常情况下不带电的金属外壳接到三相四线制电源的零线（中性线）上，如图 10-6 所示。它适用于中性点直接接地的三相四线制供电系统。

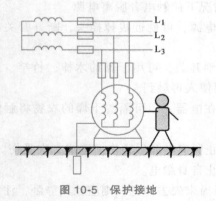
图 10-5 保护接地

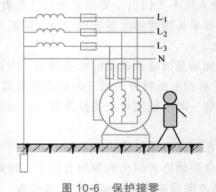
图 10-6 保护接零

3. 漏电保护装置
漏电保护器是一种防止漏电的保护装置，当设备因漏电外壳上出现对地电压或产生漏电流时，它能够自动切断电源。

保护接地和保护接零，一般可以有效地防止触电。但仍不可能保证绝对安全，最好采用漏电保护装置进行防范。国家规定，凡手持电动工具、移动电器者，均需配有漏电保护装置，以确保安全。

10.2 卧式车床的电气控制

机床一般都由电动机来拖动，而电动机通过某种自动控制方式来进行控制。在卧式车床中，多数都由继电接触器控制方式来实现其控制。

电器控制线路是由各种有触点的接触器、继电器、按钮、行程开关等组成的控制线路。其作用是实现对电力拖动系统的起动、换向、制动和调速等运行性能的控制；实现对拖动系统的保护；满足生产工艺要求实现生产加工自动化。由于加工对象和生产工艺要求不同，各种机床的电器控制线路也不同。本节主要介绍卧式车床的电气控制线路。

10.2.1 电气原理图的画法及阅读方法

电力拖动电气控制线路主要由各种电器元件（如接触器、继电器、电阻器、开关）和电动机等用电设备组成。为了设计、研究分析、安装维修时阅读方便，在绘制电气控制线路图时，必须使用国家统一规定的图形符号和文字符号，见表 10-1。

表 10-1 常用电气元件图形符号和文字符号

名　称	图　形　符　号	文字符号	名　称	图　形　符　号	文字符号
热继电器驱动器件		FR	双绕组变压器		T
接触器的主动合触点		KM	三相鼠笼式感应电动机	M 3~	M
接触器的主动合主触点		KM	手动操作开关		S
接触器的主动断触点		KM	继电器的线圈		KM
带动断触点的热敏动断开关		FR	照明灯的一般符号		EL

（续）

名　称	图形符号	文字符号	名　称	图形符号	文字符号
自动复位的手动按钮开关		SB	熔断器		FU
自动复位的按钮操作的动断（常闭）按钮	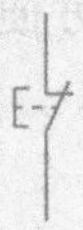	SB	动合（常开）触点，开关		K
接地		PE	无自动复位的手动旋转开关	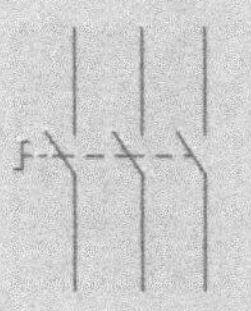	QS

电气设备图有三类，分述如下：

1. 电气原理图

电气原理图表示电气控制线路的工作原理，以及各电器元件的作用和相互之间的关系，而不考虑各电器元件实际安装的位置和实际连线情况。掌握运用电气原理图的方法和技巧，对于分析电气线路、排除机床电路故障是十分有益的。电气原理图一般由主电路、控制电路、保护电路、配电电路等几部分组成。绘制电气原理图，一般遵循下面的规则：

1）电气控制线路分主电路和控制电路。主电路用粗线画出，而控制电路用细线画出。一般主电路画在左侧，控制电路画在右侧。

2）电气控制线路中，同一电器的各导电部件如线圈和触点常常不画在一起，而是用同一文字标明。如接触器的线圈和触点都用 C 表示。

3）电气控制线路的全部触点都按"平常"状态画出。"平常"状态对接触器、继电器等是指线圈未通电时的触点状态；对按钮、行程开关是指没有受到外力时的触点位置；对主令控制器是指手柄置于"零位"时的触点位置。图 10-1 所示为 C6140 卧式车床电气原理图。

2. 电气设备安装图

电气设备安装图表示各种电气设备在机床机械设备和电气控制柜的实际安装位置。各电气元件的安装位置由机床的结构和工作要求决定，如电动机要和被拖动的机械部件在一起，行程开关应放在要取得信号的地方，操作元件放在操作方便的地方，一般电气元件应放在控制柜内。

3. 电气设备接线图

电气设备接线图表示各电气设备之间的实际接线情况。绘制接线图时应把各电气元件的各个部分（如触点与线圈）画在一起；文字符号、元件连接顺序、线路号码编制都必须与电气原理图一致。电气设备安装图和接线图是用于安装接线、检查维修和施工的。

10.2.2　C6140 卧式车床的电气控制

1. 主电路

主电路是通过强电流的电路。强电流经过电源开关、熔断器、接触器主触点、热继电器的热元件流入电动机。C6140 卧式车床有两台电动机：M_1 为主电动机，M_2 为切削液泵电动机。三相交流电源通过组合开关 QS_1 将电源引入，FU 和 FR_1 分别为主电动机的短路保护和过载保护。KM_1 为 M_1 和 M_2 电动机的起动、停止用接触器。QS_2 为 M_2 电动机的接通和断开用组合开关。FU_2 和 FR_2 为 M_2 电动机的短路和过载保护。

2. 控制和照明电路

控制电路是通过弱电流的电路。它是由各种继电器的线圈、触点及接触器线圈、接触器的辅助触点、按钮开关等组成。

（1）起动控制　C6140 卧式车床无论主电动机或切削液泵电动机都采用了直接起动的控制线路。这里以主电动机 M_1 的起动为例加以说明。

先将无自动复位的手动旋转开关 QS_1 闭合，为电动机起动做好准备。当按下起动按钮 SB_1 时，交流接触器 KM 的线圈通电，动铁心被吸合而将三个主触点闭合，电动机 M_1 便起动。当松开 SB_1 时，它在弹簧的作用下恢复到断开位置。但是由于与起动按钮并联的辅助触点和主触点同时闭合，因此接触器线圈的电路仍然接通，而使接触器触点保持在闭合的位置。这个辅助触点也叫自锁触点。如果将停止按钮 SB_2 按下，则将线圈的电路切断，动铁心和触点恢复到断开的位置。

（2）电气控制系统的保护　电气控制系统一方面要控制电动机的起动、运行、制动等，另一方面要保护电动机长期安全、可靠地运行以及保障人身的安全。所以，保护环节是任何自动控制系统中不可缺少的组成部分。常见的保护环节有短路保护、过载保护、过电流保护、零电压保护等。

1）短路保护。当电动机或线路的绝缘损坏等原因引起短路故障时，很大的短路电流将导致产生过高的热量，使电动机、电器损坏，所以短路时必须立即切断电源。

常用的短路保护元件是熔断器、过电流继电器和断路器。如图 10-1 所示，起短路保护的是熔断器 FU、FU_1、FU_2、FU_3 等。熔断器短路保护时，很可能一相熔丝熔断，造成单相运行；而过电流继电器和断路器短路保护时，能在断开主触点的同时切断三相电源。所以后者广泛地应用于要求较高的场合。

2）过载保护。负载的突然增大，三相电动机单相运行或欠电压运行都会造成电动机的过载。电动机长期超载运行，电动机绕组的温升将超过允许值，其绝缘材料就要变脆，寿命降低，严重时将损坏电动机。如图 10-1 所示，起过载保护的是热继电器驱动器件 FR_1 和 FR_2。过载保护一般采用热继电器和断路器。

3）过电流保护。不正确的起动和过大的负载，都会引起过电流的产生。过电流一般比短路电流小，但发生的可能性比短路故障更大，尤其是在频繁正反转起动的重复短时工作制电动机中更是如此。过电流保护一般采用高电流继电器或断路器，高电流继电器串接在主电路中。

过电流保护广泛应用于直流电动机或绕线转子异步电动机中。因笼型异步电动机的短时过电流不会造成严重后果，所以一般不采用过电流保护，而采用短路保护和过载保护。

必须强调指出，短路保护、过电流保护和过载保护虽然都是电流保护，但由于故障电流、动作值，保护特性、保护要求以及使用的元件不同，它们之间是不能相互替代的。

4）零电压保护。若运行中的电动机因电源电压突然断电而停转，那么在电源电压恢复时，电动机如果自行起动，就可能造成设备损坏和人身事故；而且多台电动机及其他用电设备同时自行起动，也会引起巨大的过电流，瞬间会导致电压下降。为了防止电网断电后恢复供电时电动机自行起动的保护叫作零电压保护。

在许多机床控制线路中，一般都采用按钮发号施令，而不是用控制器操作。利用按钮的自动恢复作用和接触器的自锁作用，电路本身已兼备了零电压保护，所以不必加零电压保护。

（3）照明电路　车床的照明电路由照明变压器 TC、熔断器 FU_3、钮子开关 K 及 36V 照明灯 EL 组成。TC 为将交流 380V 转换为 36V 的降压变压器，熔断器 FU_3 为短路保护，合上开关 K，照明灯 EL 亮。照明电路必须接地，以确保人身安全。

10.2.3　普通机床电气控制系统常用电器元件

1. 按钮

按钮通常用来接通或断开控制电路（其中电流很小），从而控制电动机或其他电气设备的运行。

图 10-7 所示的是按钮的外形图和结构与原理示意图。按钮由按钮帽、复位弹簧、桥式动触点、静触点和外壳等组成。其触点允许通过的电流很小，一般不超过 5A。将按钮帽按下时，下面一对原来断开的静触点被桥式动触点接通，以接通某一控制电路；而上面一对原来接通的静触点则被断开，以断开另一控制回路。手指放开后，在弹簧的作用下触点立即恢复原态。原来接通的触点称为常闭触点，原来断开的触点称为常开触点。因此，当按下按钮时，常闭触点先断，常开触点后通；而松开按钮时，常开触点先断，常闭触点后通。

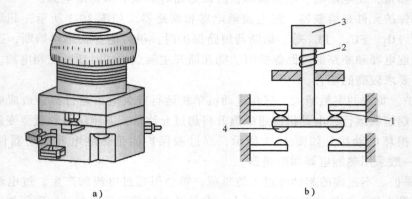

图 10-7　按钮
a) 外形图　b) 结构与原理示意图
1—静触点　2—弹簧　3—按钮帽　4—桥式动触点

为了标明各个按钮的作用，避免误操作，通常将按钮帽做成不同的颜色，以示区别。按钮帽的颜色有红、绿、黑、黄、蓝等，一般用红色表示停止按钮，绿色表示起动按钮。

2. 交流接触器

交流接触器是用来接通或断开电动机或其他设备主电路的一种控制元件，每小时可开闭数百次。图10-8所示为交流接触器的结构和外形。交流接触器主要由电磁机构、触点系统和灭弧系统三部分组成。电磁机构一般为交流电磁机构，也可采用直流电磁机构。吸引线圈为电压线圈，使用时并接在电压相应的控制电源上。交流接触器是利用电磁铁的吸引力而动作的。当吸引线圈通电后，吸引山字形动铁心，而使常开触点闭合。

根据用途不同，接触器的触点分主触点和辅助触点两种。辅助触点通过电流较小，常接在电动机的控制电路中；主触点可通过较大电流，接在电动机的主电路中。如CJ10—20型交流接触器有三个常开主触点、四个辅助触点（两个常开，两个常闭）。

当主触点断开时，其间产生电弧，会烧坏触点，并使断开时间延长。因此，必须采取灭弧措施。通常交流接触器的触点都做成桥式，它有两个断点，以降

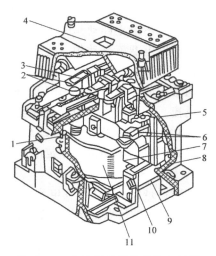

图 10-8　交流接触器的结构和外形

1—反作用弹簧　2—主触点　3—触点压力弹簧　4—灭弧罩　5—辅助动断触点　6—辅助动合触点　7—动铁心　8—缓冲弹簧　9—静铁心　10—短路环　11—线圈

低当触点断开时加在断点上的电压，使电弧容易熄灭；并且相间有绝缘隔板，以免短路。在电流较大的接触器中还专门设有灭弧装置。

常用的交流接触器有 CJ10、CJ12 和 CJ20 等。CJ10 的额定电流等级有 5A、10A、20A、40A、60A、100A、150A；CJ12 的额定电流等级有 100A、150A、250A、400A、600A；CJ20 的额定电流等级有 63A、160A、250A、630A 等。

3. 热继电器

热继电器是用来保护电动机使之免受长期过载的危害。图10-9所示为热继电器的结构原理和外形图。它是利用电流的热效应而动作的。件1是热元件，它是一段电阻不大的电阻丝，接在电动机的主电路中。件2是双金属片，是由两种具有不同线膨胀系数的金属辗压而成。下层金属的线膨胀系数大，而上层的小。当主电路中电流超过允许值而使双金属片受热时，它便向上弯曲，因而脱扣，扣板5在弹簧4的拉力下将动断触点3断开。动断触

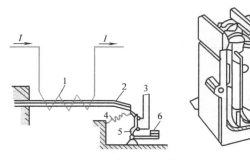

图 10-9　热继电器的结构原理和外形图

1—热元件　2—双金属片　3—动断触点　4—弹簧　5—扣板　6—复位按钮　7—动作机构

点 3 是接在电动机的控制电路中的。控制线路断开而使接触器的线圈断电，从而断开电动机的主电路。

由于热惯性，热继电器不能做短路保护。因为发生短路事故时，要求电路立即断开，而热继电器是不能立即动作的。但是这个热惯性也是合乎要求的。因为在电动机起动或短路过载时，热继电器不会动作，这可避免电动机不必要的停机。如果要热继电器复位，则按下复位按钮 6 即可。

通常用的热继电器有 JR0 及 JR10 等系列。热继电器的主要技术数据是整定电流。所谓整定电流，就是热元件中通过的电流超过此值的 20% 时，热继电器应当在 20min 内动作，如 JR10—10 型的整定电流从 0.25A 到 10A，热元件分 17 个编号。根据整定电流选用热继电器，整定电流与电动机的额定电流一致。

4. 熔断器

熔断器是借助于熔体在电流超出限定值时会熔化、分断电流的一种用于过载和短路保护的电器。其最大的特点是结构简单，体积小，质量轻，使用、维护方便，价格低廉，具有很好的经济意义，又由于它的可靠性高，故无论在强电系统或弱电系统中都得到了广泛应用。

熔断器主要由熔体、触点插座和绝缘底板组成。熔断器接入电路时，熔体串联在电路中，负载电流流过熔体，由于电流热效应而使温度上升。当电路发生过载或短路时，电流大于熔体允许的正常发热电流，使熔体温度急剧上升，超过其熔点而熔断，即断开电路，从而保护了电路和设备。

熔断器按结构可分为：半开启式、封闭式。封闭式熔断器又可分为：有填料式、无填料式及有填料螺旋式等。常用的熔断器有 RC1 系列插入式熔断器和 RL1 系列螺旋式熔断器两种。

10.2.4　C6140 卧式车床电气控制系统的连接

电气安装图和接线图是用于安装接线、检查维修和施工的。图 10-10 和图 10-11 所示分别是 C6140 卧式车床的电气安装图和接线图，与电气原理图相比，阅读或绘制电气安装图和接线图时应注意：

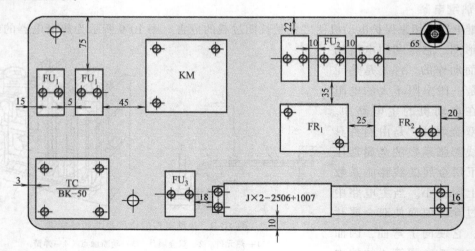

图 10-10　C6140 卧式车床配电板上电气安装图

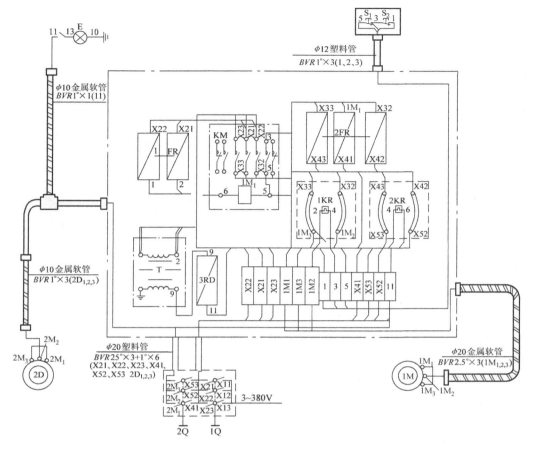

图 10-11　C6140 卧式车床电气接线图

1）各个电气元件的组成部分（如触点与线圈）应画在一起。

2）文字符号、元件连接顺序，线路号码编制必须与电气原理图一致。

10.3　电工仪表简介

常用电工仪表大体上可分为两大类：一类是指示仪表，它能直接指示被测电量的大小，这类仪表构造简单，价格便宜，使用方便；另一类是比较仪器，需要将被测量与标准量进行比较后，才能知道被测量的大小，这类仪表灵敏度和准确度很高，价格昂贵，使用比较复杂，多用于精密测量。本节涉及的万用表、电流表、电压表、电阻表属于指示仪表；电位差计属于比较仪器。

10.3.1　万用表

万用表又名万能表、繁用表，是一种能测量电压、电流、电阻等多种电量的多量程便携式仪表，是电气安装、维修、检查等工作常备的工具。它主要是由表头、测量电路和转换开关三个主要部分组成。在测量不同的电量或使用不同的量程时，可通过转换开关进行切换。

1. 万用表的使用

万用表的型号很多，但测量原理基本相同，使用方法相近。下面以电工测量中常见的500—B型万用表为例（图10-12），说明其使用方法。

（1）使用前的准备　万用表使用前先要调整机械零点，把万用表水平放置好，看表针是否指在电压刻度零点，如不指零，则应旋动机械调零螺钉，使表针准确指在零点上。

万用表有红色和黑色两只表笔（测试棒），使用时应插在表的下方标有"+"和"−"的两个插孔内，红表笔插入"+"插孔，黑表笔插入"−"插孔。

万用表的刻度盘上有许多标度尺，分别对应不同被测电量和不同量程，测量时应在与被测电量及其量程相对应的刻度线上读数。

图 10-12　500—B 型万用表外形

（2）电流的测量　测量直流电流时，将左边转换开关旋到直流档"A"的位置上，再用右边转换开关选择适当的电流量程，将万用表串联到被测电路中进行测量。测量时注意正负极性必须正确，应按电流从正到负的方向，即由红表笔流入，黑表笔流出。测量大于500mA的电流时，应将红表笔插到"5A"插孔内进行测量。

测量交流电流时，将左右两边转换开关都旋转到交流电流档"A"的位置上，此时量程为5A，应将红表笔插到"5A"插孔内进行测量。

（3）电压的测量　将右边转换开关转到电压挡"V"的位置上，再用左边转换开关选择适当的电压量程，将万用表并联在被测电路上进行测量。测量直流电压时，正负极性必须正确，红表笔应接被测电路的高电位端，黑表笔接低电位端。测量大于500V的电压时，应使用高压测试棒，插在"−"和"2500V"插孔内，并应注意安全。

（4）电阻的测量　将左边转换开关旋到电阻档"Ω"的位置上，再用右边转换开关选择适当的电阻倍率。测量前应先调整电阻零点，将两表笔短接，看表针是否指在电阻零刻度上，若不指零，应转动电阻调零旋钮，使表针指在零点。如调不到零，说明表内的电池不足，需更换电池。每次变换倍率档后，应重新调零。

测量时用红、黑两表笔接在被测电阻两端进行测量，为提高测量的准确度，选择量程时应使表针指在电阻刻度的中间位置附近为宜，测量值由表盘电阻刻度线上读数。被测电阻值=表盘电阻读数×档位倍率。

测量接在电路中的电阻时，必须首先切断电源，确认该电阻无电流通过时，才能进行测量。测量电阻的电阻档是表内电池供电的，如果带电测量，就相当于接入一个外加电源，不但会使测量结果不准确，而且可能烧坏表头。

2. 使用万用表时的注意事项

万用表的测量机构和线路都比较复杂，使用中经常变换量程，稍有疏忽就可能造成损坏。因此，测量时要注意下列问题：

1）在测量大电流或高电压时，禁止带电转换量程开关，以免损坏转换开关的触点。切忌用电流档或电阻档测量电压，否则会烧坏仪表内部电路和表头。

2）测量直流电量时，正负极性应正确，接反会导致表针反向偏转，引起仪表损坏。在不能分清正负极时，可选用较大量程的档试测一下，一旦发生指针反偏，应立即更正。

3）读数时要注意认清所选量程对应的刻度线，尤其是测量交流电压和电流时，容易与直流的刻度线相混。

4）使用万用表测量时，应注意人身和仪表的安全。测量时，试笔的拿法应像使用钢笔的拿法，注意手指不要触及表笔的金属部分，以保证安全及测量的精确。

5）使用完毕后，应将旋钮放置在交流电压的最高档（或空档位置上），以免造成仪表损坏。存放时应放在干燥通风、无振动、无灰尘的地方或仪表箱内。

10.3.2 电压表和电流表

1. 电流表的使用

测量电路中的电流需使用电流表。根据仪表量程数值的大小，电流表可分为安培表、毫安表和微安表等。使用电流表，应根据被测量电流的大小，选择不同的电流表。

用电流表测量某一支路的电流，应把电流表串联在电路中（图10-13）。测量直流电流常选用 IC_2—A 型仪表，使用时应注意仪表的极性与电路的极性一致，即电流由 "+" 端流入，"–" 端流出，否则指针会反转，严重时会打弯指针。测量交流电流则不必区分极性。常用的交流电流表有 1T、44L、59L、61L、62T、81T、85T 等系列。

2. 电压表的使用

电压表用于测量电路两端的电压。根据仪表量程数值的大小，电压表可分为伏特表、毫伏表、微伏表和千伏表等。使用电压表应根据被测电压大小，选择不同的电压表。

用电压表测量负载两端的电压，应把电压表并联在负载的两端（图10-14）。测量直流电压常选择 IC_2—V 型仪表，使用时应注意仪表的极性与电路的极性一致，即电压表 "+" 端接在负载的高电位端，电压表的 "–" 端接在负载的低电位端。测量交流电压不必区分极性。测量交流电压常选用 1T、44L、59L、61L、62L、81T、81L 等系列。

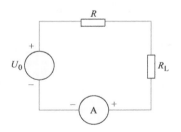

图 10-13　电流表的接法

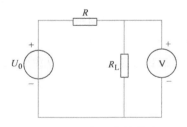

图 10-14　电压表的接法

3. 使用电流表和电压表时的注意事项

1）仪表在测量之前除了要认真检查接线无误外，还必须调整好仪表的机械零位，即在未通电时，用螺钉旋具轻轻旋转调零螺钉，使仪表的指针准确地指在零位刻度线上。

2）使用电流表和电压表进行测量时，必须防止仪表过载而损坏仪表。在被测电流或电压值域未知的情况下，应选择较大量程的仪表进行测量，若测出被测值较小，再换用较小量程的仪表。

3）电流表测量电流时，要串联在被测电路中。电压表测量电压时，要并联在被测电路两端。如误把电流表并联于被测电路中，将造成被测电路短路，不仅会烧毁电流表，还可能造成更大的事故。若错把电压表串联于被测电路中，将使电路接近于开路，使电路无法工作。

10.3.3 电阻表

电阻表是一种简便、常用的测量高电阻的仪表，主要用来检测供电线路、电动机绕组、电缆、电器设备等的绝缘电阻，以便检验其绝缘程度的好坏。

1. 电阻表的使用

（1）使用前的准备工作

1）测量前需先校表，将电阻表平稳放置，先使 L、E 两端开路，摇动手柄使发动机达到额定转速，这时表头指针应指在"∞"刻度处。然后将 L、E 两端短路，缓慢摇动手柄，指针应指在"0"刻度上。若指针没指在"0"刻度上，说明该电阻表不能使用，应进行检修。

2）用电阻表测量线路或设备的绝缘电阻，必须在不带电的情况下进行，决不允许带电测量。测量前应先断开被测线路或设备的电源，并对被测设备进行充分放电，清除残存静电荷，以免危及人身安全或损坏仪表。

（2）使用方法 电阻表有三个接线柱，分别标有：L（线路）、E（接地）和 G（屏蔽），测量时将被测绝缘电阻接在 L、E 两个接线柱之间。测量电力线路的绝缘电阻时，将 E 接线柱接地，L 接线柱接被测线路；测量电动机、电气设备的绝缘电阻时，将 E 接线柱接设备外壳，L 接线柱接电动机绕组或设备内部电路；测量电缆芯线与外壳间的绝缘电阻时，将 E 接线柱接电缆外壳，L 接线柱接被测芯线，G 接线柱接电缆壳与芯线之间的绝缘层上。

接好线后，按顺时针方向摇动手柄，速度由慢到快，并稳定在 120r/min，约 1min 后从表盘读取数值。

2. 使用电阻表时的注意事项

1）电阻表测量用的接线要选用绝缘良好的单股导线，测量时两条线不能绞在一起，以免导线间的绝缘电阻影响测量结果。

2）测量完毕后，在电阻表没有停止转动或被测设备没有放电之前，不可用手触及被测部位，也不可去拆除连接导线，以免引起触电。

3）电阻表应定期校验，其方法是直接测量有确定值的标准电阻，检查其测量误差是否在允许范围之内。

10.3.4 直流电位差计

直流电位差计是用比较法测量电压的比较仪器，它的测量准确度高（可达 0.005 级，如 UJ31 型），测量时不从被测电路中取用电流，对被测电路不会有影响，相当于一个内阻为无穷大的电压表，而且量程较小，一般不超过 2V。适于测量微伏级到几百毫伏的直流电压。

1. 直流电位差计的使用方法

以 UJ31 型直流电位差计为例，如图 10-15 所示。它是一种测量低电动势的电位差计，

其测量范围为 $1\mu V \sim 17.1mV$（K_1 置×1 档）或 $10\mu V \sim 171mV$（K_1 置×10 档）。

UJ31 型电位差计的使用方法：

1）将 K_2 置于"断"，K_1 置于"×1"档或"×10"档（视被测量值而定），分别接上标准电池、灵敏电流计、工作电源。被测电动势（或电压）接于"未知 1"（或"未知 2"）。

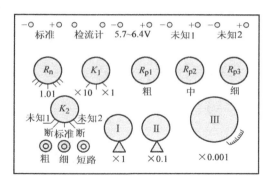

图 10-15　UJ31 型直流电位差计面板图

2）根据温度修正公式计算标准电池的电动势 $E_n(t)$ 的值，调节 R_n 的示值与其相等。将 K_2 置于"标准"档，按下"粗"按钮，调节 R_{p1}、R_{p2} 和 R_{p3}，使灵敏电流计指针指零，再按下"细"按钮，用 R_{p2} 和 R_{p3} 精确调节至灵敏电流计指针指零。此操作过程称为"校准"。

3）将 K_2 置于"未知 1"（或"未知 2"）位置，按下"粗"按钮，调节读数转盘Ⅰ、Ⅱ使灵敏电流计指零，再按下"细"按钮，精确调节读数转盘Ⅲ使灵敏电流计指零。读数转盘Ⅰ、Ⅱ和Ⅲ的示值乘以相应的倍率后相加，再乘以 K_1 所用的倍率，即为被测电动势（或电压）E_x。此操作过程称作"测量"。

2. 使用直流电位差计时的注意事项

1）实验前熟悉 UJ31 型直流电位差计各旋钮、开关和接线端钮的作用。接线时注意各电源及未知电压的极性。

2）检查并调整电表和电流计的零点，开始时电流计应置于其灵敏度最低档（×0.01 档），以后逐步提高灵敏度档次。

3）为防止工作电流的波动，每次测电压前都应校准，并且测量时，必须保持标准的工作电流不变，即当 K_2 置于"未知 1"或"未知 2"测量待测电压时，不能调节 R_p 之"粗""中""细"三个旋钮。

4）测量前，必须预先估算被测电压值，并将测量盘Ⅰ、Ⅱ、Ⅲ调到估算值。

5）使用 UJ31 型直流电位差计，调节微调刻度盘Ⅲ时，其刻度线缺口内不属于读数范围，进入这一范围时测量电路已经断开，此时检流计虽回到中间平衡位置也不是电路达到平衡状态的指示。

 复习思考题

10-1　机床电气控制系统的作用有哪些？

10-2　短路保护和热保护（过载保护）有什么区别？各需用何种电器元件？

10-3　零电压保护的目的是什么？

10-4　电气设备图样有哪三类，它们有什么联系和区别？

10-5　常用电工仪表有哪些？使用中注意哪些事项？

第 11 章

数 控 加 工

📖 学习要点及要求 ⫸

1. 数控加工训练内容及要求

1）了解车间的概况，生产任务和工作特点。

2）了解数控机床的型号、功用、组成。

3）了解零件加工精度、切削用量与加工经济性的相互关系。

4）能制订一般零件的加工工艺，会选择相应的工、夹、量具。

5）掌握数控编程方法，能对一般轴类、盘类、套类零件及平面类零件进行编程。

6）能熟练应用 CAXA 制造工程师软件，能够利用该软件对零件编程。

7）掌握数控车床、铣床、加工中心的操作面板及各按键的作用。

8）掌握数控车床、铣床、加工中心的基本操作技能，能独立地进行一般轴类、盘类、套类零件的车削加工及平面类、一般曲面类零件的铣削加工。

9）安排一定时间，自行设计、绘图、安排工艺、编制程序、制造一个工件，提高学生的创新思维能力。

2. 数控加工训练示范讲解

1）数控加工程序编写的基本知识。使学生掌握数控车床、铣床、加工中心程序的编写方法。

① 数控程序编写的内容。

② 数控编程的辅助功能代码（G 代码）、准备功能代码（M 代码）。

③ 主轴功能、进给功能和刀具功能。

④ 子程序编程。

2）数控车床、铣床、加工中心操作面板认识。使学生掌握数控车床、铣床、加工中心操作面板按键的作用。

① 数控车床操作面板认识。

② 数控铣床操作面板认识。

③ 数控加工中心操作面板认识。

3）数控车床、数控铣床、加工中心的基本操作。使学生掌握数控车床、数控铣床、加工中心的基本操作方法。

① 数控车床的基本操作方法。

② 数控铣床的基本操作方法。

③ 加工中心的基本操作方法。

4）数控加工程序的输入、编辑与存储。使学生掌握数控加工程序的输入、编辑、存储方法。

① 数控加工程序的输入。

② 数控加工程序的编辑。

③ 数控加工程序的存储。

5）程序的运行与控制。使学生掌握程序运行与控制的基本操作方法。

① 数控车床、数控铣床、加工中心的自动运行方法。

② 自动方式从首行开始执行的方法。

6）零件加工示范。使学生掌握数控机床的加工方法与加工要领。

① 轴类零件在数控车床上的加工示范。

② 平面、曲面类零件在数控铣床上的加工示范。

③ 复杂零件在加工中心上的加工示范。

3. 数控加工训练学生实践操作

1）熟悉数控车床、铣床、加工中心的操作面板；掌握对刀方法；熟悉程序输入、编辑与保存方法；掌握数控机床的运行与控制。

2）结合实际零件，按图样要求编写零件加工程序。

3）零件在数控机床上进行校验与试运行。

4）在数控机床上加工零件。

4. 数控训练安全操作规范

数控机床科技含量较高，成本高且操作复杂，因此加工中必须严格按操作规程操作，才可以保证机床的正常运转，充分发挥机床功能提高加工效率。熟练的操作者必须在了解加工零件的要求、工艺路线与机床特性后，方可操纵机床完成各项加工任务。

（1）工件加工前注意事项

1）机床通电后，检查各开关、按钮是否正常，机床有无异常现象。

2）检查电压、油压、气压是否正常，有手动润滑的部位先要进行手动润滑。

3）坐标轴手动回参考点。若某轴在回参考点位置前已处在零点位置，必须先将该轴移动到距离原点100mm以外的位置，再进行手动回参考点。

4）在进行工作台回转交换时，工作台、导轨上不得有任何异物。

5）数控程序输入完毕后，应认真校对，确保无误。代码、指令、地址、数值、正负号、小数点及语法均应查对。

6）正确测量和计算工件坐标系，并对所得结果进行验证和验算。

7）按工艺规程安装找正夹具。

8）刀具补偿值（长度、半径）输入后，要对刀具补偿号、补偿值、正负号、小数点进行认真校对。

（2）工件加工过程中注意事项

1）无论是首次加工的零件还是重复加工的零件，都必须按着工艺文件要求，逐一对刀进行试切工件。

2）单段试切时，快速倍率开关必须置于低挡的位置。

3）每把刀首次使用时，必须先验证它的实际长度与刀具补偿值是否相等。

4）程序运行中，要注意观察数控系统上的几种显示。

① 坐标显示：了解刀具在机床坐标系与工件坐标系中的位置，了解这一程序段的运动量。

② 寄存器和缓冲寄存器显示：检查正在执行程序段各状态指令和下一程序段的内容。

③ 主程序和子程序：检查正在执行程序段的具体内容。

5）试切进刀时，在刀具运行到工件表面 30~50mm 处，必须在进给保持下，验证坐标轴剩余量与 X、Y 轴坐标值和图样是否一致。

6）对一些有试切要求的刀具，采用"渐进"的方法。使用刀具半径补偿功能的刀具，试切和加工中，更换刀具、辅具后，一定要重新测量刀具长度并修改好刀具补偿值和刀具补偿号。

7）程序检索时应注意光标所指位置是否合理、准确，并观察刀具与机床运动方向坐标是否正确。

8）程序修改后，对修改部分一定要仔细计算、认真核对。

9）手摇进给和手动连续进给操作时，必须检查各种开关所选择的位置是否正确，弄清正负方向，然后进行操作。

（3）工件加工后注意的事项

1）工件加工完毕后，核对刀具号、刀具补偿值号与工序卡中的刀具号、刀具补偿值是否完全一致。

2）从刀库中卸下刀具，按程序清理编号入库。工艺卡、刀具调整卡整理保存。

3）卸下夹具，清理工作台。

4）各坐标轴回零。

5. 数控加工训练教学案例

1）简述数控铣床操作面板上常用键的功能（图 11-1）。

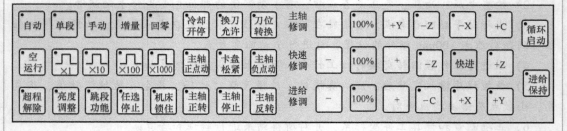

图 11-1　数控铣床操作面板

2）简述数控加工过程中的注意事项。

3）说明下列常用数控代码的意义。

G00\G01\G02\G03\G04\G05　　　　M00\M01\M02\M03\M04\M05

11.1　概述

1. 基本概念

数字控制（简称数控，NC）是一种借助数字、字符或其他符号对某一工作过程（如加工、测量、装配等）进行可编程控制的自动化方法。

数控技术是指用数字及字符发出指令信息并实现自动控制的技术，它已经成为制造业实现自动化、柔性化、集成化生产的基础。

数控系统是指采用数控技术的控制系统。

数控机床是指采用数控技术对机床的加工过程进行控制的一类机床。国际信息处理联盟（IFIP）第五技术委员会对数控机床定义如下：数控机床是一个装有程序控制系统的机床，该系统能逻辑地处理具有使用信号或其他符号编码指令规定的程序。定义中所说的程序控制系统即数控系统。

2. 数控机床的发展过程及现状

20 世纪 40 年代末，美国开始研究数控机床。1952 年，美国麻省理工学院（MIT）伺服机构实验室成功研制出第一台数控铣床，并于 1957 年投入使用。这是制造技术发展过程中的一个重大突破，标志着制造领域中数控加工时代的开始。数控加工是现代制造技术的基础，这一发明对于制造业具有划时代的意义和深远的影响。世界上主要工业发达国家都十分重视数控加工技术的研究和发展。我国于 1958 年开始研制数控机床，成功试制出配有电子管数控系统的数控机床；1965 年开始批量生产配有晶体管数控系统的三坐标数控铣床。经过几十年的发展，数控机床已经得到了广泛应用，在模具制造行业的应用尤为普及。

数控机床从 1952 年诞生至今，已有半个多世纪，随着科学技术的飞速发展，数控机床在数量、品种、性能、可靠性及应用等方面都有了很大的发展。目前已拥有数控车床、数控铣床、数控镗床、数控钻床、数控磨床、数控压力机、数控齿轮加工机床、数控线切割机床、数控加工中心等上百种数控加工设备。

目前，国外发达工业国家数控机床的现状是，占有数量较多，通常占主要生产设备的 60%~70%；大型数控机床较多，如落地式镗铣床、大型龙门镗铣床以及三坐标测量机等；更新换代较快，许多新开发的设备能很快地装备到生产线上，投入生产应用。

我国数控机床的生产和应用，近年来发展很快。2018 年我国数控金属切削机床产量达到 26.7 万台。在高档数控机床方面，除少量国产的高档数控系统外，主要以进口的全功能高档数控装备为主体；在中档数控机床方面，国外引进与国产两方面并举；在低档数控机床方面，绝大多数是国产的机床。

目前，国内外不少企业都已拥有柔性制造系统（FMS）及计算机集成制造系统（CIMS），国外在无人化工厂方面已取得较大的进展，如日本的法那科（FANUC）公司，拥有的无人化工厂（FA）已在实际生产中应用多年，并取得了较好的经济效益。

3. 数控机床的发展趋势

现代数控机床及其数控系统，目前大致向以下几个方向发展：

1）向高速、高精度化方向发展。机械方面：进一步提高机械结构的刚度和耐磨性，提高热稳定性和可靠性，使主轴转速达到 100000r/min，进给速度达到 240m/min，加速度大于

等于 9.81m/s^2，实现高速切削。数控系统方面：数控系统的 CPU 从 16bit、32bit 发展到 64bit，主频率由 5MHz 提高到几百兆赫再到上千兆赫，进一步提高数控系统的运算速度。普通型数控机床的加工精度可以达到 $1\mu\text{m}$，精密型数控机床的加工精度可以达到 $0.01\mu\text{m}$。

2）充分利用 PC 机的资源，将其功能集成到 CNC 中，使系统智能化，简化应用软件的开发，提高数控系统的通信能力，使之容易联网，进行网络测控，并实现自动化编程。

3）开发具有专门功能的 CNC 及其配套装置，扩大数控设备的品种，满足一些专门需要。

4）提高数控机床的可靠性和可维修性。采用大规模集成电路和专用芯片，提高集成度，减少故障率，提高可靠性。采用在线检测，人工智能故障诊断系统指导排除故障。

5）向自动化生产系统发展。在现代生产中，单功能机床已不能满足多品种、小批量、产品更新换代周期快的要求，因而具有多功能和一定柔性的设备和生产系统相继出现，促使数控技术向更高层次发展。

4. 数控机床的组成

数控机床是一种利用数控技术，按照编好的程序实现加工动作的自动化金属切削机床。它由控制介质、计算机数控装置、伺服系统、辅助控制装置和机械部件等部分组成，如图 11-2 所示。

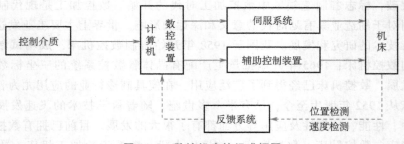

图 11-2　数控机床的组成框图

5. 数控机床的工作原理

在数控机床上加工零件，通常要经过以下几个步骤。

1）根据零件图的图样和技术条件，编写出零件的加工程序，并记录在控制介质即程序载体上。

2）把程序载体上的程序通过输入装置输入到计算机数控装置中去。

3）计算机数控装置将输入的程序经过运算处理后，由输出装置向各个坐标的伺服系统、辅助控制装置发出指令信号。

4）伺服系统把接收的指令信号放大，驱动机床的移动部件运动；辅助控制装置根据指令信号控制主轴电动机等部件运转。

5）通过机床的机械部件带动刀具及工件做相对运动，加工出符合图样要求的零件。

6）位置检测反馈系统检测机床的运动，并将信号反馈给数控装置，以减少加工误差。当然，对于开环机床来说，没有检测和反馈系统。

6. 数控机床的特点

数控机床之所以在机械制造业中得到迅速发展和日益广泛的应用，这归因于它有以下特点。

（1）适应性强 适合单件、小批量的复杂零件加工。由于数控机床是按照被加工零件的数控程序来进行自动加工的，当改变加工零件时，只要改变数控程序，不必制作夹具、模具、样板等专用工艺装备，更不需重新调整机床，就可迅速地实现新零件的加工。因此，它不仅缩短了生产准备周期，而且节省了大量的工艺装备费用，有利于机械产品的更新换代。

（2）加工精度高，加工质量稳定 由于目前数控装置的脉冲当量普遍达到了 0.001mm/脉冲，传动系统与机床结构具有很高的刚度和热稳定性，进给系统采取了间隙消除措施，并且 CNC 装置能够对误差进行补偿，因此加工精度高。同时由于数控机床是自动加工的，避免了操作者的人为操作误差，因此，同一批工件加工的尺寸一致性好，加工质量十分稳定。

（3）生产率高 数控机床主轴转速和进给速度调速范围大，机床刚性好，可以采用较大的切削用量，有效地节省了加工时间。快速移动和定位均采用了加、减速措施，具有自动换速、自动换刀等功能，而且加工精度比较稳定，工序间无需检验与测量（一般只做首件检验或工序间关键尺寸的抽检），更换零件不需重新调整，因此大大缩短了辅助时间。还可以集中工序，一机多用，在一台机床、一次装夹的情况下实现多道工序的连续加工，减少半成品的周转时间，因此，数控机床的生产率一般比普通机床高 3 倍以上。特别是复杂型面零件的加工，其生产率比普通机床高十几倍甚至几十倍。

（4）操作者劳动强度低，但技术水平要求高 数控机床是按程序自动运行加工的，操作者只进行面板操作、工件装卸、关键工序的中间测量以及观察机床自动运行的情况。操作者的劳动条件得到了改善，劳动强度低，但数控机床是一种高技术设备，要求具有较高技术水平的人员来操作。

11.2 数控车床

数控车床与普通车床一样，主要用来加工轴类或盘类等回转体零件。与普通车床相比，数控车床加工精度高、加工质量稳定、效率高、适应性强、劳动强度低，数控车床尤其适合加工形状复杂的轴类或盘类零件。

11.2.1 数控车床分类

1. 按数控系统的功能分类

（1）经济型数控车床 一般是在普通车床基础上进行改进设计的，配置方形四工位刀架。

（2）全功能型数控车床 一般采用闭环或半闭环控制系统，配置多工位转塔式刀架和自动排屑系统，有的还配有自动上下料装置，功能更强。具有高刚度、高精度和高效率等特点。

2. 按主轴配置形式分类

（1）卧式数控车床 主轴轴线处于水平位置。

（2）立式数控车床 主轴轴线处于垂直位置。

（3）双轴卧式（或立式）数控车床 机床具有两根主轴。

3. 按加工零件的基本类型分类

（1）卡盘式数控车床 这类车床没有尾座，适合于车削盘类零件。其夹紧方式多为电动或液压控制，卡盘大多为自定心卡盘。

（2）顶尖式数控车床　这类车床设置有普通尾座或数控尾座，适合加工较长的轴类零件及直径不大的盘、套类零件。

4. 其他分类方法

数控车床还可按控制方式分为直线控制数控车床、轮廓控制数控车床等；按特殊或专门的工艺性能分为螺纹数控车床、活塞数控车床、曲轴数控车床等。

11.2.2　数控车床的加工范围

与普通车床相比，数控车床比较适合于车削具有以下要求和特点的回转体零件。

1. 精度要求高的零件

由于数控车床的刚性好，精度高，以及能方便和精确地进行人工补偿，甚至自动补偿，所以它能够加工尺寸精度要求高的零件，在有些场合可以以车代磨。此外，由于数控车削时刀具运动是通过高精度插补运算和伺服驱动来实现的，再加上机床的刚性好和制造精度高，所以它能加工直线度、圆度、圆柱度要求高的零件。

2. 表面粗糙度值小的零件

数控车床能加工出表面粗糙度值小的零件，不但是因为机床的刚性好和制造精度高，而且还由于它具有恒线速度切削功能。在材质、精车余量和刀具已确定的情况下，表面粗糙度取决于进给速度和切削速度。使用数控车床的恒线速度切削功能，就可选用最佳线速度来切削端面，这样切出的工件表面粗糙度值既小又一致。数控车床还适合于车削各部位表面粗糙度要求不同的零件，表面粗糙度值小的部位可以用减小进给速度的方法来达到，而这在普通车床上是做不到的。

3. 轮廓形状复杂的零件

数控车床具有直线插补、圆弧插补等功能，所以数控车床可加工由任意曲线组成的回转体零件。如果说车削圆柱零件和圆锥零件既可选用普通车床，也可选用数控车床，那么车削复杂旋转体零件就只能使用数控车床了。

4. 具有特殊类型螺纹的零件

普通车床所能切削的螺纹相当有限，它只能加工等螺距的直螺纹、圆锥螺纹，而且一台车床只限定加工若干种螺距。数控车床不但能加工任何等螺距直螺纹、圆锥和端面螺纹，而且能加工增螺距、减螺距的螺纹。数控车床加工螺纹时，主轴转向不必像普通车床那样交替变换，它可以一刀又一刀不停顿地循环，直至完成，所以它车削螺纹的效率很高。数控车床还配有精密螺纹切削功能，再加上一般采用硬质合金刀片，以及可以使用较高的转速，所以车削出来的螺纹精度高、表面粗糙度值小。可以说，包括丝杠在内的螺纹零件很适合于在数控车床上加工。

5. 超精密、超低表面粗糙度值的零件

磁盘、录像机磁头、激光打印机的多面反射体、复印机的回转鼓、照相机等光学设备的透镜及其模具，以及要求超高的轮廓精度和超低的表面粗糙度值的隐形眼镜等，它们均适合于在高精度、高功能的数控车床上加工。以往很难加工的塑料散光用的透镜，现在也可以用数控车床来加工。超精密加工的轮廓精度可达到 $0.01\mu m$，表面粗糙度值可达 $0.02\mu m$。超精密车削零件的材质以前主要是金属，现已扩大到塑料和陶瓷。

11.2.3 数控车床的结构

虽然数控车床的种类较多，但其结构均主要由车床主体、数控装置和伺服系统三大部分组成，下面着重介绍车床主体的结构。

数控车床主体通过专门设计，各个部位的性能都比普通车床优越，如结构刚性好，能适应高速和强力车削需要；精度高，可靠性好，能适应精密加工和长时间连续工作等。

1. 主轴

数控车床的主轴一般采用直流或交流主轴电动机，通过带传动带动主轴旋转，或通过带传动和主轴箱内的减速齿轮（以获得更大的转矩）带动主轴旋转。由于主轴电动机调速范围广，又可无级调速，使得主轴箱的结构大为简化。主轴电动机在额定转速时可输出全部功率和最大转矩。

2. 床身及导轨

机床的床身是整个机床的基础支承件，是机床的主体，一般用来放置导轨、主轴箱等重要部件。数控车床的床身除了采用传统的铸造床身外，也有采用加强钢肋板或钢板焊接等结构的，以减轻其结构质量，提高其刚度。

车床的导轨可分为滑动导轨和滚动导轨两种。滑动导轨具有结构简单、制造方便、接触刚度大等优点。但传统滑动导轨摩擦阻力大，磨损快，动、静摩擦因数差别大，低速时易产生爬行现象。目前，数控车床已不采用传统滑动导轨，而是采用带有耐磨粘贴带覆盖层的滑动导轨和新型塑料滑动导轨。它们具有摩擦性能良好和使用寿命长等特点。

3. 机械传动机构

除了部分主轴箱内的齿轮传动等机构外，数控车床已在普通车床传动链的基础上，做了大幅度的简化，如取消了交换齿轮箱、进给箱、溜板箱及其绝大部分传动机构，而仅保留了纵向进给和横向进给的螺纹传动机构，并且增加了消除传动间隙的机构。

4. 刀架

数控车床的刀架是机床的重要组成部分。刀架用于夹持切削用的刀具，因此，其结构直接影响机床的切削性能和切削效率。在一定程度上，刀架的结构和性能体现了机床的设计和制造技术水平。随着数控车床的不断发展，刀具结构形式也在不断翻新。按换刀方式的不同，数控车床的刀架系统主要有回转刀架（图11-3a）、排式刀架（图11-3b）和带刀库的自动换刀装置等多种形式。其驱动刀架工作的动力有电力和液压两类。

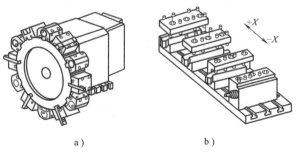

图 11-3 刀架的结构

a）回转刀架 b）排式刀架

5. 辅助装置

数控车床的辅助装置较多，除了与普通车床所配备的相同或相似的辅助装置外，数控车床还可配备对刀仪、位置检测反馈装置、自动编程系统及自动排屑装置等。

11.2.4 CK6136 数控车床

CK6136 数控车床的结构如图 11-4 所示。主要由控制面板、主轴箱、刀架、照明灯、防护门、尾座和床身等组成。CK6136 数控车床可配置国产数控系统（大森、广数、华中）、西门子数控系统、法那科数控系统等。主要技术参数如下：

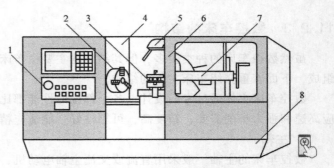

图 11-4　CK6136 数控车床

1—控制面板　2—自定心卡盘　3—刀架　4—主轴箱
5—照明灯　6—防护门　7—尾座　8—床身

最大回转直径/mm	360
最大工件长度/mm	750，1000，1500
主轴通孔直径/mm	52
主轴转速（变频调速)/(r/min)	60～2000
快速进给速度/（mm/min)	6000
最小设定单位/mm	0.001
回转刀架工位数	4
刀架横向最大行程/mm	239
顶尖套筒直径/mm	75
顶尖套筒行程/mm	120
机床外形尺寸/mm	2020×1000×1600（750)
机床净重/kg	1500

11.2.5 数控车床基本操作

1. 电源接通前后的检查

在机床主电源开关接通之前，操作者应检查机床的防护门等是否关闭、油标的液面位置是否符合要求、切削液的液面是否高于水泵吸入口等。当检查以上各项均符合要求时，方可合上机床主电源开关。接通电源后，检查机床照明灯是否点亮，风扇是否起动，润滑泵、切削液泵是否起动。

2. 手动操作机床

当机床按照加工程序对工件进行自动加工时，机床的操作基本上是自动完成的。其他情况下，要靠手动来操作机床。

（1）手动返回机床参考点　机床断电后，数控系统会失去对参考点的记忆。再次接通电源后，操作者必须进行返回参考点的操作。另外，当机床遇到急停信号或超程报警信号后，待故障排除、机床恢复工作时，也须进行回参考点的操作。操作中要求先将工作方式调整到"回零"方式，然后分别按下"+X"和"+Z"按键，使滑板在所选择的轴向移动回零。

但是要注意以下两点：

1）在回参考点前，应确保回零轴位于参考点的"回参考点方向"相反侧（如 X 轴的回参考点方向为负，则回参考点前应保证 X 轴当前位置在参考点的正向侧），否则应手动移动该轴直到满足此条件。

2）在回参考点过程中，若出现超程，应向相反方向手动进给操作移动该轴，使其退出超程状态。

（2）手动进给操作　手动进给操作时，首先将机床置于"JOG"方式，按"进给轴和方向选择"键（如"+X"），机床按相应轴的方向移动。手动连续进给速度可由速度倍率刻度盘调整。若在按"手动进给轴和方向选择"键期间，按了快速移动开关，机床按快速移动速度运动。

（3）超程报警解除　手动进给操作时，如发生超程报警，屏幕上会显示报警信号，车床刀架将停在其极限位置。在此种情况下，通过手动进给操作，将车床刀架向超程方向的反方向移动至其行程极限位置内，按"复位"键使系统解除报警，才能正常手动进给操纵车床刀架移动。

3. 机床的急停

机床无论是在手动或自动状态下，当遇到紧急情况时，需要机床紧急停止，可通过下面的操作来实现。

（1）按下"急停"按钮　按下"急停"按钮后，除润滑泵外，机床动作及各种功能均停止。同时屏幕上出现报警信号。待故障排除后，顺时针旋转按钮，被按下的按钮弹起，则急停状态解除。但此时要恢复机床的工作，必须进行返回参考点的操作。

（2）按下"复位键"　机床在自动运转过程中，按下此键则机床全部操作均停止，因此可用此键完成急停的操作。

4. 程序的输入、检查和编辑

不同的数控系统，程序的输入和编辑操作是不同的。下面分别介绍配备 FANUC 0i 与 SIEMENS 802S 数控系统的数控车床程序的输入、检查和编辑操作。

（1）FANUC 0i 数控系统

1）程序的输入。使用 MDI 键盘输入程序时，在"EDIT"方式下用数据输入键输入程序号"O××××"，然后依次输入各程序段。每输入一个程序段后，要按下"EOB"键及"INPUT"键，直到全部程序段输入完成，如图 11-5 所示。

2）程序的检查。程序的检查是正式加工前的必要环节，对检查中发现的程序指令错误、坐标值错误、几何图形错误及程序格式错误等进行修正，待完全正确后才可进行

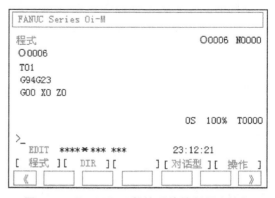

图 11-5　FANUC 0i 数控系统的新程序输入

仿真加工。仿真加工中，逐段地执行程序，以确定每条语句的正确性。

程序检查时首先进行手动返回机床参考点的操作，然后将机床置于自动运行方式，锁上机床驱动锁，然后输入被检查程序的程序号，此时屏幕显示该程序。将光标移到程序头，按下"循环启动"按键，机床开始自动运行，屏幕上显示正在运行的程序。若程序正确，校

验完成后光标将返回到程序头；若程序有错，命令行将提示程序的哪一行有错。

3）程序的编辑。程序的编辑主要指对程序段的修改、插入、删除等操作。在"编辑"方式下，按下"PROG"键，用数据输入键输入需要修改的程序号"O××××"，然后按下"INPUT"键，则 CRT 屏幕显示该程序。移动光标到要编辑的位置，当输入要更改的字符后，按下"ALTER"键替换当前字符；当输入新的字符后按下"INSERT"键输入新字符；当要删除字符时，按下"DELETE"键删除当前字符。

（2）SIEMENS 802S 数控系统

1）新程序输入。在主菜单界面按"程序"键，进入新程序编辑窗口，如图 11-6 所示。输入新主程序或子程序名，在程序名后输入文件类型。主程序扩展名".MPF"可以自动输入，子程序扩展名".SPF"必须与子程序文件名一起输入。程序名前两个字符必须是字母，后面可以是字母、数字或下划线。程序名最多不超过 8 个字符。输入完文件名后，按"确认"键生成新程序文件，此时在屏幕上显示程序编辑窗口，就可以输入和编辑新程序。新程序编好后，系统自动保存，用"关闭"键中断程序编辑并关闭窗口。

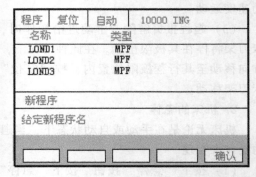

图 11-6　SIEMENS 802S 数控系统新程序输入

2）程序编辑。在零件程序处于非执行状态时，可以进行编辑。在零件程序中进行的任何修改均立即被存储。

在主菜单下选择"程序"键，进入程序目录窗口。用光标键选择待编辑的程序，按"打开"键进入程序编辑窗口，即可对程序进行编辑。程序编辑完成后，按"关闭"键，则在文件中存储修改情况，并关闭编辑窗口。

5. 数控车床对刀操作

不同的数控系统，数控车床对刀操作是不同的。下面分别介绍配备 FANUC 0i 与 SIEMENS 802S 数控系统的数控车床的对刀操作。

（1）FANUC 0i 数控系统　在实际编程时可以不使用 G50 指令设定工件坐标系，而是将任意一位置作为加工的起始点，当然该点的设置要保证刀具与卡盘或工件不发生干涉。用试切法确定每一把刀具起始点的坐标值，并将此坐标值作为刀补值输入到相应的存储器内。

对刀前要先进行手动返回参考点，然后任选一把加工中所使用的刀具，按下"OFS/SET"键，选择"补正"→"形状"，此时 CRT 屏幕上显示"工件补正/磨耗"对话框，如图 11-7 所示。以手动方式移动滑板，轻轻车一刀工件的端面，沿 X 向退刀，并停下主轴。测量工件端面至工件原点的距离。按下"Z"键，输入工件原点

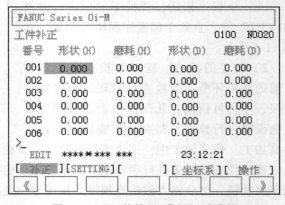

图 11-7　"工件补正/磨耗"对话框

到工件端面的距离，按下"INPUT"键，完成 Z 向对刀。如果端面需留有精加工余量，则将该余量值加入刀补值。同样用手动方式轻轻车一刀外圆，沿 Z 向退刀，主轴停转。测量切削后的工件直径。按下"X"键，输入测量的直径值，按下"INPUT"键，完成 X 向对刀。

其他刀具的对刀，重复执行以上的操作，直到所有刀具的补偿值输入完毕。

（2）SIEMENS 802S 数控系统　配备 SIEMENS 802S 数控系统的数控车床在对刀时，首先用手动方式试车零件外圆，记下此时 X 轴的坐标，记为 x_1。测出被车零件的半径，记为 x_2；记 $x = x_1 - x_2$；试车零件端面，记下此时 Z 轴的坐标，记为 z。进入参数中的"刀具补偿"对话框，如图 11-8 所示。

在"长度 1"栏中输入 x 的值，在"长度 2"栏中，输入 z 的值，在"半径"栏中输入所选刀具的刀尖圆弧半

刀具补偿数据		T—型：		500
刀沿数　：1		T 号：		1
D—号　：1		刀沿位置码：		1
mm		几何尺寸		磨损
长度1		23.254		0.000
长度2		12.325		0.000
半径		0.000		0.000

图 11-8　"刀具补偿"对话框

径值。此时将机床回零，执行数控程序"T01D01M06/G00X0Z0"，则机床移到零件端面中心点（注意此时不需设工件坐标系）。

多把刀对刀时，先用第一把刀对刀，采用长度偏移法在第一把刀的"刀具补偿"对话框中设定"长度 1""长度 2"和"半径"数据；然后按软键"T≫"进入第二把刀的"刀具补偿"对话框，用同样的方法设定"长度 1""长度 2"和"半径"数据。其他刀具的对刀，重复执行以上的操作，直到所有刀具的补偿值输入完毕。同样，这种对刀方法不用设工件坐标系。

6. 程序检验

工件的加工程序输入到数控系统后，经检查无误，且各刀具的位置补偿值和刀尖圆弧半径补偿值已输入到相应的存储器当中，便可进行机床的空运行。数控机床的空运行是指在不装夹工件的情况下，自动运行加工程序。机床空运行完毕后，并确认加工过程正确，装夹工件可进行试切。加工程序正确且加工出的工件符合零件的图样要求，便可连续执行加工程序进行正式加工。

7. 自动运行

系统调入零件加工程序，经校验无误后，可正式启动运行。运行前将机床置于"自动运行"方式，然后按下机床控制面板上的"循环启动"键，机床开始自动运行输入的零件加工程序。零件加工程序在自动执行过程中可以停止或中断。其操作方法有两种：用"程序暂停"键停止零件程序，然后按"循环启动"键可以恢复程序运行；用"复位"键中断零件程序，按"循环启动"键重新启动，程序从头开始执行。

8. 检查与检验

工件加工完毕后，需要检验工件是否合格。在卸下工件之前必须对照零件图样的要求，对各项尺寸要求及公差要求进行检测，只有在符合要求的前提下，才能卸下工件。否则，一旦工件卸下后再进行二次装夹时，就很难保证其几何公差的要求。

9. 关机

按下控制面板上的"急停"按钮，断开伺服电源，断开机床电源，完成关机操作。

11.3 数控铣床

数控铣床是一种用途广泛的数控机床，特别适合于加工凸轮、模具等形状复杂的零件，在汽车、模具、航空航天、军工等行业得到了广泛的应用。数控铣床在制造业中具有重要地位，目前迅速发展起来的加工中心也是在数控铣床的基础上产生的。由于数控铣削工艺较复杂，需要解决的技术问题也较多，因此，铣削也是研究机床和开发数控系统及自动编程软件系统的重点。

11.3.1 数控铣床的分类

1. 按主轴布置形式及布局特点

按数控铣床主轴的布置形式和布局特点分类，数控铣床可分为数控立式铣床、数控卧式铣床和数控龙门铣床等。

（1）数控立式铣床　数控立式铣床主轴与机床工作台面垂直，工件装夹方便，加工时便于观察，但不便于排屑。一般采用固定式立柱结构，工作台不升降。主轴箱做上下运动，并通过立柱内的重锤平衡主轴箱的质量。为保证机床的刚性，主轴轴线距立柱导轨面的距离不能太大，因此，这种结构主要用于中小尺寸的数控铣床。

（2）数控卧式铣床　数控卧式铣床的主轴与机床工作台面平行，加工时不便于观察，但排屑顺畅。一般配有数控回转工作台，便于加工零件的不同侧面。单纯的数控卧式铣床现在已比较少，而多是在配备自动换刀装置（ATC）后成为卧式加工中心。

（3）数控龙门铣床　对于大尺寸的数控铣床，一般采用对称的双立柱结构，以保证机床的整体刚性和强度，这就是数控龙门铣床。数控龙门铣床有工作台移动和龙门架移动两种形式。它适用于加工飞机整体结构件、大型箱体零件和大型模具等。

2. 按数控系统的功能

按数控系统的功能分类，数控铣床可分为经济型数控铣床、全功能数控铣床和高速铣削数控铣床等。

（1）经济型数控铣床　经济型数控铣床一般采用开环控制，可以实现三坐标联动。这种数控铣床成本较低，功能简单，加工精度不高，适用于一般复杂零件的加工。一般有工作台升降式和床身式两种类型。

（2）全功能数控铣床　全功能数控铣床采用半闭环控制或闭环控制，其数控系统功能丰富，一般可以实现四坐标以上的联动，加工适应性强，应用最广泛。

（3）高速铣削数控铣床　高速铣削是数控加工的一个发展方向，技术已经比较成熟，已逐渐得到广泛的应用。这种数控铣床采用全新的机床结构、功能部件和功能强大的数控系统，并配以加工性能优越的刀具系统，加工时主轴转速一般在 $15000 \sim 100000 r/min$，切削进给速度可达 $100m/min$，可以对大面积的曲面进行高效率、高质量的加工。但目前这种机床价格昂贵，使用成本比较高。

11.3.2 数控铣床加工范围

数控铣床是一种用途很广泛的机床，铣削是机械加工中最常用和最主要的数控加工方法之一。一般数控铣床只用来加工较简单的三维曲面。如增加一个回转轴或分度头，数控铣床就可以用来加工螺旋槽、叶片等复杂三维曲面的零件。数控铣床加工范围如下：

1. 平面类零件

加工各种水平面或垂直面，或加工面与水平面的夹角为定角的零件。平面类零件是数控铣削加工中最简单的一类零件，一般只需用三坐标数控铣床的两坐标联动就可以加工出来。

2. 曲面类零件

加工面为空间曲面的零件称为曲面类零件，如模具、叶片、螺旋桨等。曲面类零件的加工面不能展开为平面，加工时，加工面与铣刀始终为点接触。加工曲面类零件一般采用三坐标数控铣床。当曲面较复杂、通道较狭窄、加工会伤及相邻表面及需要刀具摆动时，要采用四坐标或五坐标铣床。

11.3.3 数控铣床的组成

数控铣床形式多样，不同类型的数控铣床在组成上虽有所差别，但却有许多相似之处。

1. 床身

床身内部布局合理，具有良好的刚性，底座上设有 4 个调节螺栓，便于机床进行水平调整，切削液储液池设在机床底座内部。

2. 铣头

铣头部分由有级（或无级）变速箱和铣头两个部件组成。

铣头主轴支承在高精度轴承上，保证主轴具有高回转精度和良好的刚性；主轴装有快速换刀螺母，前端锥孔锥度采用 ISO 50；主轴采用机械无级变速，其调节范围宽，传动平稳，操作方便。制动机构能使主轴迅速制动，可节省辅助时间，制动时通过制动手柄撑开制动环使主轴立即制动。起动主电动机时，应注意松开主轴制动手柄。铣头部件还装有伺服电动机、内齿轮、滚珠丝杠副及主轴套筒，它们形成垂向（Z 向）进给传动链，使主轴做垂向直线运动。

3. 工作台

工作台与床鞍支承在升降台较宽的水平导轨上，工作台的纵向进给是由安装在工作台右端的伺服电动机驱动的。通过内齿带轮带动精密滚珠丝杠副，从而使工作台获得纵向进给。工作台左端装有手轮和刻度盘，以便进行手动操作。床鞍的纵横向导轨面均采用 TURCTIE-B 贴塑面，从而提高导轨的耐磨性、运动的平稳性和精度的保持性，消除低速爬行现象。

4. 升降台（横向进给部分）

升降台前方装有交流伺服电动机，驱动床鞍做横向进给运动，其传动原理与工作台的纵向进给相同。此外，在横向滚珠丝杠前端还装有进给手轮，可实现手动进给。升降台左侧装有锁紧手柄，轴的前端装有长手柄，可带动锥齿轮及升降台丝杠旋转，从而获得升降台的升降运动。

5. 冷却与润滑系统

（1）冷却系统　机床的冷却系统由冷却泵、出水管、回水管、开关及喷嘴等组成，冷却泵安装在机床底座的内腔里，冷却泵将切削液从底座内的储液池打至出水管，然后经喷嘴喷出，对切削区进行冷却。

（2）润滑系统　润滑系统由手动润滑泵、分油器、节流阀、油管等组成。机床采用周期润滑方式，用手动润滑泵，通过分油器对主轴套筒，纵横向导轨，以及 X、Y、Z 三向滚珠丝杠进行润滑，以提高机床的使用寿命。

11.3.4　XK713 型立式铣床

XK713 型立式铣床（图 11-9）主要由数控系统、主轴、手摇脉冲发生器、工作台和床身等部分组成。可配置国产数控系统（大森、广数、华中）、西门子数控系统、发那科数控系统等。其主要技术参数如下：

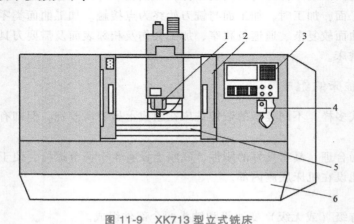

图 11-9　XK713 型立式铣床

1—主轴　2—防护门　3—控制面板　4—手摇脉冲发生器　5—工作台　6—床身

工作台面（长/mm）×（宽/mm）	800×320
最大载质量/kg	350
T 形槽（数量/螺栓尺寸）	3/M12
功率/kW	3.7/5.5
主轴转速/（r/min）	8000～10000
主轴轴线到立柱前端距离/mm	350
主轴端到工作台最大距离/mm	95～545
最大铣刀盘直径/mm	63
主轴最大输出转矩/N·m	40
工作台左右行程（X 轴）/mm	650
工作台前后行程（Y 轴）/mm	350
主轴箱上下行程（Z 轴）/mm	450
定位精度（全程）/mm	±0.01
重复定位精度/mm	±0.005
机床外形尺寸（长/mm）×（宽/mm）×（高/mm）	2000×2050×2200
机床净质量/kg	2400

11.3.5　铣床的基本操作

数控铣床的操作与数控车床基本相同，本节仅讲述与数控车床不同的操作部分。

数控铣床的开机、关机、程序输入、程序检查、修改与车床相同，在此不再叙述。

1. 数控铣床的对刀

粗铣加工时可以用试切法对刀。在刀具装好后，在手动方式下，移动 Z 轴及 X、Y 轴使刀具与工件的左（右）侧面留有一定距离（约 1mm），然后转为增量方式（主轴为旋转状态），移动 X 轴，在刀具刚好轻微接触到工件时，记下此时机床坐标系下的 X 值为 X_1。然后抬刀，移动刀具到工件右（左）侧，记下机床坐标值 X_2。用同样方法记下 Y_1、Y_2。利用刀具端面与工件的上表面接触，记下 Z 值。

在精加工中，由于不能损伤工件表面，故在装夹后使用标准 $\phi10$mm 的对刀杆对刀。先移动 Z 轴及 X、Y 轴，让对刀杆与工件左侧留有一段间隙（大于 1mm），然后将 1mm 塞规放进去，手动调节 X 轴，直到松紧合适为止，记下此时机床坐标系的 X 值为 X_1。然后抬刀，移动对刀杆到工件右侧，记下机床坐标值 X_2。用同样的方法记下 Y_1、Y_2 值。用对刀杆端面与工件的上表面接触，记下 Z 值。

假定工件坐标系原点在工件对称中心上，那么工件坐标系各轴的零点在机床坐标系下的坐标为 $X_0 = (X_1 + X_2)/2$，$Y_0 = (Y_1 + Y_2)/2$，$Z_0 = Z$。

2. 建立工件坐标系

（1）FANUC 0i 数控系统　FANUC 0i 数控系统在建立工件坐标系时，在"工件坐标系设定"界面下，选择在 G54~G59 坐标系中对刀。例如，选择 G54 坐标系，手动输入 X_0 坐标值 "−200"，然后按 "输入" 键，完成 X 坐标输入，如图 11-10 所示。同样将 Y_0、Z_0 值输入，完成工件坐标系设定。

（2）SIEMENS 802S 数控系统　SIEMENS 802S 数控系统建立坐标系时，首先用手动方式移动刀具到工件坐标系原点位置（X_0, Y_0, Z_0），然后进入零点偏置界面，输入当前刀号的值，如 1，然后按 "确认" 键。此时屏幕显示如图 11-11 所示。按 "计算" 和 "确认" 按键后，系统即自动生成在 X 方向的零点偏置。按 "轴+" 软键使屏幕上变为 "轴 Y"，"轴 Z"，同样方法生成在 Y、Z 方向的零点偏置。

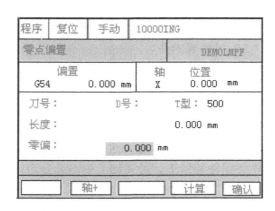

图 11-10　工件坐标系设定　　　　　　　图 11-11　零点偏置

3. 程序校验

工件的加工程序输入到数控系统后，经检查无误，且各刀具的半径补偿值已输入到相应的存储器当中，便可进行机床的空运行。机床空运行完毕后，并确认加工过程正确，装夹工件可进行试切削。加工程序正确且加工出的工件符合零件的图样要求，便可连续执行加工程序进行正式加工。

4. 启动自动运行

系统调入零件加工程序，将机床置于"自动运行"方式。按下机床控制面板上的"循环启动"按键，机床开始自动运行调入的零件加工程序。

5. 检查与检验

工件加工完毕后，需要检验零件是否合格。在测量时，不要卸下零件，否则一旦尺寸不准就难以修正。在检验合格后，方可卸下工件。

6. 关机

按下控制面板上的"急停"按键，断开伺服电源，断开机床电源，完成关机。

11.4 加工中心

11.4.1 加工中心简介

加工中心是带有自动换刀装置及刀库的数控机床。它最早是在数控铣床的基础上，通过增加刀库与回转工作台发展起来的。加工中心具有数控车床、数控铣床、数控镗床、数控钻床等功能，零件在一次装夹后，可以进行多面的铣、镗、钻、扩、铰及攻螺纹等多工序的加工。

1. 加工中心主要特点

1）工序高度集中，一次装夹后可以完成多个表面的加工。

2）带有自动分度装置或回转工作台、刀库系统。可自动改变主轴转速、进给量和刀具相对于工件的运动轨迹。

3）生产率是普通机床的5~6倍，尤其适合加工形状复杂、精度要求较高、品种更换频繁的零件。

4）操作者劳动强度低，但机床结构复杂，对操作者技术水平要求较高。

5）机床成本高。

2. 加工中心分类

加工中心主要有以下几种：

（1）立式加工中心 主轴轴心线竖直布置，结构多为固定立柱式，适合加工盘类零件。可在水平工作台上安装回转工作台，用于加工螺旋线。

（2）卧式加工中心 主轴水平布置，带有分度回转工作台，有3~5个运动坐标，适合箱体类零件的加工。卧式加工中心又分为固定立柱式或固定工作台式。

（3）龙门式加工中心 龙门式加工中心主轴多为竖直布置，带有可更换的主轴头附件，一机多用，适合加工大型或形状复杂的零件。

（4）万能加工中心 具有五轴以上的多轴联动功能，工件一次装夹后，可以完成除安装面外的所有面的加工。降低了工件的几何误差，可省去二次装夹，生产率高，成本低。但此加工中心结构复杂。

11.4.2 XH714 立式加工中心

XH714 立式加工中心（图 11-12）是针对模具等机械行业设计的机床，具有高刚度、高可靠性、切削功率大的特点，气动换刀快捷、方便。XH714 立式加工中心主要由防护门、刀库、主轴、控制面板、手摇脉冲发生器、工作台和床身等部分组成。主要选配系统有西门子、法那科、三菱、华中等数控系统。XH714 立式加工中心主要技术参数如下：

工作台面尺寸/mm	405×1370
X 轴最大行程/mm	900
Y 轴最大行程/mm	460
Z 轴最大行程/mm	500
定位精度/mm	±0.01
重复定位精度/mm	±0.0075
主轴电动机功率/kW	5.5/7.5
主轴最高转速/(r/min)	6000～8000（无级变频调速）
最大快进速度/(mm/min)	6000～10000
主轴端面至工作台面距离/mm	50～600
主轴锥孔	BT40
工作台承重/kg	500
机床总功率/kW	15
机床净质量/kg	4500

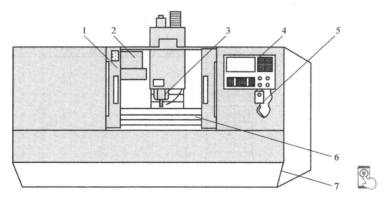

图 11-12　XH714 立式加工中心

1—防护门　2—刀库　3—主轴　4—控制面板　5—手摇脉冲发生器
6—工作台　7—床身

11.4.3 加工中心操作

配备 FANUC 0i 数控系统的加工中心操作同数控铣床，篇幅有限，在此不再叙述。本章主要介绍配备 SIEMENS 802D 数控系统的加工中心操作。

1. 手动操作

（1）返回参考点　机床开机后，显示屏上方显示急停信号（0030）。顺时针旋转急停开关，使急停开关抬起，消除急停报警。然后按下返回参考点按键，再分别按下"+X"、"+Y"、"+Z"键，机床上的坐标轴将返回参考点，显示屏上坐标轴 X、Y、Z 后的空心圆变为实心圆，同时 X、Y、Z 的坐标值为 0。

（2）手动运行方式　在手动运行状态下，按下坐标轴方向选择键（如"+X"），机床在相应的轴上发生运动。只要按住坐标轴方向选择键不放，机床就会以设定的速度连续移动。使用机床控制面板上的进给速度修调旋钮可以选择进给速度。如果按下快进按键，然后再按坐标轴方向键，则该轴将产生快速运动。

2. 程序输入与编辑

在程序列表界面，如图 11-13 所示，按下"新程序"按键，然后输入程序名。例如，输入字母"WEI"，然后按"确认"键，就可以进入新程序编辑界面。在新程序编辑界面完成程序的输入。

在零件程序处于非执行状态时，可以进行编辑。在零件程序中进行的任何修改均立即被存储。在程序列表界面，选择要编辑的程序，按"程序打开"键，进入程序编辑窗口，即可对程序进行编辑。程序编辑完成后，关闭编辑窗口，则在文件中存储修改情况。

3. 数据设置

（1）设置刀具参数　打开刀具补偿设置窗口，该窗口显示所使用的刀具清单，如图 11-14 所示。

使用光标移动键将光标定位到需要输入数据的位置。按数控系统面板上的数字键，输入相应的刀具参数值，然后按输入键"INPUT"确认。

图 11-13　新程序输入　　　　　图 11-14　刀具补偿设置

（2）设置零点偏置值　在零点偏置界面（图 11-15）使用光标移动键，将光标定位到需要输入数据的位置，按数控系统面板上的数字键，输入数值，然后按输入键"INPUT"确认。

4. 程序检验

工件的加工程序输入到数控系统后，经检查无误便可进行机床的空运行。机床空运行完毕，并确认加工过程正确后，可装夹工件进行实际切削。加工程序正确且加工出的工件符合零件的图样要求，便可连续执行加工程序进行加工。

5. 启动自动运行

运行前将机床置于"自动运行"方式。按一下机床控制面板上的"循环启动"按键，机床开始自动运行零件加工程序。

6. 检查与检验

工件加工完毕后，在卸下工件之前必须对照工件图样的要求，对各项尺寸要求及公差要求进行检测，一定要在符合要求的前提下，才能卸下工件。

7. 关机

按下控制面板上的"急停"按键，断开伺服电源，断开机床电源，完成关机。

补偿							下一个轴
可设置零点偏置							测量工件
WCS X 0.000 mm			MCS X 0.000 mm				
Y 0.000 mm			Y 0.000 mm				
Z 0.000 mm			Z 0.000 mm				
	X	Y	Z	X	Y	Z	
基本	0.000	0.000	0.000	0.000	0.000	0.000	
G54	0.000	0.000	0.000	0.000	0.000	0.000	
G55	0.000	0.000	0.000	0.000	0.000	0.000	
G56	0.000	0.000	0.000	0.000	0.000	0.000	
G57	0.000	0.000	0.000	0.000	0.000	0.000	
G58	0.000	0.000	0.000	0.000	0.000	0.000	
G59	0.000	0.000	0.000	0.000	0.000	0.000	
刀具表		零点偏置		R参数	设定数据	用户数据	

图 11-15　零点偏置

📌 11.5　数控机床编程基础

11.5.1　数控机床坐标系

在数控编程时，为了描述机床的运动，简化程序编制的方法及保证记录数据的互换性，数控机床的坐标系和运动方向均已标准化，我国制定了命名的标准。通过这一部分的学习，能够掌握机床坐标系、编程坐标系的概念，具备实际动手设置机床加工坐标系的能力。

1. 机床坐标系

（1）机床坐标系的确定　机床坐标系的确定遵循以下两个规定。

1）机床相对运动的规定。在机床上，始终认为工件是静止的而刀具是运动的。这样编程人员在不考虑机床上工件与刀具具体运动的情况下，就可以依据零件图样，确定机床的加工过程。

2）机床坐标系的规定。在数控机床上，机床的动作是由数控装置来控制的，为了确定数控机床上的成形运动和辅助运动，必须先确定机床上运动的位移和运动的方向，这就需要通过坐标系来实现，这个坐标系称为机床坐标系。

标准机床坐标系中 X、Y、Z 坐标轴的相互关系用右手笛卡儿直角坐标系决定。

① 伸出右手的大拇指、食指和中指，并互为90°。则大拇指代表 X 坐标，食指代表 Y 坐标，中指代表 Z 坐标。

② 大拇指的指向为 X 坐标的正方向，食指的指向为 Y 坐标的正方向，中指的指向为 Z 坐标的正方向。

③ 围绕 X、Y、Z 坐标轴旋转的旋转坐标分别用 A、B、C 表示，根据右手螺旋定则，大拇指的指向为 X、Y、Z 坐标中任意轴的正向，则其余四指的旋转方向即为旋转坐标 A、B、C 的正向，如图 11-16 所示。

3）运动方向的规定。增大刀具与工件距离的方向即为各坐标轴的正方向。

（2）附加坐标系　为了编程和加工的方便，有时还要设置附加坐标系。

对于直线运动，可以采用平行于 X、Y、Z 坐标轴的附加坐标系：第一组附加坐标系为 U、V、W 坐标；第二组附加坐标系为 P、Q、R 坐标。

2. 编程坐标系

编程坐标系是编程人员根据零件图样及加工工艺等建立的坐标系。

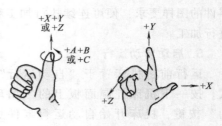

图 11-16　笛卡儿直角坐标系

编程坐标系一般供编程使用，确定编程坐标系时不必考虑工件毛坯在机床上的实际装夹位置。如图 11-17 所示，其中 O_2 即为编程坐标系原点。

编程原点是根据加工零件图样及加工工艺要求选定的编程坐标系的原点。

编程原点应尽量选择在零件的设计基准或工艺基准上，编程坐标系中各轴的方向应该与所使用的数控机床相应的坐标轴方向一致。

11.5.2　数控程序的编制

在编制数控加工程序前，应首先了解数控程序编制的主要工作内容、程序编制的工作步骤、每一步应遵循的工作原则等，最终才能获得满足要求的数控程序。

1. 数控程序编制的概念

编制数控加工程序是使用数控机床的一项重要技术工作，理想的数控程序不仅应该保证加工出符合零件图样要求的合格零件，还应该使数控机床的功能得到合理的应用与充分的发挥，使数控机床能安全、可靠、高效地工作。

数控编程是指从零件图样到获得数控加工程序的全部工作过程。数控程序编制的内容及步骤如图 11-18 所示。

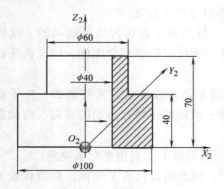

图 11-17　编程坐标系

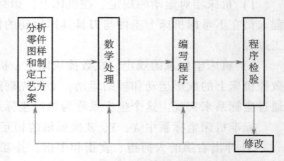

图 11-18　数控程序编制的内容及步骤

（1）分析零件图样和制定工艺方案　这项工作的内容包括：对零件图样进行分析，明确加工的内容和要求；确定加工方案；选择适合的数控机床；选择或设计刀具和夹具；确定合理的走刀路线及选择合理的切削用量等。这一工作要求编程人员能够对零件图样的技术特性、几何形状、尺寸及工艺要求进行分析，并结合数控机床使用的基础知识，如数控机床的规格、性能及数控系统的功能等，确定加工方法和加工路线。

（2）数学处理 在确定了工艺方案后，就需要根据零件的几何尺寸、加工路线等，计算刀具中心运动轨迹，以获得刀位数据。数控系统一般均具有直线插补与圆弧插补功能，对于加工由圆弧和直线组成的较简单的平面零件，只需要计算出零件轮廓上相邻几何元素交点或切点的坐标值，得出各几何元素的起点、终点、圆弧的圆心坐标值等，就能满足编程要求。当零件的几何形状与控制系统的插补功能不一致时，需要进行较复杂的数值计算，一般需要使用计算机辅助计算，否则难以完成。

（3）编写程序 在完成上述工艺处理及数值计算工作后，即可编写零件加工程序。程序编制人员使用数控系统的程序指令，按照规定的程序格式，逐段编写加工程序。程序编制人员应对数控机床的功能、程序指令及代码十分熟悉，才能编写出正确的加工程序。

（4）程序检验 将编写好的加工程序输入数控系统，就可控制数控机床的加工过程。一般在正式加工之前，要对程序进行检验。通常可采用机床空运转的方式，来检查机床动作和运动轨迹的正确性，以检验程序。在具有图形模拟显示功能的数控机床上，可通过显示走刀轨迹或模拟刀具对工件的切削过程，对程序进行检查。对于形状复杂和要求高的零件，也可采用铝件、塑料或石蜡等易切材料进行试切来检验程序。通过检查试件，不仅可确认程序是否正确，还可知道加工精度是否符合要求。若能采用与被加工零件相同的材料进行试切，则更能反映实际加工效果，当发现加工的零件不符合加工技术要求时，可修改程序或采取尺寸补偿等措施。

2. 数控程序编写方法

数控加工程序的编写方法主要有两种：手工编程和计算机自动编程。

（1）手工编程 手工编程指主要由人工来完成数控编程中各个阶段的工作，如图 11-19 所示。

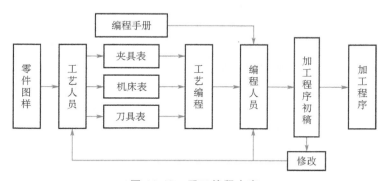

图 11-19 手工编程内容

一般对几何形状不太复杂的零件，所需的加工程序不长，计算比较简单，用手工编程比较合适。手工编程耗费时间较长，容易出现错误，无法胜任复杂形状零件的编程。

（2）计算机自动编程 计算机自动编程是指在编程过程中，除了分析零件图样和制订工艺方案由人工进行外，其余工作均由计算机辅助完成。

采用计算机自动编程时，数学处理、编写程序、程序检验等工作是由计算机自动完成的，由于计算机可自动绘制出刀具中心运动轨迹，编程人员可及时检查程序是否正确，需要时可及时修改，以获得正确的程序。又由于计算机自动编程代替程序编制人员完成了烦琐的数值计算，可提高编程效率几十倍乃至上百倍，因此解决了手工编程无法解决的许多复杂零件的编程难题。因而，自动编程的特点就在于编程工作效率高，可解决复杂形状零件的编程难题。

根据输入方式的不同，可将自动编程分为图形数控自动编程、语言数控自动编程和语音数控自动编程等。图形数控自动编程是指将零件的图形信息直接输入计算机，通过自动编程软件的处理，得到数控加工程序。目前，图形数控自动编程是使用最为广泛的自动编程方式。语言数控自动编程指将加工零件的几何尺寸、工艺要求、切削参数及辅助信息等用数控语言编写成源程序后，输入到计算机中，再由计算机进一步处理得到零件加工程序。语音数控自动编程是采用语音识别器，将编程人员发出的加工指令声音转变为加工程序。

11.5.3 程序段的构成与格式

1. 指令字

指令字由地址符和数据符组成。地址符由英文 A～Z 组成，由它确定跟随的数据及含义，如 G01 代表直线插补功能（G 是地址符，01 是数据符）。

（1）程序段序号 N　由地址符 N 和其后的 2～3 位数字组成，用于表示程序的段号。

（2）准备功能字 G　由地址符 G 和其后两位数字组成，用于指定坐标、定位方式、插补方式、加工螺纹、各种固定循环及刀具补偿等功能。常见的 G 功能字含义见表 11-1。

表 11-1　G 功能字含义表

G 功能字	FANUC 系统	SIEMENS 系统	G 功能字	FANUC 系统	SIEMENS 系统
G00	快速移动点定位	快速移动点定位	G65	用户宏指令	—
G01	直线插补	直线插补	G70	精加工循环	英制
G02	顺时针圆弧插补	顺时针圆弧插补	G71	外圆粗切循环	米制
G03	逆时针圆弧插补	逆时针圆弧插补	G72	端面粗切循环	—
G04	暂停	暂停	G73	封闭切削循环	—
G05	—	通过中间点圆	G74	深孔钻循环	—
G17	XY 平面选择	XY 平面选择	G75	外径切槽循环	—
G18	ZX 平面选择	ZX 平面选择	G76	复合螺纹切削循环	—
G19	YZ 平面选择	YZ 平面选择	G80	撤销固定循环	撤销固定循环
G32	螺纹切削	—	G81	定点钻孔循环	固定循环
G33	—	恒螺距螺纹切削	G90	绝对值编程	绝对尺寸
G40	刀具补偿注销	刀具补偿注销	G91	增量值编程	增量尺寸
G41	刀具半径补偿—左	刀具半径补偿—左	G92	螺纹切削循环	主轴转速极限
G42	刀具半径补偿—右	刀具半径补偿—右	G94	每分钟进给量	直线进给率
G43	刀具长度补偿—正	—	G95	每转进给量	旋转进给率
G44	刀具长度补偿—负	—	G96	恒线速控制	恒线速度
G49	刀具长度补偿注销	—	G97	恒线速取消	注销 G96
G50	主轴最高转速限制	—	G98	返回起始平面	—
G54～G59	加工坐标系设定	零点偏置	G99	返回 R 平面	—

（3）进给功能字 F　由地址 F 和其后的数字组成，用于指定刀具相对于工件的进给速度。进给方式有每分钟进给（mm/min）和每转进给（mm/r）。

（4）主轴转速功能字 S　用于指定机床的转速，其数据既有以转数值直接指定的，也有用代码指定的。如一般的经济型数控系统，其 S 只能指定某一机械档位的高速和低速。

（5）刀具功能字 T　用于指定刀具号和刀具补偿值，T 后面有两位或 4 位数值，如 T0202，前两位指定刀具号为 02 号刀，后两位则为调用第 2 组刀补值。

（6）辅助功能字 M　辅助功能字的地址符是 M，后续数字一般为两位正整数，又称为 M 功能或 M 指令，用于指定数控机床辅助装置的开关动作，M 指令见表 11-2。

表 11-2　辅助功能字 M 含义表

M 功能字	含　义	M 功能字	含　义
M00	程序暂停	M07	2 号切削液开
M01	计划停止	M08	1 号切削液开
M02	程序停止	M09	切削液关
M03	主轴顺时针旋转	M30	程序停止并返回程序头
M04	主轴逆时针旋转	M98	调用子程序
M05	主轴停止	M99	返回子程序
M06	换刀		

2. 程序段的格式

程序段是可作为一个单位来处理的、连续的指令字组，是数控加工程序中的一条语句。一个数控加工程序是由若干个程序段组成的。

程序段格式是指程序段中的字、字符和数据的安排形式。现在一般使用字地址可变程序段格式，每个字长不固定，各个程序段中的长度和功能字的个数都是可变的。地址可变程序段格式中，在上一程序段中写明的，本程序段里又不变化的那些字仍然有效，可以不再重写，这种功能字称之为续效字。

程序段格式举例：

N30 G01 X88.1 Y30.2 F500 S3000 T02 M08

N40 X90

本程序段省略了续效字 "G01 Y30.2 F500 S3000 T02 M08"，但它们的功能仍然有效。

在程序段中，必须明确组成程序段的各要素：

（1）移动目标　终点坐标值 X、Y、Z。

（2）沿怎样的轨迹移动　准备功能字 G。

（3）进给速度　进给功能字 F。

（4）切削速度　主轴转速功能字 S。

（5）使用刀具　刀具功能字 T。

（6）机床辅助动作　辅助功能字 M。

3. 程序的格式

（1）程序开始符、结束符　程序开始符、结束符是同一个字符，ISO 代码中是%，EIA 代码中是 EP，书写时要单列一段。

（2）程序名　程序名有两种形式：一种由英文字母 O 和 1~4 位正整数组成（如法那科系统）；另一种由英文字母开头，字母数字混合组成的（如西门子系统）。一般要求单列一段。

（3）程序主体　程序主体由若干个程序段组成。每个程序段一般占一行。

（4）程序结束指令　程序结束指令可以用 M02 或 M30。一般要求单列一段。

加工程序的一般格式举例：

```
%                                    ; 开始符
O1000                                ; 程序名
N10 G00 G54 X50 Y30 M03 S3000    ⎫
N20 G01 X88.1 Y30.2 F500 T02 M08  ⎬  ; 程序主体
N30 X90                           ⎪
…                                 ⎭
N300 M30                             ; 结束指令
```

除上述零件程序的正文部分以外，有些数控系统可在每一个程序段后用程序注释符加入注释文字，如 "（）" 内部分或 "；" 后的内容为注释文字。

11.5.4　编程实例

例 11-1　车削编程实例 1。

编制如图 11-20 所示工件的数控加工程序，不要求切断，1 号刀为外圆刀，2 号刀为螺纹刀，3 号刀为切槽刀，切槽刀宽度 4mm，毛坯直径 32mm。

（1）确定工艺路线　首先根据图样要求按先主后次的加工原则，确定工艺路线如下：

加工外圆与端面→切槽→车螺纹。

（2）选择刀具，确定工件原点　根据加工要求需选用 3 把刀具，1 号刀车外圆与端面，2 号刀车螺纹，3 号刀切槽。用试切法对刀以确定工件原点，此例中工件原点位于工件左端面中心。

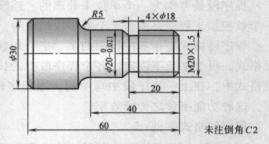

图 11-20　车削编程实例 1

（3）确定切削用量　确定主轴转速和进给速度。

1）加工外圆与端面　主轴转速 630r/min，进给速度 150mm/min。

2）切槽　主轴转速 315r/min，进给速度 150mm/min。

3）车螺纹　主轴转速 200r/min，进给速度 200mm/min。

（4）编制加工程序　程序编制如下。

```
N10 G50 X50 Z150              ; 确定起刀点
N20 M03 S630                  ; 主轴正转
N30 T0101                     ; 选用 1 号刀，1 号刀补
N40 G00 X33 Z60               ; 准备加工右端面
N50 G01 X-1 F150              ; 加工右端面
```

N60 G00 X31 Z62   ; 准备开始进行外圆循环

N70 G90 X28 Z20 F150   ; 开始进行外圆循环

N80 X26

N90 X24

N100 X22

N110 X21   ; φ20mm 的圆先车削至 φ21mm

N120 G00 Z60   ; 准备车倒角

N130 G01 X18 F150   ; 定位至倒角起点

N140 G01 X20 Z59   ; 倒角

N150 Z20   ; 车削 φ20mm 的圆

N160 G03 X30 Z15 I10 K0   ; 车削圆弧 R5mm

N170 G01 X30 Z0   ; 车削 φ30mm 的圆

N180 G00 X50 Z150   ; 回起刀点

N190 T0100   ; 取消 1 号刀补

N200 T0303   ; 换 3 号刀

N205 M03 S315

N210 G00 X22 Z40   ; 定位至切槽点

N220 G01 X18 F60   ; 切槽

N230 G04 D5   ; 停顿 5s

N240 G00 X50   ; 退刀

N250 Z150   ; 回起刀点

N260 T0300   ; 取消 3 号刀补

N270 T0202   ; 换 2 号刀

N280 G00 X20 Z62   ; 定位至螺纹起切点

N285 M03 S200

N290 G92 X19.5 Z42 P1.5   ; 螺纹循环开始

N300 X19

N310 X18.5

N320 X17.3

N330 G00 X50 Z150   ; 回起刀点

N340 T0200   ; 取消 2 号刀补

N350 M05   ; 主轴停止

N360 M02   ; 程序结束

例 11-2 车削编程实例。

编制如图 11-21 所示工件的数控加工程序,要求切断,1 号刀为外圆刀,2 号刀为切槽刀,切槽刀宽度 4mm,毛坯直径 32mm。

(1) 确定工艺路线 首先根据图样要求按先主后次的加工原则,确定工艺路线。

1) 粗加工外圆与端面。

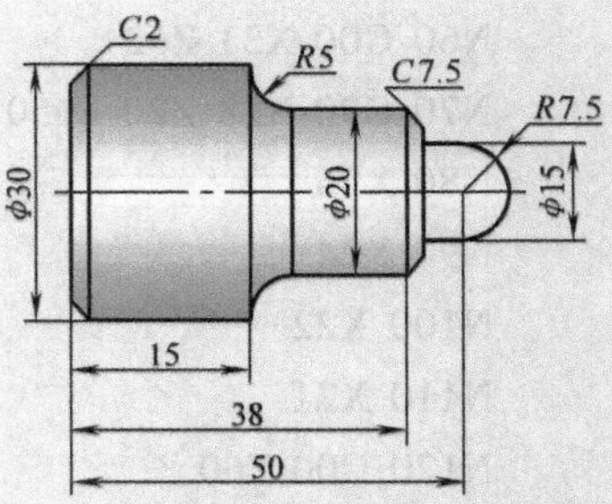

2）精加工外圆与端面。

3）切断。

（2）选择刀具，对刀，确定工件原点 根据加工要求需选用两把刀具，T01号刀车外圆与端面，T02号刀切断。用试切法对刀以确定工件原点，此例中工件原点位于左端面中心。

（3）确定切削用量 确定主轴转速和进给速度。

1）加工外圆与端面。主轴转速630r/min，进给速度150mm/min。

2）切断。主轴转速315r/min，进给速度150mm/min。

（4）编制加工程序 程序编制如下。

图11-21 车削编程实例2

N10 G50 X50 Z150	;确定起刀点
N20 M03 S630	;主轴正转
N30 T0101	;选用1号刀，1号刀补
N40 G00 X35 Z57.5	;准备加工右端面
N50 G01 X-1 F150	;加工右端面
N60 G00 X32 Z60	;准备开始进行外圆循环
N70 G90 X28 Z20 F150	;开始进行外圆循环
N80 X26	
N90 X24	
N100 X22	
N110 X21	;$\phi 20$mm的圆先车削至$\phi 21$mm
N120 G01 X0 Z57.5 F150	;结束外圆循环并定位至半圆$R7.5$mm的起切点
N130 G02 X15 Z50 I0 K-7.5 F150	;车削半圆球$R7.5$mm
N140 G01 X15 Z42 F150	;车削$\phi 15$mm的圆
N150 X16	;倒角起点
N160 X20 Z40	;倒角
N170 Z20	;车削$\phi 20$mm的圆
N180 G03 X30 Z15 I10 K0 F150	;车削$R5$mm的圆弧
N190 G01 X30 Z2 F150	;车削$\phi 30$mm的圆
N200 X26 Z0	;倒角
N210 G0 X50 Z150	;回起刀点
N220 T0100	;取消1号刀补
N230 T0202	;换2号刀
N235 M03 S315	
N240 G0 X33 Z-4	;定位至切断点
N250 G01 X-1 F150	;切断

N260 G0 X50 Z150   ; 回起刀点

N270 T0200   ; 取消 2 号刀补

N280 M05   ; 主轴停止

N290 M02   ; 程序结束

例 11-3 铣削编程实例 1。

编制如图 11-22 所示矩形的内轮廓。圆的外轮廓数控加工程序，要求使用刀补，铣刀直径 10mm，一次背吃刀量为 8mm。

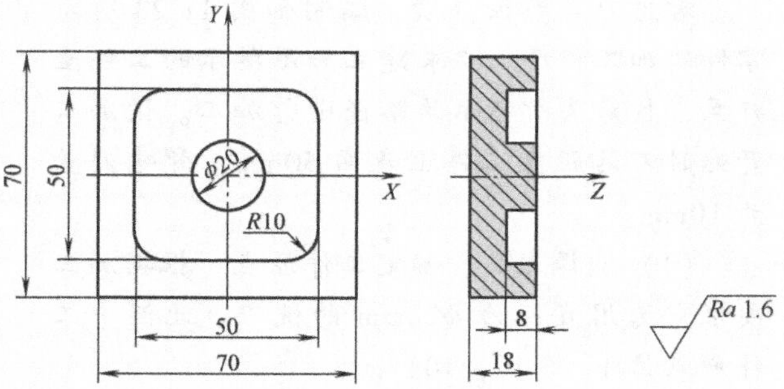

(1) 首先根据图样要求按先主后次的加工原则，确定工艺路线

1) 加工矩形的内轮廓。

2) 加工圆的外轮廓。

图 11-22 铣削编程实例 1

(2) 选择刀具，确定工件原点 根据加工要求需选用 1 把键槽铣刀，直径 10mm，刀补在面板上输入。用随机对刀法确定工件原点。

(3) 确定切削用量 主轴转速 1000r/min，进给速度 150mm/min。

(4) 编制加工程序 程序编制如下。

N10 G92 X0 Y0 Z40   ; 确定工件原点，此时工件原点在刀位点下方
                 40mm 处

N20 M03 S1000   ; 主轴正转

N30 G00 X-50 Y-50   ; 快移至刀补起点

N40 G42 G01 X-25 Y0 D01 F150 ; 建立右刀补并至起刀点

N50 G01 Z-8   ; 下刀

N60 Y15   ; 开始加工内轮廓

N70 G02 X-15 Y25 R10

N80 G01 X15

N90 G02 X25 Y15 R10

N100 G01 Y-15

N110 G02 X15 Y-25 R10

N120 G01 X-15

N130 G02 X-25 Y-15 R10

N140 G01 Y0   ; 内轮廓加工结束，定位至外轮廓加工过渡圆
                 起点

N150 G02 X-10 Y0 R7.5   ; 走外轮廓加工过渡圆，使外轮廓进刀时圆滑
                 过渡

N160 G03 I10   ; 加工外轮廓

```
N170 G02 X-25 Y0 R7.5        ；走外轮廓加工过渡圆，使外轮廓退刀时圆滑过渡
N180 G01 Z20                 ；抬刀
N190 G40 G00 X0Y0 D01        ；取消刀补并回工件原点
N200 M30                     ；程序结束
```

例 11-4 铣削编程实例 2。

考虑刀具半径补偿，编制如图 11-23 所示零件的加工程序。要求建立如图所示的工件坐标系，按箭头所指示的路径进行加工。设加工开始时刀具距离工件上表面 50mm，背吃刀量为 10mm。

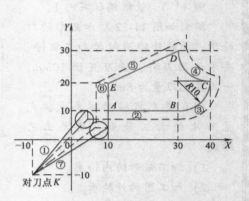

（1）选择刀具，确定工件原点 根据加工要求需选用直径为 φ20mm 的铣刀，此例中工件原点位于 (-10, 10) 点。

（2）确定切削用量 主轴转速 900r/min，进给速度 80mm/min。

图 11-23 铣削编程实例 2

（3）编写加工程序 程序编制如下。

```
%
O4011
G92 X-10 Y-10 Z50        ；建立工件坐标系，对刀点坐标 (-10, -10, 50)
G90 G17                  ；绝对坐标编程，刀具半径补偿平面为 XY 平面
G42 G00 X4 Y10 D01       ；建立右刀补，刀补号码 01，快移到工件切入点
Z2 M03 S900             ；Z 向快速移动接近工件上表面，主轴正转
G01 Z-10 F80            ；Z 向切入工件，背吃刀量 10mm，进给速度 80mm/min
X30                     ；加工 AB 段直线
G03 X40 Y20 I0 J10      ；加工 BC 段圆弧
G02 X30 Y30 I0 J10      ；加工 CD 段圆弧
G01 X10 Y20            ；加工 DE 段直线
Y5                     ；加工 EA 段直线
G00 Z50 M05           ；Z 向快速移动离开工件上表面，主轴停转
G40 X-10 Y-10        ；取消刀补，快移到对刀点
M02
```

例 11-5 加工中心编程实例。

编制如图 11-24 所示工件的数控加工中心程序。

（1）确定工艺路线 首先根据图样要求按先主后次的加工原则，确定工艺路线。

1）铣削 φ80mm 的内孔。

2）铣削工件外轮廓。

（2）选择刀具，确定工件原点 根据加工要求需选用 3 把刀具，1 号刀选用 φ20mm 的铣刀，2 号刀为中心钻，3 号刀为 φ20mm 的钻头。

此例中工件原点位于工件上表面中心。

（3）确定切削用量　确定主轴转速和进给速度。

1）加工内孔与外轮廓。主轴转速1000r/min，进给速度150mm/min。

2）钻孔。主轴转速2000r/min，进给速度150mm/min。

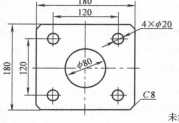

图11-24　加工中心编程实例

```
%
O001
G17 G40 G80                          ;选择加工平面，取消补偿
G00 G91 G30 X0 Y0 Z0 T01             ;机床返回换刀点，选择1号刀
M06                                  ;换刀
G00 G90 G54 X0 Y0 Z0                 ;快速定位到工件原点
G43 H01 Z20 M03 S1000                ;执行1号长度补偿，主轴正转转速为
                                      1000r/min

Z-42
G01 G42 D01 X-40   F400              ;执行半径右补偿
G02 I40 J0 F150                      ;铣削φ80mm的内孔
G00 Y0 G40                           ;取消半径补偿
Z100
G00 G90 G54 X-110   Y-100
Z-42
G01 G41 X-90   F150                  ;执行半径左补偿
Y82                                  ;铣削工件外轮廓
X-82 Y90
X82
X82 Y90
X-82
X82 Y-90
X-82
G00 Z100
G00 G40 X82                          ;取消半径补偿
G91 G30 X0 Y0 Z0 T02                 ;机床返回换刀点，选择2号刀
M06                                  ;换刀
G00 G90 G54 X-60   Y-60              ;快速定位到钻孔位置
G43 H02 Z10 M03 S2000                ;执行2号长度补偿，主轴正转转速为
                                      2000r/min
```

```
G99 G81 Z-3  R5  F150              ;钻孔
Y60
X60
Y-60
G00 G80 Z100                      ;取消钻孔循环
G91 G30 X0 Y0 Z0 T03              ;机床返回换刀点，选择3号刀
M6                                ;换刀
G00 G90 G54 X-60  Y-60           ;快速定位到钻孔位置
G43 H03 Z10 M03 S2000            ;执行3号长度补偿，主轴正转转速为2000r/min
G99 G81 Z-12 R3  F150            ;钻孔
Y60
X60  Z-42
Y-60
G00 G80 Z100                     ;取消钻孔循环
G00 G28 Y0                       ;机床返回参考点
M30                              ;程序结束
```

复习思考题

一、判断题

11-1 （   ）我国于1965年开始批量生产配有电子管数控系统的数控铣床。

11-2 （   ）对于开环机床，位置检测反馈系统将反馈信号反馈给数控装置，以减少加工误差。

11-3 （   ）机床断电后，再次接通电源时，必须进行返回参考点的操作。

11-4 （   ）按下"急停"按键后，除润滑泵外，机床动作及各种功能均停止。

11-5 （   ）机床在自动运转过程中，按下"急停"按键则机床全部操作均停止。

11-6 （   ）经济型数控铣床一般采用开环控制，可以实现三坐标联动。

11-7 （   ）加工中心可以进行多面的铣、镗、钻、扩、铰及攻螺纹等多工序的加工。

11-8 （   ）确定编程坐标系时不必考虑工件毛坯在机床上的实际装夹位置。

11-9 （   ）在数控机床上，机床的动作是由数控装置来控制的。

11-10 （   ）G02和G03都是圆弧插补指令。

二、选择题

11-11 数控铣床是一种加工功能很强的数控机床，但不具有_____工艺手段。

A. 镗削   B. 钻削   C. 螺纹加工   D. 车削

11-12 根据加工零件图样选定的编制零件程序的原点是_____。

A. 机床原点　　　　B. 编程原点　　　　C. 加工原点　　　　D. 刀具原点

11-13　直线插补指令是_____。

A. G01　　　　B. G05　　　　C. G43　　　　D. G28

11-14　加工中心用来换刀的指令是_____。

A. M16　　　　B. M06　　　　C. M04　　　　D. M03

11-15　撤销刀具长度补偿指令是_____。

A. G40　　　　B. G41　　　　C. G43　　　　D. G49

11-16　加工坐标系设定指令是_____。

A. G01　　　　B. G54　　　　C. G43　　　　D. G28

11-17　程序结束并复位到起始位置的指令_____。

A. M00　　　　B. M01　　　　C. M02　　　　D. M30

11-18　数控车床不可以加工_____。

A. 平面　　　　B. 曲面　　　　C. 轴类零件　　　　D. 盘类零件

11-19　下列指令属于准备功能字的是_____。

A. G01　　　　B. M08　　　　C. T01　　　　D. S500

11-20　数控铣床的 G41/G42 是对_____进行补偿。

A. 刀尖圆弧半径　　B. 刀具半径　　　　C. 刀具长度　　　　D. 刀具角度

三、简答题

11-21　试分析数控车床 X 轴方向的手动对刀过程。

11-22　数控铣削适用于哪些加工场合？

11-23　加工中心可分为哪几类？其主要特点有哪些？

11-24　数控机床加工程序的编制步骤是什么？

11-25　数控机床加工程序的编制方法有哪些？它们分别适用于什么场合？

11-26　如何选择一个合理的编程原点？

11-27　数控程序由哪几部分组成？

四、编制加工程序

11-28　选择加工如图 11-25 所示零件所需的刀具，编制加工程序。

11-29　加工如图 11-26 所示的各平面型腔零件。各型腔深 5mm，材料选用 45 钢，试编制加工程序。

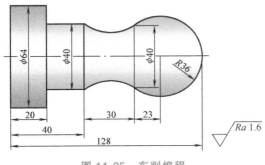

图 11-25　车削编程

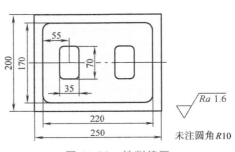

图 11-26　铣削编程

11-30 采用 XH714 加工中心加工如图 11-27 所示的零件图样，材料为 45 钢，要求表面粗糙度 $Ra1.6\mu m$，试编制加工程序，并请提供尽可能多的程序方案。

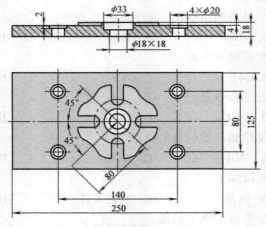

图 11-27 加工中心编程

第 12 章

特种加工、工业机器人及塑料成型

1. 训练内容及要求

1) 了解电火花、线切割、电解、超声波、激光加工的概念、加工原理、工艺特点及其应用范围，具有独立完成电火花、线切割成形等实践的基本技能。

2) 了解工业机器人定义、分类及应用。熟悉机器人的编程方法，具有完成焊接机器人编程的基本技能。

3) 了解塑料注射成型、挤出成型、吹塑成型和吸塑成型方法，具有完成简单注塑件成型加工的能力。

4) 安排一定时间，自行设计、绘图、安排工艺、编制程序、制造一个工件，提高学生的创新思维能力。

2. 示范讲解

1) 讲解电火花、线切割、电解、超声、激光加工的概念、加工原理、工艺特点及其应用范围。

2) 讲解工业机器人定义、分类及应用，机器人的编程方法。

3) 讲解塑料注射成型、挤出成型、吹塑成型和吸塑成型工艺方法。

4) 播放多媒体教学课件，让学生了解其他加工方法原理、特点及应用。

5) 讲解创新意识和创新能力培养的重要意义并布置创新作业。

3. 训练实践操作

1) 练习电火花、线切割设备调整和操作方法，并在电火花、线切割上加工创意工件，如五角星等。

2) 掌握机器人的编程方法；结合实习工件做焊接机械人加工练习。

3) 根据学校条件做塑料注射成型、挤出成型、吹塑成型和吸塑成型工艺操作练习。

4. 训练安全注意事项

1) 工作前，必须穿戴好规定的劳保用品（工作服、劳保鞋、护目镜等），长发要卷入工作帽中。

2) 开机前必须熟悉和掌握设备的电器性能，检查各按键、仪表、手柄及运动部位是否正常，实习学生必须在指导教师指导下操作设备。

3) 设备通电后，检查各开关、按钮是否正常，检查电压、油压和气压是否正常，有手动润滑的部位要先进行手动润滑。

4）工件加工过程中注意观察，操作中出现异常情况时必须立即按"急停"开关，并报告指导教师处理。

5）操作设备时，不准用导电体或手柄触摸工件及电极丝，不能编写与实习或使用设备无关的程序，更不准擅自离开工作岗位。

6）装卸工件时，工作台上必须垫木板或橡胶板，以免工件砸伤工作台面。

7）加工完毕清理工作台和实训场地。

5. 教学训练案例

案例：图 12-1 所示为一拨叉零件，材料是 Cr12 合金钢。

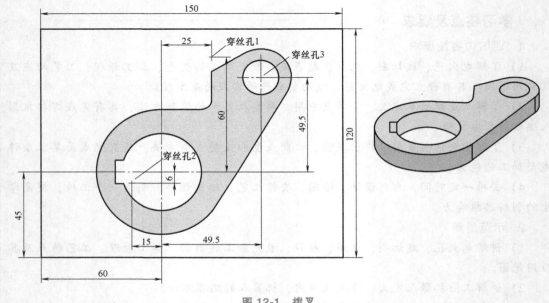

图 12-1　拨叉

1）选择什么加工方法合适？如何加工？

2）内孔和外轮廓哪个先加工？

12.1　特种加工

随着科技与生产的发展，许多现代工业产品要求具有高强度、高硬度、耐高温、耐低温、耐高压等技术性能，为适应上述各种要求，需要采用一些新材料、新结构，从而对机械加工提出了许多新问题。例如，高强度合金钢、耐热钢、钛合金、硬质合金等难加工材料的加工；陶瓷、玻璃、人造金刚石、硅片等非金属材料的加工；高精度、表面粗糙度值极小的表面加工；复杂型面、薄壁、小孔、窄缝等特殊工件的加工等。此类加工如采用传统的切削加工往往很难解决，不仅效率较低、成本高，而且很难达到零件的精度和表面粗糙度要求，有些甚至无法加工。特种加工工艺正是在这种新形势下迅速发展起来的。

相对于传统的常规加工方法而言，特种加工又称为非传统加工工艺，它与传统的机械加工方法比较，具有以下特点：

1）"以柔克刚"，特种加工的工具与被加工零件基本不接触，加工时不受工件的强度和硬度的制约，故可加工超硬脆材料和精密微细零件，甚至工具材料的硬度可低于工件材料的硬度。

2）加工时主要用电、化学、电化学、声、光、热等能量去除多余材料，而不是主要靠机械能量切除多余材料。

3）加工原理不同于一般金属切削加工，不产生宏观切屑，不产生强烈的弹、塑性变形，故可获得很低的表面粗糙度值，其残余应力、冷作硬化、热影响程度等也远比一般金属切削加工小。

4）加工能量易于控制和转换，故加工范围广，适应性强。

特种加工的种类很多，本节介绍几种常用的特种加工方法：电火花加工、线切割加工、电解加工、超声加工和激光加工等。

12.1.1　电火花加工

1. 电火花加工的原理

电火花加工（Electrical Discharge Machining，EDM）又称电腐蚀加工。电火花加工其实就是一个电蚀过程，该过程的四个阶段是，绝缘液体介质电离→火花放电通道形成→金属熔化或汽化→金属微粒脱离工件表面。电火花加工工作原理如图12-2所示。脉冲电源发出一连串的脉冲电压，加在浸于绝缘液体介质（多用煤油）中的工具电极（常用纯铜和石墨）和工件电极

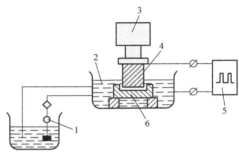

图 12-2　电火花加工工作原理
1—泵　2—工作液　3—伺服系统
4—工具电极　5—脉冲电源　6—工件

上，此时液体介质迅速发生电离，形成火花放电通道产生瞬时高温（高达 10000℃ 左右），使局部金属迅速熔化，甚至汽化。每次火花放电后，工件表面就形成一个微小的凹坑。此脉冲放电过程连续不断，周而复始，随着工具电极不断向工件送进，在工件表面重叠起无数个电蚀出的小凹坑，从而将工具电极的轮廓形状精确地"复印"在工件电极上，获得所需尺寸和形状的表面。

2. 工艺特点及应用

电火花加工在特种加工中应用最为广泛，主要特点是加工适应性强，任何硬、脆、软的材料和高耐热材料，只要导电都能加工；能胜任用传统加工方法难以加工的小孔、薄壁、窄槽及各种复杂截面的型孔和型腔的加工；脉冲参数可根据需要进行调节，工件安装方便，故在同一台电火花机床上可一次完成粗加工、半精加工和精加工；工件热影响区小，工件无热变形；加工精度高、表面质量好、耐磨；机床结构简单，易于实现自动化。

电火花加工主要应用在以下几个方面，如图12-3所示。

1）电火花穿孔加工适用于型孔（圆孔、方孔、多边孔、异形孔）、深孔、斜孔、弯孔以及小孔和微孔加工。

2）电火花型腔加工主要用于加工各类热锻模、压铸模、挤压模、塑料模和胶木膜的型

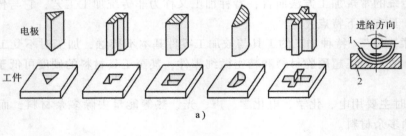

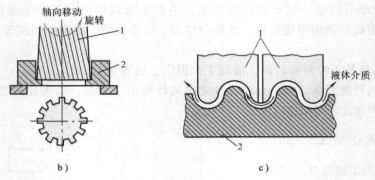

图 12-3　电火花加工应用实例

a）加工各种形式的孔　b）加工内螺旋表面　c）加工型腔

1—工具电极　2—工件

腔，其加工尺寸范围大（小至汽车齿轮，大至汽车曲轴用的锻造模）。

3）电火花镗削、电火花磨削、电火花表面强化等。

12.1.2　电火花线切割加工

1. 电火花线切割加工的原理

电火花线切割加工（Wire cut Electrical Discharge Machining，WEDM）是在电火花成形加工基础上发展起来的。其基本工作原理是利用细金属丝（钼丝或铜丝）做工具电极，对工件进行脉冲火花放电、切割成形，故又称线切割。图 12-4 所示是数控电火花线切割机床工作原理图。工件固定在工作台上，与脉冲电源正极相连，电极丝沿导轮不停地运动，并且通过导电块与负极相连。当工件与电极丝的间隙适当时，它们之间就产生火花放电。而控制器通过步进电动机控制坐标工作台的动作，使工件沿

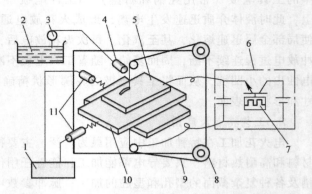

图 12-4　数控电火花线切割机床工作原理图

1—数控装置　2—工作液　3—液压泵　4—喷嘴　5—工件

6—脉冲电源　7—电脉冲信号　8—丝筒　9—电极丝

10—坐标工作台　11—步进电动机

预定的轨迹运动，从而将工件腐蚀成规定的形状。工作液通过液压泵浇注在电极丝与工件

之间。

2. 电火花线切割加工的特点及应用

（1）电火花线切割加工的特点

1）无需制造成形的工具电极，准备工作简单。

2）采用乳化液或去离子水的工作液，不必担心发生火灾，无需人工监控，可以昼夜连续加工。

3）无论被加工工件的硬度如何，只要是导体或半导体的材料都能实现加工。

4）可忽略电极丝损耗（高速走丝切割采用低损耗脉冲电源，慢速走丝切割采用单向连续供丝，在加工区总是保持新电极丝加工），加工精度高。

5）加工过程中几乎不存在切削力。

（2）电火花线切割加工的主要应用

1）试制新产品。在新产品开发过程中需要单件的样品，使用电火花线切割直接切割出零件，无需模具，这样可以大大缩短新产品的开发周期并降低试制成本。

2）加工特殊材料。切割某些高硬度、高熔点的金属时，使用机械加工的方法几乎是不可能的，而采用电火花线切割加工既经济又能保证精度。

3）加工模具零件。电火花线切割加工主要应用于冲模、挤压模、塑料模、电火花型腔模的电极加工等，由于电火花线切割加工速度和精度的迅速提高，目前已达到可与坐标磨床相竞争的程度。

12.1.3 电解加工

1. 电解加工的原理

电解加工（Electrochemical Machining，ECM）是利用金属在电解液中产生电化学阳极溶解的原理对工件进行成形加工的特种加工，又称电化学加工。它是将接于直流电源正极上的工件电极和接于直流电源负极上的工具电极插入导电溶液（即电解质溶液）中，通过电极和溶液之间所产生的阳极溶解作用（图12-5a），即工件阳极失去电子而工具阴极得到电子，使工件阳极表面金属迅速溶解。随着工具阴极连续缓慢向工件阳极送进，工件则不断地按工具轮廓形状溶解（图12-5b），电解腐蚀物被高速流动的电解液冲走，最终工具的形状就"复印"在工件上。

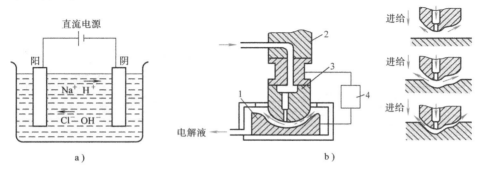

图 12-5 电解加工

a）电化学反应（阳极溶解）　b）电解加工原理

1—工件　2—送进机构　3—工具电极　4—直流电源

2. 工艺特点及应用

电解加工对工件材料的适应性强，不受强度、硬度、韧性的限制，可以加工淬火钢、硬质合金、不锈钢和耐热合金等高强度、高硬度和高韧性的导电材料；加工过程中无机械力，加工表面不会产生应力、应变，也没有飞边、毛刺，故表面质量好；工具电极理论上完全不被消耗，可长期使用，能以简单的进给运动一次完成形状复杂零件表面的加工。电解加工存在的问题是加工间隙受许多参数的影响，不易严格控制，因而加工精度较低，稳定性差，并难以加工尖角和窄缝。此外，设备投资较大，电极制造以及电解产物的处理和回收都较困难等。

电解加工是继电火花加工之后发展较快、应用较广的一种新工艺。其主要应用表现在以下几个方面：

1）电解穿孔加工。它可以方便地加工深孔、弯孔、狭孔和各种型孔（图 12-6a），典型实例有：在耐热合金涡轮机叶片上，加工孔径 0.8mm、长 150mm 的细长冷却孔；在宇宙飞船的发动机集流腔上加工弯曲的长方孔。与电火花加工相比，电解加工可以显著地缩短加工时间。

2）电解型腔加工。生产中大多数模具的型腔形状复杂、工作条件恶劣、损耗严重，所以常用硬度和强度高的材料制成，此时若采用电火花加工，虽加工精度容易控制，但生产率较低。近年来，对于加工精度要求不太高的矿山机械、汽车、拖拉机所需锻模的型腔常采用电解加工（图 12-6c）。典型实例有：连杆、曲轴类锻件的锻模模膛，加工汽车零件用的压铸模模膛，生产玻璃用的金属模模膛等。

3）电解成形加工的典型实例有汽轮机叶片、传动轴与叶片一体（图 12-6e）的叶轮等。

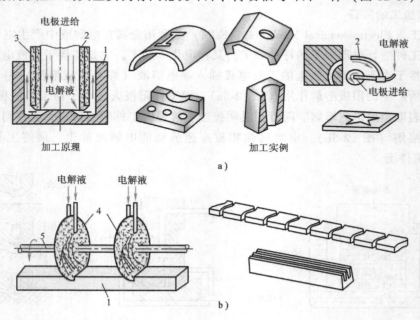

图 12-6 电解加工应用实例
a）各类孔（型孔及弯孔）加工　b）切槽与切断
1—工件　2—电极　3—绝缘层　4—圆板电极　5—旋转轴

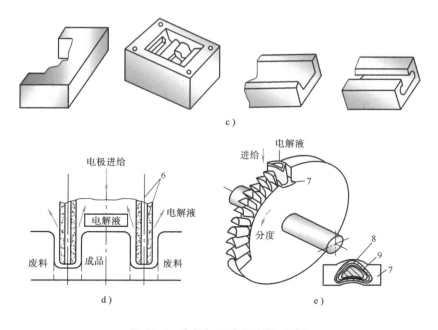

图 12-6　电解加工应用实例（续）

c) 各类型腔加工　　d) 冲剪加工（电解套料）　　e) 电解加工整体叶轮

6—内外绝缘层　7—阴极片　8—空心水套　9—叶片

4）电解加工还常用于切割、冲剪（图 12-6b、d）以及深孔的扩孔和抛光等。

12.1.4　超声波加工

1. 超声波加工原理

超声波加工（Ultrasonic Machining，USM）有时也称超声加工。超声波是指频率超过 16000Hz 的振动波（人耳能感受到的声波的频率为 16~16000Hz）。超声波加工是将工件置于有磨料的悬浮液中，利用工具端面做超声频振动，通过磨料悬浮液加工硬脆材料的一种成形方法，加工原理如图 12-7 所示。加工时，换能器将超声波发生器产生的超声频振荡转换成小振幅的机械振动。变幅杆在将小振幅放大到 0.01~0.15mm 的同时，驱动工具振动冲击磨料，迫使工具与工件间悬浮液中的磨粒，以很高的速度不断撞击和抛磨工件表面，使工件被加工处的材料不断破碎成微粒脱落下来，工具不断送进，其形状就"复印"到工件上。

2. 工艺特点及应用

超声波加工适宜加工各种硬脆材料，尤其适宜加工用电火花和电解难以加工的不导电材料和半导体材料，如宝石、玛瑙、金刚石、玻璃、陶瓷、半导体锗和硅片等不导电的非金属硬脆材料。其加工质量好于电火花和电解加工，常用于因受较大切削力产生变形而影响加工质量的薄片、薄壁及窄缝类零件的加工，各种形状复杂的型孔、型腔、成形表面的加工，以及刻线、分割、雕刻和研磨等（图 12-8）。

超声波加工生产率较低，但加工精度和表面粗糙度都比电火花、电解加工好，故生产中加工某些硬脆导电材料（如硬质合金、耐热合金等）的高精度零件和模具时，通常采用超

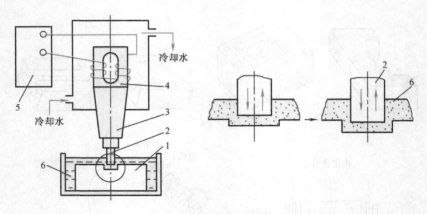

图 12-7　超声波加工原理

1—工件　2—工具　3—变幅杆　4—换能器　5—超声波发生器　6—磨料悬浮液

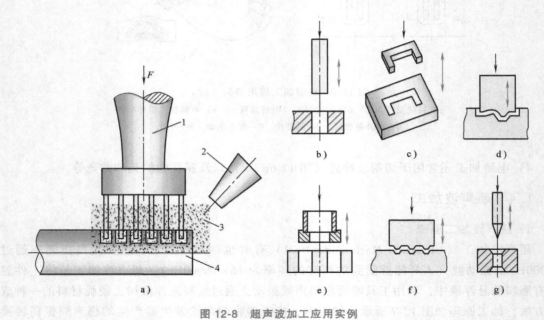

图 12-8　超声波加工应用实例

a) 切割硅片　b) 加工圆孔　c) 加工异形孔　d) 加工型腔　e) 套料　f) 雕刻　g) 研抛金刚石拉丝模

1—变幅杆　2—悬浮液喷头　3—悬浮液　4—单晶体

声电火花（或电解）复合加工，即在电火花加工过程中引入超声波，使工具电极做高频超声振动，以期改善放电间隙状况，强化电火花加工过程的复合特种加工工艺。

12.1.5　激光加工

1. 激光加工原理

激光是激光器发射出的光束，具有能量密度高、发散性小的特点。激光加工（Laser Beam Machining，LBM）是以激光为热源，对材料进行热加工。激光的主要特性之一是可以通过聚焦产生巨大的功率密度（$10^5 \sim 10^{13}$W/cm^2），焦点处温度高达 10000℃ 以上。激光加工正是利用了该特性，将高能激光束照射在工件的被加工处来完成加工的（图 12-9）。其加工过程为：材料吸收激光束照射提供的光能→光能转变为热能使材料加热→通过汽化和熔融溅出使材料去除。从而完成穿孔、蚀刻、切割、焊接、表面热处理等工作。

2. 工艺特点及应用

自20世纪60年代初，世界上发明了第一台红宝石激光器以来，激光加工逐渐成为机械加工中有竞争力的重要加工方法之一。激光加工属于高能束加工，几乎能加工所有的金属和非金属材料，特别适用于加工高硬度、高熔点材料，同时，还能加工脆性和韧性材料；激光

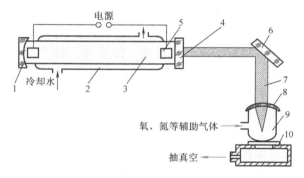

图 12-9　激光加工原理示意图

1—全反射凹镜　2—放电管　3—气体（CO_2 等）　4—电极

5—反射平镜　6—转向反射镜　7—激光束　8—聚焦透镜

9—喷嘴　10—工件

可透过玻璃等透明材料进行加工，如对真空管内部进行焊接加工等；激光加工属于非接触加工，工作时无需使用金属切刀或磨料刀具。

激光加工主要应用于穿孔、切割、表面强化和焊接等方面。激光穿孔加工主要是加工小孔，孔径范围一般为0.01~1mm，最小孔径可达0.001mm，可用于加工钟表宝石轴承孔、金刚石拉丝模孔、发动机喷嘴小孔和哺乳瓶乳头小孔等。激光切割的应用也很广，不仅用于多种难加工金属材料的切割或板材的成形切割，而且大量用于非金属材料的切割，如塑料、橡胶、皮革、有机玻璃、石棉、木材、胶合板、布料、人造纤维等。切割的优点是速度快，切缝窄（0.1~0.5mm），切口平整，无噪声。激光表面强化处理是一项新的表面处理技术，通过对金属制品表面的强化，可以显著地提高材料的硬度、强度、耐磨性、耐蚀性和高温性能等，从而大大提高产品的质量和附加值，成倍延长产品寿命和降低生产成本，取得巨大的经济效益。目前该技术已广泛用于汽车、机床、轻工、纺织、军工等行业中的刀具、模具和零配件的表面强化中。激光焊接无需焊料和焊剂，只需将工件的加工区域"热熔"在一起即可，焊接过程迅速、热影响区小、焊缝质量高，既可以焊接同种材料又可以焊接异种材料，还可以透过玻璃进行焊接。目前，激光焊接在印制电路板的焊接，尤其是片状元件组装、显像管电子枪焊接、集成电路封装、汽车车架拼装、飞机发动机壳体及机翼隔架等零件的生产中已得到成功的应用。

12.2　工业机器人

人类很早就向往着造出一种像人一样聪明灵巧的机器。这种追求和愿望，在各种神话故事里得到充分的体现，而且古代人在当时的科学技术水平下也曾制造出许多构思巧妙的"机器人"：

公元前3世纪的古代希腊神话中描述了一个克里特岛的青铜巨人"太罗斯"，他刀枪不入，每天在岛上巡逻可以用巨石砸沉船只，还可以将自身变成火焰烧死敌人。

1879年一位法国作家在《未来的夏娃》的小说中，描写了一个美丽的人造人"阿达里"，她是由齿轮、发条、电线和按钮组成的复杂机器，有着柔软的皮肤，可以思考问题，

外形和人一模一样。

我国魏晋年代的《列子·汤问篇》记述了公元前 900 多年周穆王出游，遇到名叫偃师的巧匠，他做了一个会走动、能歌舞，称为"倡者"的机器人。原料均为"革、木、胶、漆……"，结构上"内则肝、胆、心、肺、脾、肾、肠、胃，外则筋骨、支节、皮毛、齿发，皆假物也"。

相传黄帝在与蚩尤的战争中，使用了一种自动定向指南车，车辆在运动过程中始终指向南方。

三国时诸葛亮曾制造了一种移动机器人"木牛流马"。

沈括在他的《梦溪笔谈》中描绘了一种可以捉老鼠的机器"钟馗"。

17 世纪以后，随着各种机械装置的发明和应用，特别是随着机械计时装置的发展，先后出现了各种由发条、凸轮、齿轮和杠杆驱动且具有人形的自动机械装置。19 世纪出现了由人自己牵动的灵活的假肢，19 世纪末出现了内燃机驱动的汽车原型。虽然它们不是机器人，但却是今天移动机器人的雏形。20 世纪初，随着电器技术的发展，生产出了各种电器驱动和开关控制的自动机械装置。

英文中的机器人（Robot）来源于捷克文 robo-ta（意为苦力、劳仆），它是捷克作家卡雷尔·恰佩克（Karel Capek）于 1920 年推出的科幻话剧《罗莎姆万能机器人公司》中形状像人的机器的名字，robo-ta 能够听从人的命令完成各种工作。作为技术名词，机器人的英文 robot 就是从捷克文 robo-ta 衍生而来的。1954 年美国人乔治·迪弗（George Devol）在他的专利中首次提出了"示教/再现机器人"的概念，1958 年美国就推出了世界上首台工业机器人的实验样机。工业机器人（Industrial Robot，IR）是 1960 年由《美国金属市场》报首先使用。此后 10 年，美国 Unimation、AMF 等公司先后制造出了可编程的工业机器人。到 1970 年全美国有 200 台左右的工业机器人用于自动生产线上。日本丰田和川崎公司于 1967 年分别引进了美国的工业机器人技术，20 世纪 80 年代日本已经在机器人的产品开发和应用方面走在了世界的前列。业内人士分析表示，中国已然是全球机器人行业增长最快的市场，国内的高增长将使得中国未来成为世界上最大的工业机器人市场。

12.2.1 工业机器人的定义及分类

1. 工业机器人的定义

全世界对"机器人"这个术语有各种各样的定义。由美国工业机器人学会提供的定义是，工业机器人是一种可以重复编程的多功能机械手，主要用来搬运材料、传送工件和操作工具，也可以说它是一种可以通过改变动作和程序来完成各种工作的特殊装置。"重复编程"和"多功能"是工业机器人区别于各种单一功能机器的两大特征。"重复编程"是指机器人能按照所编程序进行操作并能改变原有程序，从而获得新功能以满足不同的制造任务。"多功能"则是指，可以通过重复编程和使用不同的执行机构去完成不同的制造任务。围绕这两个关键特征来给工业机器人下定义，已逐渐被制造专业人员所接受。1987 年 ISO 对工业机器人给出定义："工业机器人是一种具有自动控制操作和移动功能，能够完成各种作业的可编程操作机"，日本工业标准（JIS）采用此定义，ISO 给出的定义也与美国机器人工业学会（RIA）的定义相近。

其实工业机器人也是一类机器人的总称。依据具体应用的不同又常常以其主要用途命名。例如，到现在为止应用最多的是焊接机器人，包括点焊和电弧焊机器人，装配机器人，喷漆机器人，搬运、上下料、码垛机器人等。并不是说只有工业机器人才能完成这些工作，有些专用设备也行；但是使用工业机器人的优点在于它可以通过编程来灵活地改变工作内容和方式，来满足生产要求的变化，如焊缝轨迹、喷漆位置、装卸零件的变化。工业机器人使生产线具有了一定的柔性。

2. 工业机器人的组成

目前使用的工业机器人多用于代替人上肢的部分功能，按给定程序、轨迹和要求，实现自动抓取、搬运和操作。工业机器人一般由两大部分组成：一部分是工业机器人的执行机构，也称为工业机器人操作机，它完成工业机器人的操作和作业；另一部分是工业机器人控制器，它主要完成信息的获取、处理、作业编程、规划、控制以及整个工业机器人系统的管理等功能。工业机器人控制器是工业机器人中最核心的部分，是性能品质优劣的关键。当然，工业机器人要想完成指定的生产任务，还必须有相应的作业机构及配套的周边设备，它们与工业机器人一起构成了完整的工业机器人作业系统。图 12-10 所示为工业机器人的基本组成框图。图 12-11 所示为一个工业机器人作业系统的示意图，这个系统主要的组成部分和作用有以下几点：

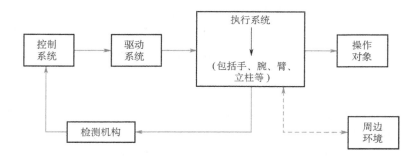

图 12-10　工业机器人的基本组成框图

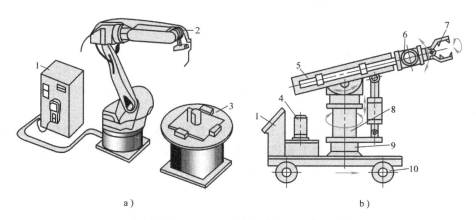

图 12-11　工业机器人作业系统的示意图

a）系统外形　b）结构示意图

1—控制系统　2—工业机器人操作机　3—周边设备　4—驱动系统　5—肩部
6—腕部　7—手部　8—机身　9—机座　10—行走机构

（1）执行系统　它是由手部、腕部、臂部、立柱和行走机构组成，作用是将物件或工具传送到预定的工作位置。

1）手部（手爪或抓取机构）用于直接抓取和放置物体（如零件、工具）。

2）腕部（手腕）是连接手部和臂部的部件，并用于调整或改变手部的方位。

3）臂部（手臂）是支承腕部的部件，用于承受工作对象物体的重量，并将物件或工具传送到预定工作位置。

4）立柱用来支承并带动臂部做回转、升降和俯仰运动，扩大臂部的活动范围，是工业机器人的基本支承件。

5）行走机构的作用是可以扩大工业机器人的活动空间，实现整机运动。大多数工业机器人和图 12-11a 一样没有行走机构，一般由机座支承整机。行走机构的形态有两种：模仿步行的脚和模仿汽车车轮的滚轮（图 12-11b）。

（2）驱动系统　它是用来为操作机构及各部件提供动力和运动的装置，常用的有液压传动、气压传动和伺服电动机传动等形式。

（3）控制系统　它是用来控制驱动系统，使执行系统按照预定的要求进行工作。对于示教再现型工业机器人来说，就是示教、存储、再现、操作等环节的控制系统。

（4）检测机构　它是利用各种检测器、传感器对执行机构的位置、速度、方向、作用力及温度等进行监视和检测，并反馈给控制系统以判断运动是否符合要求。

（5）周边环境　这里泛指工业机器人执行任务所能到达的工作环境，以及协助工业机器人完成工作任务，或者对工业机器人正常工作产生影响的各种设备。

12.2.2　工业机器人的控制原理

控制系统是工业机器人的关键和核心部分，它类似于人的大脑，控制着工业机器人的全部功能。工业机器人功能的强弱、性能的优劣和水平的高低，主要取决于控制系统。要使工业机器人按照人们的要求去完成特定的作业，工业机器人的控制系统需要完成以下四件事情：

（1）告诉工业机器人要做什么　这个过程称为"示教"，也就是通过计算机可以接受的方式告诉工业机器人应该做什么，给工业机器人发送作业命令。

（2）工业机器人接受命令，形成作业过程的控制策略　这个过程实际上是由工业机器人控制系统中的计算机部分完成的，包括工业机器人系统的管理、信息的获取及处理、控制策略的制定、作业轨迹的规划等任务。

（3）完成作业任务　这个过程是由工业机器人控制系统中的伺服驱动部分完成的。控制系统可以根据不同的控制方法将工业机器人控制策略转化为控制伺服驱动系统的信号，实现工业机器人的高速、高精度运动，去完成制定的作业任务。

（4）保证正确完成作业，并通报作业已经完成　这个过程是由工业机器人控制系统中的传感器部分完成的。传感器检测并向控制系统反馈工业机器人的各种姿态信息，以便实时监控整个系统的运动情况。图 12-12 所示为工业机器人控制的基本原理框图。

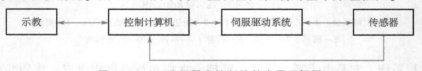

图 12-12　工业机器人控制的基本原理框图

12.2.3　工业机器人的分类

以下六种方法中任意一种均可作为工业机器人分类的标准：①手臂的几何形状；②驱动方式；③控制系统；④运动轨迹；⑤用途；⑥智能化程度。根据控制系统方式对工业机器人进行分类见表 12-1。图 12-13 所示是按工业机器人手臂动作进行分类的。

表 12-1　工业机器人的分类（根据输入信息和示数方式）

专　用　语	意　　　义
人工操作机械手	由人操作的机械手
固定程序机器人	按照预先设计的程序、条件和位置，逐次进行各阶段动作的机器人
可变程序机器人	按照预先设计的程序、条件和位置，逐次进行各阶段动作的机器人，设计的信息可以方便地变更
再现机器人	人们预先教会机器人完成加工所需的有关作业，工作时机器人根据记忆，再现示教时的顺序、位置和其他信息进行作业
数控机器人	根据顺序、位置及其他信息，由数值指令进行作业的机器人
智能机器人	根据感觉功能和识别功能决定行动的机器人

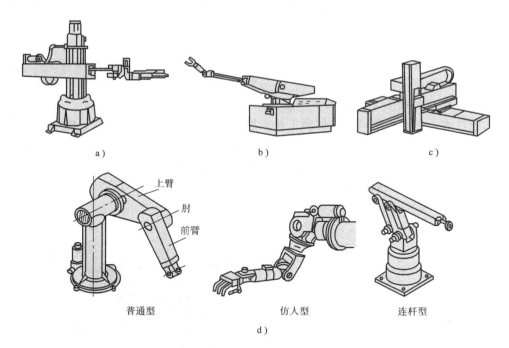

图 12-13　工业机器人手臂动作分类示意图
a）圆柱坐标型　b）球坐标型　c）直角坐标型　d）关节型

12.2.4　工业机器人语言及编程

人们心目中理想的工业机器人应该能像人一样自主地进行运动，但工业机器人是机器，而不是人。工业机器人和计算机一样，只能做预先告之的工作，即人是通过程序来告诉工业机器人该做什么和怎么做，这和计算机编制程序的概念是一致的。

早期的工业机器人编程是人通过手把手地示教方式进行的，示教时用多通道记录仪记录下机器人各个关节的运动（角度、速度、力矩）信号，然后将信号传输给工业机器人让它重复（即再现）与各个关节运动相同的运动。这个过程很像用摄像机摄像后再重放的过程。这种方式在工业机器人术语中称为示教再现（teaching play-back）。后来，一种用来描述机器人运动的形式语言出现了，这就是机器人语言（robot language）。

用工业机器人语言记录作业位置信息、运动形式和作业内容，得到工业机器人作业程序，执行这些程序，工业机器人就完成了预定的作业任务。用于工业机器人编程的实用方法有人工编程法、预演法、示教法和离线编程法等，其中用得最多的是计算机辅助离线编程。使用离线编程时，工业机器人在完成某道工序的同时，编程人员可利用个人计算机编制出引导工业机器人工作的另一程序并将其存储起来，此时多采用工业机器人语言和 CAD 技术共同来完成编程。

12.2.5 工业机器人的应用

美国从 20 世纪 50 年代后期就大力开发工业机器人。国际上第一台工业机器人诞生于 20 世纪 60 年代。20 世纪 80 年代工业机器人产业得到巨大发展，成为一个里程碑，其间开发出的点焊机器人、弧焊机器人（图 12-14）、电动喷涂机器人（图 12-15）以及搬运机器人四大类型的工业机器人系列产品，已经成熟并形成产业规模，不仅满足了汽车行业的需求，也有力地推动了制造业的发展。20 世纪 90 年代，装配机器人及柔性装配线得到广泛应用。目前工业机器人已进入智能化发展阶段，并与数控（NC）、可编程序控制器（PLC）一起成为工业自动化的三大技术支柱和基本手段。用于铸造、锻造、焊接、装配、切削加工、喷漆、热处理及水下作业等领域。人们将工业机器人和随后发展起来的医疗、教学、电子、国防、矿山、海洋、航天、林业及农业等领域使用的机器人，统称为机器人。机器人得到广泛使用的主要原因是：使用安全，将操作人员从肮脏、危险和单调的工作中解放出来；提高劳动生产率，节省材料和能源，从而降低成本；提高产品的一致性和可靠性，促进产业的自动化，使之获得良好的经济效益和环保效果。

图 12-14　典型弧焊机器人

图 12-15　电动喷涂机器人

🔩 12.3 塑料成型

塑料工业是一个新兴的领域，又是一个发展迅速的领域。塑料已进入一切工业部门以及人们的日常生活中，塑料因其材料本身易得、性能优越、加工方便，而广泛应用于包装、日用消费品、农业、交通运输、电子、建筑材料等各个领域，并显示出其巨大的优越性和发展潜力。当今世界把一个国家的塑料消费量和塑料工业水平作为衡量一个国家工业发展水平的重要标志之一。在第一章已介绍了塑料的基本知识，所以本节主要介绍常用塑料成型方法。

塑料成型是将各种初始形态的塑料制成具有一定形状和尺寸制品的过程。常用的塑料成型方法有注射成型、挤出成型、吹塑成型等。

1. 注射成型

注射成型是指使热塑性塑料先在加热料筒中均匀塑化，而后由柱塞或移动螺杆推挤到闭合模具的模腔中成型的一种方法（图 12-16）。其工艺过程是粉状或粒状的塑料原料经料斗

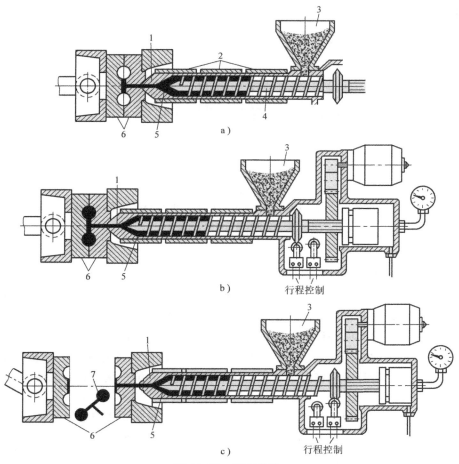

图 12-16 注射成型

a）原料被加热并随螺杆向前运动 b）在压力作用下固化

c）下一次注射前增塑，同时模具打开，制品弹出

1—喷嘴 2—料筒的加热元件 3—料斗 4—螺杆 5—熔融塑料 6—模具 7—塑料制品

流入料筒，并在其内加热熔融塑化，成为粘流态熔体，然后在柱塞或移动螺杆的作用下注入模具，经保压冷却定型后即可得到所需形状的塑料制品。注射成型几乎适用于所有的热塑性塑料。近年来，注射成型也成功地用于某些热固性塑料的成型。由于模具成本较高，故注射成型工艺必须用于大批量生产中才是廉价和经济的。主要应用实例有：玩具、容器、接头、泵、螺旋桨以及齿轮、轴承、导向元件、罩、仪表箱等。

2. 挤出成型

挤出成型是在挤出机中通过加热、加压而使物料以流动状态连续通过口模成型的方法，也称为"挤塑"（图12-17）。其工艺过程为聚合物原料（通常为粒状或粉末状）从料斗流入转动的螺杆，螺杆推动聚合物前进的同时，聚合物被加热、压缩和熔化。接着螺杆强迫熔化了的聚合物通过一个具有特定形状的模具成型，挤出物在空气或水槽中冷却固化成为等截面制品，如绝缘管、输送管、板材和涂有绝缘层的电线和电缆，常用挤出法来生产。当两种甚至多种材料从同一模具挤出时，可获得多层制品。挤出成型是一种价廉、快速的模塑成型方法，主要用于热塑性塑料成型。挤出的制品都是连续的型材，如管、棒、丝、板、薄膜、电线电缆包覆层等。

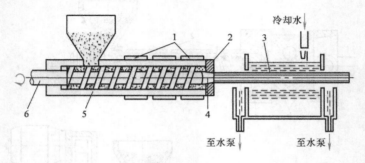

图 12-17 挤出成型

1—加热装置　2—型口板（模具）　3—连续状塑料制品　4—模塞针
5—挤压料筒　6—挤料螺杆

3. 吹塑成型

吹塑成型是借助于压缩空气，使处于高弹态或塑性状态的空心塑料型坯发生吹胀变形，再经冷却定型，获取塑料制品的加工方法（图12-18）。吹塑成型可分为中空塑件吹塑和薄膜吹塑等。其工艺流程是将一个挤出的塑料圆柱体（即坯料，通常用挤出成型法获得）定位于对开模中，切断坯料闭合模具，将压缩空气输入坯料中，使塑料坯料沿模具壁膨胀且贴合，冷却后打开模具取出制品。该工艺主要用于生产热塑性塑料薄壁中空制品，如各种瓶、容器、救生圈、加热器导管和密封带等。适用的材料是聚乙烯、聚丙烯和醋酸纤维等。

4. 吸塑成型

吸塑成型就是采用吸塑成型机将加热软化的塑料硬片吸附于模具表面，冷却后，形成凹凸形状的塑料，又称真空成型（图12-19）。成型时将热塑性塑料板材、片材夹持在模具上加热至软化，用真空泵抽走板料与模具间所形成的封闭模腔中的空气（即抽真空）。在大气压力作用下，软化板材拉伸变形与模腔内壁贴合，经冷却后定形获得所需形状的制品。该工艺主要用于生产大尺寸的壳形制品，如汽车壳体、汽车或飞机用的控制板、护罩、小船、箱体、冰箱内胆及各类面板。

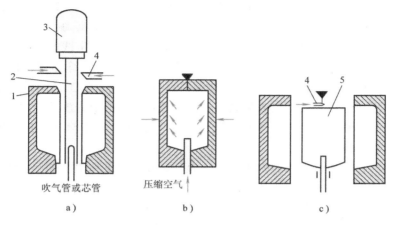

图 12-18　吹塑成型

a）挤出定位　b）合模成型　c）开模并取出制品

1—吹塑模　2—坯料　3—挤压机　4—切刀　5—制品

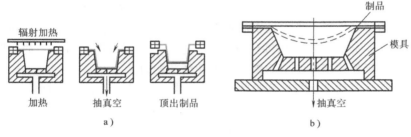

图 12-19　真空成型

a）工艺流程　b）加工原理

12.4　在工程训练中培养学生的创新意识和创新能力

　　科学技术的发展是人类不断突破思维局限、不断创新的结果。创新是一个民族进步的灵魂，是一个国家兴旺发达的动力和源泉。创新能力是运用知识和理论，在科学技术和各种实践活动领域中不断提出新思想、新理论、新方法和新发明，是一种综合性、创造性的能力。创新能力是新时代工程技术人员必须具备的素质。而任何创新都是对知识的综合运用，创造性思维作为一种思维创新活动，必然要以扎实、丰富的理论基础和实践经验为前提条件。

　　培养学生的创新能力和创新意识是一项系统工程。工程训练是工科教学中一门重要的实践性技术基础课，是全面提高学生动手能力不可缺少的重要环节，是培养学生创新意识和创新能力的重要途径。对培养工科学生实践能力、动手能力，增强学生的创新意识和创新能力，起着举足轻重的作用。通过工程训练，可以加强对学生的创新教育，激发他们的创新意识、创新欲望，培养他们的创新能力，使他们具备较强的适应能力、创造力和竞争力，促进科技和社会的进一步发展。

　　在工程训练中，本着"注重学生创新精神和实践能力培养，搞好工程训练教学改革"

的宗旨，采用以学生为主体，教师为主导的教学方法。变单纯地传授知识为加强能力、提高素质、全面育人。改革传统工程训练内容，由学习工艺知识，提高动手能力，转为学习工艺知识，提高综合素质，激发学生创新意识的综合训练。增强工程实践的能力，可以培养他们的创新能力和创新意识。在训练项目中设有三个创新模块（各训练部创新设计、中心创新设计比赛、学校机械设计大赛），通过自主选题→自行设计→自编工艺→自己制作→自己组装→产品自我评价的学习模式，完成从概念到设计再到产品的全开放学习过程。向学生提供自主学习、交互学习和研究学习的平台。把"创新"的教育思想渗透、贯穿到工程训练的全过程，并逐步得以提高。

考核是检查和评价教学效果的重要手段，为了对教学效果和学生学习成绩有一个真实的评价，必须建立较为科学的全面素质考核体系。突出"重过程体验、重平时表现、重创新思维"的指导思想，以鼓励创新为主，激发学生的实训兴趣，提高学生的动手和创新能力。实训成绩由实践能力（实习工件）、创新意识（创新工件）、理论考核、操作技能竞赛、工程训练报告和实训表现等综合评定。

同时，在工程训练过程中引导学生建立起市场、信息、质量、成本、效益、安全、环保等大工程意识，培养学生的团队精神。在工程实践环节建立"点面结合"的教学模式，提倡学有余力的学生在训练单元进行自主设计的"点"上创新活动；增加了工艺设计单元，要求学生综合运用所学知识，进行知识的整合，由学生进行工艺设计或撰写创新思维报告，实现知识"面"上的创新。工程训练创新环节，建立了"课内课外结合"的实践教学模式，将课内作品在课外延伸，培养学生的创新精神和创新能力。

利用工程训练良好的基地条件和教师的精心指导，创造条件，强化对学生工程实践能力的培养，增强学生独立思考和解决问题能力。采用工程训练"讲课→实践→创新"一体化的教学模式，运用提问、启发、讨论式的教学方法，培养学生创新意识和创新能力。把工程训练理论与实践结合，课内与课外结合，创新与工程结合。创新能力培养的三个创新模块是培养学生实践能力和创新能力不可或缺的教学环节。营造"自我体验、自主学习、自由创造"的工程氛围，实现课程延伸，多层次、多渠道培养学生的实践能力和创新能力。

 复习思考题

12-1 特种加工与传统切削加工相比，具有哪些特点？

12-2 简述电火花加工的原理。其主要特点是什么？

12-3 什么是线切割加工？其主要应用于哪些方面？

12-4 超声波加工和激光加工有哪些工艺特点？各适用于何种场合？

12-5 什么是工业机器人？其由哪几部分组成？

12-6 解释名词：挤出成型，吹塑成型，吸塑成型。

12-7 什么是注射成型？其适用于哪类塑料？

12-8 谈谈本次工程训练的体会，在创新意识和创新能力培养方面有哪些收获。

参 考 文 献

[1]　赵越超，董世知，李莉. 工程训练 [M]. 2版. 北京：机械工业出版社，2015.

[2]　赵月望. 机械制造技术实践 [M]. 北京：机械工业出版社，1993.

[3]　赵小东. 金工实习 [M]. 南京：东南大学出版社，1997.

[4]　张力真，等. 金属工艺学实习教材 [M]. 3版. 北京：高等教育出版社，2001.

[5]　朱福顺. 金工实习与实验 [M]. 长沙：湖南科学技术出版社，1995.

[6]　赵越超. 工程材料 [M]. 长沙：湖南科学技术出版社，1995.

[7]　王福贵. 钳工工艺实习 [M]. 北京：北京科学技术出版社，1991.

[8]　郭治安. 热加工工艺基础 [M]. 徐州：中国矿业大学出版社，1991.

[9]　徐庆莘，张引霞. 机械加工工艺基础 [M]. 徐州：中国矿业大学出版社，1991.

[10]　邓文英. 金属工艺学 [M]. 北京：高等教育出版社，1990.

[11]　周汉民，赵越超. 金属工艺学习题集 [M]. 徐州：中国矿业大学出版社，1993.

[12]　程伟炯. 金工实习习题集 [M]. 南京：东南大学出版社，1993.

[13]　刘庆胜，陈金水. 工程训练 [M]. 北京：高等教育出版社，2005.

[14]　赵越超，马壮. 机械制造实习教程 [M]. 沈阳：东北大学出版社，2000.

[15]　马壮，赵越超. 工程材料与成型工艺 [M]. 沈阳：东北大学出版社，2007.

[16]　清华大学金属工艺学教研组. 金属工艺学实习教材 [M]. 3版. 北京：高等教育出版社，2003.

[17]　刘雄伟. 数控机床操作与编程培训教材 [M]. 北京：机械工业出版社，2003.

[18]　黄明宇，徐钟林. 金工实习 [M]. 北京：机械工业出版社，2004.

[19]　冯俊，周郴知. 工程训练基础教程 [M]. 北京：北京理工大学出版社，2005.

[20]　梁延德. 工程训练教程 [M]. 大连：大连理工大学出版社，2005.

[21]　邵念勤. 机械制造基础 [M]. 西安：西安地图出版社，2007.

[22]　宋昭祥. 现代制造工程技术实践 [M]. 北京：机械工业出版社，2008.

[23]　孙以安. 金工实习 [M]. 上海：上海交通大学出版社，2012.

[24]　赵越超，张兴元、盛光英. 工程材料与热成形 [M]. 北京：高等教育出版社，2018.